Die Menschheit entstand während einer Zeitspanne mit raschen und ungewöhnlichen Veränderungen des Erdklimas; Bedingungen also, die ein Höchstmaß an Anpassungsfähigkeit und Intelligenz erforderlich machten und die eine afrikanische Affenart veranlaßten, aus den Bäumen zu steigen, und sie schließlich auf den Weg zur Weltherrschaft führten. Aber was hat diese Primaten überhaupt dazu gebracht, auf den Bäumen zu leben?
Sie verdanken ihre damalige Existenz wiederum einer weitaus drastischeren Klimaveränderung, die vor ungefähr 65 Millionen Jahren stattfand. Wenn die Dinosaurier damals nicht ausgestorben wären, dann würden die heutigen Säuger vermutlich als unscheinbare Kreaturen irgendwo im Unterholz die ökologischen Nischen von Kleintieren einnehmen. Und welcher Umstand mag wohl zum Sterben der Dinosaurier geführt haben, wenn nicht mit ungünstiger Wahrscheinlichkeit ein ungünstiges Klima?
John Gribbin, bekannter Autor von Sachbüchern u. a. über Grundlagenprobleme der modernen Physik, hat zusammen mit seiner Frau eine aufregende Geschichte des Erdklimas geschrieben: über die geologischen, biologischen und chemischen Bedingungen und Konsequenzen, vom Präkambrium bis zum Holozän, zur Jetztzeit. Von John Gribbin (zusammen mit Martin Rees) ist im Insel Verlag 1994 erschienen: *Ein Universum nach Maß. Bedingungen unserer Existenz.*

insel taschenbuch 1676

John und Mary Gribbin

Kinder der Eiszeit

John und Mary Gribbin

Kinder der Eiszeit

Beeinflußt das Klima
die Evolution des Menschen?

Aus dem Englischen
von Gerald Bosch

Insel Verlag

insel taschenbuch 1676
Erste Auflage 1994
Insel Verlag Frankfurt am Main und Leipzig

Lizenzausgabe mit freundlicher Genehmigung des Birkhäuser Verlags, Basel
Hinweise zu dieser Ausgabe am Schluß des Bandes
Vertrieb durch den Suhrkamp Taschenbuch Verlag
Umschlag nach Entwürfen von Hermann Michels
Druck: Nomos Verlagsgesellschaft, Baden-Baden
Printed in Germany

1 2 3 4 5 6 - 99 98 97 96 95 94

Inhalt

Einleitung

Warum sind wir hier? Wie kommt es, daß die Menschen zu den erfolgreichsten Lebensformen auf der heutigen Erde gehören? Auf diese Fragen gibt es viele Antworten, die durch die Voreingenommenheit der Person geprägt werden, der man sie vorsetzt. Ein Kosmologe würde Ihnen etwas über den Urknall erzählen, aus dem unser Universum geboren wurde, und über die Art und Weise, wie die Rezeptur der chemischen Bestandteile unseres Körpers in den Sternen erstellt wurde. Ein Evolutionsbiologe hingegen würde von der natürlichen Selektion sprechen, und vom Überleben des am besten Angepaßten. Sicherlich haben beide Recht, wir jedoch machen allein das Wetter für alles verantwortlich – oder, um es ganz genau zu sagen, die Veränderungen des Klimas.

Die Menschheit entstand während einer Zeitspanne mit raschen und ungewöhnlichen Veränderungen des Erdklimas; Bedingungen also, die ein Höchstmaß an Anpassungsfähigkeit und Intelligenz erforderlich machten, und die eine afrikanische Affenart veranlaßten, von den Bäumen zu steigen, und sie schließlich auf den Weg zur Weltherrschaft führten. Aber was hat diese Primaten überhaupt dazu gebracht, auf den Bäumen zu leben? Sie verdankten ihre damalige Existenz wiederum einer weitaus drastischeren Klimaveränderung, die vor ungefähr 65 Millionen Jahren stattfand. Wenn die Dinosaurier damals nicht ausgestorben wären, dann würden die heutigen Säuger wahrscheinlich nur als unscheinbare Kreaturen irgendwo im Unterholz die ökologischen

Nischen von Kleintieren einnehmen. Und welcher Umstand mag wohl zum Sterben der Dinosaurier geführt haben, wenn nicht mit großer Wahrscheinlichkeit ein ungünstiges Klima?

Tatsächlich gab es schon vor mehr als hundert Millionen Jahren Säuger auf unserem Planeten, als das (geologisch gesehen) abrupte Ende des Dinosaurierzeitalters eintrat. Man kann daher kaum davon sprechen, daß beide Tiergruppen miteinander konkurrierten. Über eine längere Periode war das Klima ruhig und beständig, und während dieser Zeit waren die Dinosaurier dominierend, weil sie damals am besten an die bestehenden Bedingungen angepaßt waren. Neue Spielarten der Evolution hatten deshalb zu diesem Zeitpunkt kaum Chancen, auf erfolgreiche Entwicklung.

Wir kommen leider nicht um die ungeschminkte Wahrheit herum, daß unsere Vorfahren keineswegs mehr Intelligenz besessen haben als ihre Zeitgenossen, die Dinosaurier. Das herkömmliche Bild vom schwerfälligen, einfältigen Dinosaurier mit Riesenkörper und Spatzenhirn zeigt uns auch nur die halbe Wahrheit. Sicherlich gab es viele Dinosaurier, die groß und «dumm» waren, jedoch waren wesentlich mehr Exemplare klein und recht behende, und sie hatten – im Verhältnis zu ihrem Körper – ein beachtlich großes Gehirn. Möglicherweise sind sie sogar Warmblüter gewesen. Unter den Dinosauriern gab es Raubsaurier, die mit den heutigen fleischfressenden Raubtieren wie Löwe und Tiger gleichzusetzen sind, aber auch Pflanzenfresser wie die modernen Nilpferde und Elefanten. Die Dinosaurier wurden im Wettkampf der Evolution nicht etwa durch die pfiffigeren Säuger ins Abseits gestellt, sondern durch eine Umweltkatastrophe ausgelöscht – quasi durch eine Veränderung der Spielregeln, während das Match in vollem Gange war.

Der tatsächliche Erfolg der Dinosaurier zu ihrer Zeit läßt sich schon daran sehen, daß sie eigentlich eine entwicklungsgeschichtlich jüngere Lebensform als die Säugetiere darstellen. Säugerähnliche Reptilien gab es bereits, als die ersten Dinosaurier auf der Erde erschienen, und sie wurden von den Dinosauriern verdrängt. Daher stammen wir also von den Vorfahren der Dinosaurier ab.

Und was war davor? Auf die Frage nach unserer Herkunft können wir wie Nanki-Puh aus *Mikado*[1] treffenderweise entgegnen, daß wir unsere Ahnen in direkter Linie zurückleiten können «auf ein protoplasmatisches Ur-Atomkügelchen. Dementsprechend schwer läßt sich auch unsere Familienehre antasten.» In diesem Buch wollen wir natürlich nicht so weit zurückgehen. Um unsere Geschichte von der Evolution der irdischen Lebensformen einigermaßen übersichtlich zu halten, wollen wir sie erst verhältnismäßig spät beginnen lassen: Zu dem Zeitpunkt, als unsere Vorfahren bereits aus dem Meer ans Land gestiegen waren. Dies ist nicht etwa eine reine Bequemlichkeit seitens der Erzähler. Schließlich war das Leben auf dem Land weitaus mehr Schicksalsschlägen und wechselnden Umweltbedingungen ausgesetzt, als dies je in den Meeren der Fall war. Das wird wohl ein Hauptgrund gewesen sein, warum sich die Evolution auf dem Lande so rasant (d.h. in wenigen hundert Millionen Jahren) vollzog. Und deshalb sitzen wir heute auch hier und können über unsere Ursprünge mutmaßen.

Die Geschichte handelt schaurig-schön von Tod und Untergang, und bevor wir die eigentliche Handlung erzählen, sollten wir die Kulisse noch etwas zurechtrücken und Ihnen einige wesentliche Instrumente aus dem zerstörerischen Arsenal erklären. Betrachten Sie das Ganze als Unterhaltung, ähnlich einem Horrorfilm: Die Aussicht, die menschliche Rasse werde am morgigen Tag durch eine Naturkatastrophe ausgelöscht, entspricht etwa derjenigen, auf dem Heimweg vom Kino durch einen Wahnsinnigen mit einer Motorsäge zerstückelt zu werden. Der Unterschied liegt allerdings darin, daß unsere Geschichte der Wahrheit entspricht. Und wir brauchten dabei noch nicht einmal die Namen zu ändern …

1 *The Mikado* [deutscher Titel: *Der Mikado oder Ein Tag in Titipu*] ist eine in Großbritannien sehr beliebte burleske Operette. Der Text stammt von W. S. Gilbert, und die Musik komponierte Arthur Sullivan. Die Uraufführung fand 1885 in London statt. (Anm. d. Übers.)

1

Auch Dinosaurier gibt's nicht mehr ...

Die Geschichte vom Leben auf der Erde sollte eigentlich besser die Überschrift tragen: «Vom Tod auf der Erde». Denn es sind weitaus mehr Pflanzen- und Tierarten ausgestorben, als heute noch auf unserem Planeten leben. Sie sind vom Erdboden verschwunden, weil wechselnde Umweltbedingungen ihre Lebensweise unmöglich machten und die ökologischen Nischen vernichteten, die sie bewohnten. Dennoch sind wir *per definitionem* Nachkommen der Überlebenden. Wir können unsere Abstammung in ununterbrochener Linie bis zu den Einzellern zurückverfolgen, die vor etwa 3,5 Milliarden Jahren in den Ozeanen unseres Planeten umherschwammen. Vor diesem Zeitpunkt wird diese Spur undeutlicher; jedoch kann man aufgrund einer prinzipiellen Ähnlichkeit im Lebensprozeß aller lebenden Organismen – beispielsweise bei Molekülen wie DNS, RNS und Proteinen – davon ausgehen, daß unser gemeinsamer Vorfahr aus mehreren Molekülen bestand, die als erste den Trick entdeckten, sich selbst zu vervielfältigen (*Selbstreplikation*).

Selbstreplikation ist genau derjenige Faktor, der das Leben ausmacht. Lebende Organismen stellen Kopien von sich selbst her. Weil jedoch diese Kopien nicht immer haargenaue Abbilder ihrer Eltern sind, konnten sich zahlreiche Lebensformen auf der Erde entwickeln und den wechselnden Umweltzwängen anpassen. In jeder Generation gibt es eine Vielzahl einzelner Individuen, selbst innerhalb einer speziellen Art. Diejenigen, die sich am besten bewähren, d.h. am besten ihrer Umgebung anpassen, hinterlassen eine höhere Zahl an Nachkommen. Aus diesem Grund werden die Eigenschaften, die diese Individuen erfolgreich machten, bevorzugt an die folgenden Generationen vererbt. Solange die Umwelt im Wesentlichen unverändert bleibt, führt die Evolution durch natürliche Auswahl hauptsächlich dazu, daß sich einzelne Arten nur besser an ihre jeweilige ökologische Nische adaptieren: Affen passen sich besser an das Leben in den Baumwipfeln an, Vögel entwickeln bessere Flügel und so weiter. Wenn sich aber die Umwelt abrupt verändert, können einzelne sehr gut angepaßte Individuen, manchmal sogar ganze Arten, ausgerottet werden, weil die Bedingungen nicht mehr vorhanden sind, an die sie sich angepaßt hatten. Wenn beispielsweise plötzlich alle Bäume verschwänden, müßten die Affen eine neue Lebensweise erlernen oder zugrunde gehen. Unter solchen Umständen, ob sie nun abrupt oder langsam eintreten, verschieben sich die grundlegenden Lebensstrukturen. Einige Arten sterben aus, während die Nachfahren anderer Arten unter einen neuen Selektionsdruck geraten und sich dementsprechend entwickeln. Unter diesen neuen Lebensbedingungen spalten sich die Nachkommen der Überlebenden in viele Formen, und schließlich entsteht eine neue Art, die in diese (neue) ökologische Nische paßt. Aus menschlicher Sicht besteht die Geschichte des Lebens auf der Erde nur aus Wechsel und Anpassung, aus deren Abfolge wir Menschen letzten Endes entstanden sind – einhergehend mit dem Aussterben unzähliger anderer Lebensformen.

Evolution bei der Arbeit

Wie aus zahlreichen immer wiederkehrenden Fragen hervorgeht, bereitet einigen Menschen die Evolution – im Darwinschen Sinne jedenfalls – immer noch Kopfschmerzen. Das Hauptproblem scheint für viele die Komplexität der Organismen zu sein und führt daher zu der Frage: Wie kann so etwas Kompliziertes wie der menschliche Körper – oder das Auge oder das Echolot-Ohr einer Fledermaus – «zufällig» entstanden sein? Diese Fragestellung ergibt sich, weil diese Menschen einem Mißverständnis aufsitzen, wie Evolution tatsächlich abläuft. Sicherlich spielt auch der Zufall eine Rolle; allerdings nur in dem Sinne, daß jede geringfügige Änderung des Erbguts (oder DNS), das wir unseren Kindern mitgeben, eine zufällige Veränderung des genetischen Codes bewirken kann. Jedoch sind selbst diese zufälligen Veränderung letztlich von der Beschaffenheit des elterlichen Codes abhängig. Wenn Sie den Code beispielsweise als «Kochrezept» für einen kompletten Menschen verstehen, können Sie ihn mit einem dicken Lexikon gleichsetzen, das mit Hilfe unseres herkömmlichen Alphabets geschrieben wurde. Zufällige Veränderungen, die ja ein Teil des Evolutionsprozesses sind, können nun dazu führen, daß in diesem Lexikon einige Worte falsch geschrieben sind; sie bewirken jedoch nicht, daß durch willkürliches Vertauschen aller Buchstaben – beim Übergang von einer Generation zur nächsten – plötzlich ein vollkommen neues Lexikon entsteht. Was übrigens gleichermaßen wichtig ist: In dem sich daran anschließenden entscheidenden Selektionsprozeß gibt es überhaupt keinen «Zufall», der bewirkt, daß sich Lebewesen, die besser an ihre Umwelt angepaßt sind, eher durchsetzen, während schlechter adaptierte Organismen automatisch schlechtere Chancen haben. Das Ganze läuft ja nun nicht so ab, als würden Sie eine Badewanne voller Chemikalien nehmen, diese gründlich durchrühren und anschließend auf den glücklichen Zufall warten, der irgendwann sämtliche Bestandteile eines lebendigen, voll funktionstüchtigen menschlichen Organismus zustandebringt. Vielmehr ist die Evolution ein Prozeß, der aus vielen kleinen Schritten besteht, wobei jeder winzige Teilschritt ein bereits bestehendes, arbeitsfähiges System umformt. Ein wirklicher Zufall, manche mögen ihn auch als Glück bezeichnen, war nur bei der Entstehung der ersten lebendigen Moleküle im Spiel; aber schließlich hatte die Natur zum damaligen Zeitpunkt ja ausreichend Zeit und eine riesige Auswahl an Molekülen, um das Leben tatsächlich als Folge eines glücklichen Zufalls entstehen zu lassen. Ein wichtiger Aspekt ist, daß der Evolutionsprozeß in einem fast unvorstellbar langen Zeitraum ablaufen konnte; denn immerhin sind fast dreieinhalb Milliarden Jahre vergangen, seit sich die ersten Lebensformen im Meer entwickelten.

In seinem exzellenten Buch *The Blind Watchmaker*[1] rückt Richard Dawkins dies in die richtige Perspektive – und gibt uns beiläufig Zahlenwerte an die Hand, die uns veranschaulichen können, wie lebendige Moleküle möglicherweise «zufällig» entstanden sind. Innerhalb weniger tausend Jahre ist es der Menschheit gelungen, sämtliche modernen Hunderassen aus einem gemeinsamen Vorfahren, dem Wolf, zu züchten. In jeder Generation haben sich einzelne Menschen bestimmte Hunde ausgesucht – aus welchem Grund auch immer – und diese als Zuchttiere eingesetzt. In gewissem Sinne ist das eine unnatürliche Selektion, da sie durch die Laune der Menschen gesteuert wird. Andererseits ist der Mensch fester Bestandteil der Umwelt eines Hundes, und der Vorgang entspricht daher voll der natürlichen Selektion. Vom Wolf bis zum Chihuahua sind es also nur einige tausend Jahre. Dawkins schlägt nun vor, diese Zeitspanne räumlich zu betrachten, als ob sie ein Mensch in Schritten abmessen würde. Wie weit müßte man dann bei einem solchen Maßstab die Straße der Evolution entlangwandern, um bis zum Beginn der Evolution auf Erden zurückzugelangen? Dies entspräche der Strecke von London bis Bagdad. Die Evolution hatte also wirklich sehr viel Zeit zum Herumexperimentieren. Es liegt nicht in unserer Absicht, irgendwelche Zweifler von der Evolution zu überzeugen. Vielmehr wollen wir die Evolution zusammen mit der nachgewiesenen Tatsache, die Entwicklung des Lebens auf unserem Planet sei mit dramatischen Umweltveränderungen einhergegangen, als eine Erklärung für folgende Frage benutzen: Warum sitzt nun eine Spezies intelligenter Menschenaffen, die von baumbewohnenden Primaten abstammt, an dieser Stelle und sinniert über solche Fragen, während die Dinosaurier, die unseren Planeten mehr als 150 Millionen Jahre beherrscht haben, völlig von der Erdoberfläche verschwunden sind?

Doch sind auch andere Standpunkte denkbar. So gibt es beispielsweise einzellige Organismen, die noch genauso aussehen wie ihre Vorfahren, die vor mehr als drei Milliarden Jahren lebten.

1 Das Buch ist unter dem deutschen Titel *Der blinde Uhrmacher* erschienen.

Aus ihrer Sicht ist das Leben auf der Erde eine Geschichte der Kontinuität und Stabilität. Die Lebensweise ihrer Art wurde niemals von Umweltveränderungen bedroht, und sie sind hervorragend an das Leben in einer bestimmten ökologischen Nische angepaßt. Die Komplexität im Dasein eines vielzelligen Pflanzen- oder Tierkörpers ist lediglich ein merkwürdiges und zufälliges Nebenprodukt ihres Erfolges.

Dies entspricht natürlich nicht ganz unserem Standpunkt, und daher sollen einzellige Lebensformen – obwohl sie bezüglich ihrer evolutionären Langlebigkeit zweifellos die erfolgreichsten Lebensformen unseres Planeten darstellen – im Rest dieses Buches nicht weiter erwähnt werden. Auch das Treiben im Ozean wird kaum eines Blickes gewürdigt, obwohl das Leben unseres Planeten für drei Milliarden Jahre durch marine Lebensformen repräsentiert wurde. Vor etwa 400 Millionen Jahren begannen die ersten Pflanzen das Festland zu kolonisieren; ihnen folgten rasch kleine Lebewesen, wie etwa Tausendfüßler, Milben und Urinsekten. Größere Bäume und ganze Wälder entstanden vor etwa 370 Millionen Jahren, und die ersten Amphibien, die unsere direkten Vorfahren sind, krochen etwa zur gleichen Zeit an Land. Zu diesem Zeitpunkt wollen wir unsere Geschichte über wechselnde Umweltbedingungen beginnen lassen, die einige Nachfahren dieser paläozoischen Amphibien zu Menschen werden ließen. Wir sollten aber noch einen kleinen erläuternden Exkurs machen, der sich mit folgenden Fragen beschäftigt: Woher wissen wir eigentlich, was sich vor 370 Millionen Jahren abgespielt hat? Welche Lebensformen haben zu welcher Periode der Erdgeschichte gelebt? Und wie hat sich die Umwelt verändert?

Steinerne Zeugen

Fossilien spielen eine Schlüsselrolle, um die Geschichte des Lebens auf der Erde verstehen zu können. Wenn Organismen (Pflanzen oder Tiere) sterben, versinken ihre Überreste im weichen Meeresgrund, im Uferschlamm eines Sees oder an anderen Stellen, wo sie von anorganischem Material bedeckt werden, ehe diese Reste von vorbeikommenden Tieren gefressen werden.

Über die eingehüllten Überbleibsel legen sich neue Sedimentschichten, und die unteren Schichten werden dadurch zusammengedrückt. Schließlich wird der Schlamm durch geologische Kräfte zu einer Gesteinsschicht geformt, und in diesen Felsschichten kann der Abdruck eines ehemals lebendigen Organismus erhalten bleiben. Die Fossilien sind zwar selbst aus Stein, haben aber immer noch die Form der Tiere oder Pflanzen, die vor Jahrmillionen im Sediment versunken sind. Die meiste organische Materie wird nicht auf diese Art und Weise konserviert, wohl aber einige wenige Formen.

Solch steinerne Relikte lebender Formen sind seit Jahrhunderten bekannt. Schon Leonardo da Vinci machte beispielsweise im 15. Jahrhundert Anmerkungen zu diesem Thema, und unter den Naturphilosophen des 17. Jahrhunderts waren Fossilien Anlaß hitziger Debatten und großer Verwirrung. Nur langsam bildeten sich grundsätzliche Ideen heraus, den entscheidenden Schritt machte jedoch erst der englische Naturbeobachter William Smith gegen Ende des 18. Jahrhunderts. Er erkannte als erster die fossilhaltigen Schichten (Strata), die durch den Bau neuer Kanäle und Kohlebergwerke freigelegt wurden. Smith stellte fest, daß verschiedene Strata jeweils unterschiedliche charakteristische Fossiltypen enthalten, und daß gleichaltrige Gesteinsschichten aus unterschiedlichen Gegenden Britanniens – und wie wir heute wissen, auch aus der ganzen Welt – anhand der charakteristischen Fossilien identifiziert werden können, die man in ihnen findet.

Vielerorts liegen ältere Gesteinsschichten unter Felsschichten, die später entstanden sind, und enthalten Spuren der Tier- und Pflanzenwelt ihrer Periode. Auf diese Weise erhielten Paläontologen und Geologen eine grob unterteilte Zeittafel. Auch Charles Darwin ließ sich sehr stark hiervon beeinflussen, als er im 19. Jahrhundert seine Evolutionstheorie verfaßte. Allerdings konnten erst die Physiker dieses Jahrhunderts eine exakte Uhr entwickeln, mit der die Geologen ihre Zeittafel genauer eichen können.

Als die ersten geologischen Zeittafeln entwickelt wurden, waren die meisten darin enthalten Angaben nichts besseres als reine Spekulation. Die Zeittafel war wie ein geologischer Kalender in verschiedene Intervalle unterteilt; jedoch basierte diese Unterteilung zu einem großen Teil auf dem Wechsel der Leitfossilien. In einigen Strata bestehen nur geringfügige Unterschiede zwischen den Fossiltypen der einen Schicht und derjenigen, die darüber liegt. In anderen Fällen trifft man viele Fossiltypen, die in einer tieferen Schicht vorhanden sind, in der darüber liegenden überhaupt nicht mehr an. An ihrer Stelle tauchen neue Fossilien auf, die nun neue, veränderte Lebensformen darstellen, und den Platz ihrer Vorfahren einnehmen. (Vielleicht tauchen sie auch erst nach und nach auf, wenn die Geologen entsprechend jüngere Schichten untersuchen.) Die Trennlinien zwischen geologischen Intervallen stimmen häufig mit interessanten Veränderungen im Entwicklungsschema des Lebens auf der Erde überein. Genau aus diesem Grunde werden solche interessanten Veränderungen in der Fossilienzusammensetzung einer Schicht als Markierungen geologischer Zeitabschnitte benutzt.

Im 20. Jahrhundert konnte man diesen geologischen Intervallen dank der Entwicklung radioaktiver Datierungsmethoden ein genaues Alter zuordnen. Die meisten Gegenstände enthalten Spuren radioaktiver Elemente. Die Stärke (oder Intensität) der Radioaktivität in einer bestimmten Gesteinsprobe (beispielsweise Granit) nimmt im Verlauf der Zeit regelmäßig und auf mittlerweile genau bekannte Art und Weise ab. Indem ein Physiker die Radioaktivität einer alten Gesteinsprobe mißt, kann er berechnen, vor wie langer Zeit dieses Gestein entstanden ist. Die Zahlen sind nicht hundertprozentig exakt, und leicht unterschiedliche Meßmethoden können geringfügig voneinander abweichende Werte für das Alter der Probe erzielen. Daher kann es in einem Buch heißen, die Dinosaurier seien vor 65 Millionen Jahren ausgestorben, während in einem anderem Buch 67 Millionen Jahren angegeben werden. Ein drittes Werk gibt vorsichtshalber gar keine Zahlenwerte, sondern meint, die Dinosaurier seien am Ende der Kreidezeit ausgestorben[2].

2 Diese Formulierung hilft aber nun wirklich nicht weiter, da nämlich nach einer bestimmten Definition das Ende der Kreidezeit durch das Aussterben der Dinosaurier charakterisiert wird.

Abhängig davon, wie sich die Zusammensetzung der Fossilien einer Schicht verändert, wird die geologische Zeit in verschiedene Schichten unterteilt. Große Veränderungen (d.h. Massensterben von Lebewesen) markieren die Grenzlinien bedeutender Intervalle, während kleine Veränderungen, in deren Verlauf nur ein paar Arten ausstarben, weniger wichtige Abschnitte kennzeichnen. Alle Ereignisse, die vor einem Zeitraum liegen, der vor etwa 590 Millionen (590 Mio.) Jahren begann, werden als *Präkambrium* zusammengefaßt. Was unsere Kenntnisse über das Leben auf der Erde betrifft, so bildet dieser recht beachtliche Abschnitt der Erdgeschichte (ungefähr sieben Achtel) ein großes unbeschriebenes Blatt. Gut erhaltene Fossilien finden sich erst in späteren Strata – daher wird bei 590 Mio. eine Grenze gezogen. Der Zeitabschnitt (Äon), in dem wir heute leben, wird *Phanerozoikum* genannt; dieses Weltalter erstreckt sich vom Präkambrium bis heute und wird in drei weitere Abschnitte (Ären) unterteilt: das *Paläozoikum* oder Erdaltertum (von 590 Mio. bis vor 248 Mio. Jahren), das *Mesozoikum* oder Erdmittelalter (von 248 Mio. bis vor etwa 65 Mio. Jahren) und das *Känozoikum*, auch Erdneuzeit genannt, das vor etwa 65 Mio. Jahren einsetzte. Kleinere Abschnitte werden Perioden genannt, deren Namen gelegentlich in unserem Buch auftauchen werden. Die erste Periode in der Ära Paläozoikum im Äon Phanerozoikum wird als *Kambrium* bezeichnet – deshalb befinden sich alle davorliegenden Ereignisse im *Präkambrium*. Perioden werden weiterhin in Epochen, und diese wiederum in Stufen (*ages*) unterteilt, aber mit solchen feinen Unterschieden wollen wir uns nicht belasten. Uns interessiert vielmehr, warum es Zeiten gab, insbesondere in den Übergangszonen einzelner Perioden, in denen viele Lebensformen gemeinsam von der Erdoberfläche verschwanden. Welche katastrophalen Veränderungen der Umwelt beschworen den Untergang der Dinosaurier vor 65 Mio. Jahren herauf (und ermöglichten gleichzeitig den Aufstieg unserer eigenen Tierklasse, der der Säuger), und was verursachte vergleichbare Massensterben in der jüngeren Vergangenheit?

Alles ist vergänglich

Fossilienjäger sollten darauf achten, sich nicht zu sehr aufgrund fehlender Fossilien zu falschen Schlüssen verleiten zu lassen. Aufgrund seines typischen Verlaufs liefert der Fossilisierungsprozeß leider nur ein unvollständiges Verzeichnis darüber, wie sich das Leben entwickelt hat. Manche dieser Lücken ergaben sich nämlich nicht weil bestimmte Arten verschwunden sind, sondern nur deshalb, weil ihre sterblichen Überreste zufällig keine Fossilien bilden. Das ist in zweierlei Weise bedeutend. Einerseits müssen wir sicherstellen, daß mehrere unterschiedliche Arten betroffen sind, bevor wir behaupten, das Verschwinden gewisser Fossiltypen oberhalb einer bestimmten Gesteinsschicht sei geologisch signifikant. Zum zweiten ist in jüngster Zeit unter den Evolutionsbiologen eine hitzige Debatte über das Thema entbrannt, mit welcher Geschwindigkeit neue Arten entstehen können. In manchen Fällen läßt sich eine ursprüngliche Form über Millionen Jahre hinweg ohne größere Veränderungen in den Gesteinsschichten verfolgen – und dann, ohne Übergangsformen, finden wir in der folgenden Schicht eine abgeleitete Art, die eindeutig, jedoch ohne irgendwelche sichtbaren Zwischenschritte, von dieser Urform abstammt. Soll dies nun heißen, der Wechsel habe sich buchstäblich in einem Schritt, von einer Generation zur nächsten vollzogen? Ziemlich sicher ist das nicht der Fall. Der amerikanische Evolutionsbiologe Ledyard Stebbins zeigt uns in seinem Buch *Darwin to DNA* an einem Beispiel, was wohl tatsächlich passiert ist.

Stebbins verwendet hierzu in einem Gedankenmodell ein etwa mausgroßes Tier: Die Evolution übt in der Art und Weise Druck aus, daß größere Individuen erfolgreicher sind – vielleicht gab es eine Klimaänderung, durch die größere Tiere im Vorteil waren, weil sie mehr Körperwärme zurückhalten können. Aus einem bestimmten Grund, der für uns an dieser Stelle unerheblich ist, soll die Selektion nun diejenigen Tiere bevorzugen, die geringfügig größer als der Durchschnitt sind, während alle Tiere mit einer etwas geringeren als der Durchschnittsgröße völlig benachteiligt sind. Entscheidend ist, daß der Größenunterschied nur «geringfügig» ist, und Stebbins setzt den Zahlenwert so klein an, daß kein heutiger Biologe den Unterschied zwischen zwei aufeinanderfolgenden Generationen erkennen könnte. Daher würde dieser hypothetische Evolutionsdruck erst nach 12 000 Generationen bewirken, daß aus einer mausgroßen Urform Individuen von der Größe eines Elefanten entstehen. Wenn man davon ausgeht, daß jede Generation nach fünf Jahren geschlechtsreif wird (also länger als die Lebensspanne einer Maus, jedoch weniger als die eines Elefanten), folgert Stebbins, daß aus einer mausartigen Urform in etwa 60 000 Jahren ein elefantenartiges Tier entstehen kann. Bei jedem Schritt (d.h. pro Generation) lassen sich Eltern und Nachkommen nicht durch herkömmliche Tests auseinanderhalten. Daher können sich Mäuse durchaus zu Elefanten «mausern» (und umgekehrt), ohne daß wir es überhaupt bemerken.

Nach menschlichem Ermessen ist die Evolution ein langsamer Prozeß. Trotzdem ist ein Zeitraum von 60 000 Jahren immer noch zu gering, um durch geologische Meßverfahren erfaßt werden zu können. Was das Vorkommen von Fossilien in jener Gesteinsschicht anbelangt, so kann das Entstehen einer neuen Art in weniger als 100 000 Jahren durchaus als spontan bezeichnet werden. Wenn sich beispielsweise heutzutage Fossilien in oberflächennahen Schichten bilden, werden sie wahrscheinlich auch die Knochen vieler Hunderassen enthalten, die die Menschheit begleitet haben. Möglicherweise wird es auch in 100 Millionen Jahren Paläontologen – vielleicht sogar die Besucher von anderen Sternen – auf der Erde geben, die diese Fossilien untersuchen. Wenn sie dabei von einer Schicht zur nächsten gehen, werden sie sehr wahrscheinlich den Eindruck gewinnen, als sei der Chihuahua von heute auf morgen entstanden. Obwohl sie sicherlich den Wolf als Ahnherrn des Chihuahuas identifizieren werden, besteht für diese zukünftigen Paläontologen keinerlei Hoffnung, alle kleinen und subtilen Schritte des Evolutionsprozesses rekonstruieren zu können, die das eine Tier in das andere verwandelten. Trotzdem sind es gerade diese kleine Schritte, die die Arbeitsweise der Evolution ausmachen.

Bedeutende Einbrüche im Fossilienvorkommen sind dann gegeben, wenn viele unterschiedliche Lebensformen aussterben.

Gelegentlich ist das terrestrische Leben stärker betroffen als die Lebensformen im Meer, manchmal ist es jedoch genau umgekehrt. Tiere können gelegentlich stärker in Mitleidenschaft gezogen werden, während Pflanzen relativ unbeschadet davonkommen, und so weiter. Das Ausmaß eines solchen Massensterbens verschiedener Lebensformen kann man in der Weise erfassen, daß die einzelnen Formen systematisch verschiedenen Kategorien zugeordnet werden, ähnlich der Klassifikation der Biologen. Die Hauptunterteilung erfolgt in fünf verschiedene Reiche (*Regnum*), das der Tiere, der Pflanzen, der Pilze, der Bakterien und der Archäbakterien. Alle bekannten Lebensformen fallen in eine dieser fünf Hauptkategorien. Bisher gab es keine ökologische Katastrophe auf der Erde, die groß genug war, ein ganzes Reich auszulöschen. Wir wollen uns aber den Unterkategorien des Tierreiches zuwenden. Schließlich gehören wir ja auch dazu – und in den anderen Reichen gibt es vergleichbare Untereinheiten.

Die nächsttiefere Stufe im Tierreich ist der Stamm (*Phylum*). Vom menschlichen Standpunkt aus ist das Vorhandensein einer Wirbelsäule ein wichtiges Unterscheidungsmerkmal zwischen den Tierstämmen; man unterscheidet zwischen Tieren mit Wirbelsäule (Wirbeltiere) und Tieren ohne Wirbelsäule (Wirbellose). Die Wirbeltiere werden in fünf Klassen (*Classis*) unterteilt: Säugetiere (zu denen auch der Mensch gehört), Vögel, Amphibien, Reptilien und Fische. In der Vergangenheit haben einige katastrophale Ereignisse dazu geführt, daß ganze Klassen, sowohl im Tierreich als auch in anderen Reichen, ausgerottet wurden. Solche Massensterben sind selten, und sie markieren deutliche Abschnitte in der geologischen Zeittafel.

Innerhalb der Klasse der Säugetiere (*Mammalia*) gibt es verschiedene Ordnungen (*Ordo*), die sich jeweils in einzelne Familien (*Familia*) untergliedern. Bei der Ordnung Primaten (oder Herrentiere), zu der auch der Mensch gehört – gibt es folgende Familien: die Hominiden (oder Menschen), die Menschenaffen, die Gibbons, die Altweltaffen und die Neuweltaffen. Auf der nächsten Stufe kommt die Gattung (*Genus*), in unserem Falle *Homo*, und schließlich die Art (*Species*), hier *Homo sapiens*. Nach der klassischen Einteilung beanspruchen wir Menschen die beiden letzten

Unterteilungen allein für uns. Dies kann man nun wieder als typisches Beispiel menschlicher Chuzpe oder als menschlichen Chauvinismus auslegen, denn objektiv betrachtet, wäre es sinnvoller, die beiden rezenten Schimpansenarten (und vielleicht auch den Gorilla) mit dem Menschen zur Gattung *Homo* zusammenzufassen. Wenn es Ihnen lieber ist, können Sie den Begriff *Homo* als Gattungsnamen auch verwerfen und uns statt dessen als Schimpansen klassifizieren. Aber vielleicht bringt erst ein hypothetischer außerirdischer Paläontologe, der irgendwann in 100 Millionen Jahren die Fossilien unserer heutigen Welt begutachtet, die dazu erforderliche Objektivität auf. An dieser Stelle soll nun aber keine Diskussion über Sinn und Unsinn unseres Gattungsnamens entfacht werden – die Leser unseres ersten Buches werden mit Ähnlichem bereits vertraut sein. Viel bedeutender ist aber, daß die Fossilien mancher Arten (und Gattungen) oftmals aus einer Schicht verschwinden[3], während ihre Vettern wachsen und gedeihen. Ungewöhnlicher wird es schon, wenn eine ganze Familie vom Erdboden verschwindet, und falls es gar mehrere Familien gleichzeitig erwischt, deutet dies schon auf eine Umweltveränderung größeren Ausmaßes hin. Das Verschwinden ganzer Tier- oder Pflanzenklassen – auf dem Land wie auch im Meer – kann man sogar als noch eindeutigeres Anzeichen einer globalen Katastrophe interpretieren.

Während der 590 Millionen Jahre, die seit dem Präkambrium verstrichen sind, sind viele Familien entstanden, großen Veränderungen unterworfen worden und wieder verschwunden, um Platz für andere Lebensformen zu schaffen. Alle eine Million Jahre stirbt etwa ein halbes Dutzend im Meer lebender Familien aus. Solche Verlustraten sind in der Geschichte des Lebens auf der Erde nicht ungewöhnlich. Doch viermal innerhalb des Phanerozoikum (ungefähr vor 438 Millionen, 253 Millionen, 213 Millionen und 65 Millionen Jahren) sind weitaus mehr Familien – etwa 15

3 Möglicherweise blüht den Schimpansen bald ein ähnliches Schicksal, da die Zerstörung des Regenwaldes zunimmt; jedoch werden zukünftige Fossiliensammler in Gesteinsschichten, die sich lange nach dem Aussterben der Schimpansen gebildet haben, sicherlich immer noch zahlreiche Gebeine von *Homo sapiens* finden.

bis 20 in einem Zeitraum von einer Million Jahren – ausgelöscht worden. Dies sind die «großen Massensterben», die niemand in Abrede stellt. Zusätzlich gab es noch einen «eher kleineren Zwischenfall» vor etwa 360 Millionen Jahren sowie zahlreiche «geringfügige», gut belegbare Einzelfälle, bei der zwar Arten und Gattungen betroffen waren, jedoch keine ganzen Familien ausgerottet wurden. Wie Sie wohl bereits vermutet haben, markieren diese vier oder fünf verschiedenen Massensterben Wendepunkte in der Evolution des Lebens. Die geologische Zeittafel legt dar, daß diese tatsächlich parallel zu Veränderungen der Umwelt auftraten. Insbesondere ist augenfällig, daß viele Lebensformen immer dann von der Erdoberfläche verschwanden, wenn unser Planet eine längere Abkühlungsphase oder eine Eiszeit (bzw. mehrere Eiszeiten hintereinander) durchgemacht hat. Wir sind daher die Nachfahren einer Art, die all diese Krisen überstanden hat. In diesem Sinne können wir uns schon als *Kinder der Eiszeit* betrachten, obwohl noch viel engere Verbindungen zwischen Eiszeiten und dem Ursprung der Menschheit bestehen. Diesen Gedanken wollen wir aber erst später behandeln. Die erste Frage, die sich nach dieser Erkenntnis aufdrängt, und die wir beantworten wollen, ehe wir in der Geschichte des Lebens fortfahren, lautet: Warum ändert sich die Umwelt von Zeit zu Zeit so dramatisch? Als Hauptursachen werden heute zwei verschiedene Prozesse angesehen. Der eine ist langsam, aber stetig, und er hat ganz eindeutig an der Gestaltung der Umweltveränderungen mitgewirkt, aufgrund derer wir heute hier stehen. Der andere Vorgang ist schnell, aufsehenerregend und kann bestimmt nicht alle Massensterben erklären. Mit ziemlicher Sicherheit war er jedoch das Tröpfchen, das das Faß zum Überlaufen brachte und den dramatischen Untergang der Dinosaurier verursachte – und damit letzten Endes das Zeitalter der Säugetiere einläutete.

Ein Planet im steten Wandel

Kontinente driften über die Erdoberfläche. Die Geographie unseres Planeten ist daher kein konstanter, sondern ein variabler Umweltfaktor. Diese Erkenntnis war eines der bedeutendsten wissenschaftlichen Ereignisse dieses Jahrhunderts. Schon zu Lebzeiten von Francis Bacon wurde darüber spekuliert, daß die Umrisse Südamerikas und Afrikas wie Puzzleteile aneinanderpassen, und durch die Arbeiten Alfred Wegeners zu Beginn dieses Jahrhunderts konnte die Theorie der Kontinentaldrift erstmals wissenschaftlich Fuß fassen. Doch erst 1962 entwickelte Harry Hess von der Princeton University die Theorie der Plattentektonik, die heute eine der bedeutendsten Erklärungen für die Kontinentaldrift ist.

Vor Hess mußten Verfechter dieser Idee damit argumentieren, die größeren Landmassen der Welt hätten ihre heutige Position erreicht, indem sie die dünne Ozeankruste durchpflügten – etwa in der Art, wie große Eisberge ihren Weg durch dünnes Packeis brechen. Diese Vorstellung entbehrte jedoch jeglicher Realität. Zwar kann der Meeresboden dünner sein als die Kruste des Materials, aus dem die Kontinente bestehen, dennoch handelt es sich um soliden Fels, der sich nicht so einfach beiseite schieben läßt, wenn die Kontinente sich vorbeiwälzen. Im Laufe der Jahre kamen immer mehr überzeugende Beweise zusammen, daß Kontinente, die heutzutage durch tausende von Kilometern Ozean voneinander getrennt sind, in alten Zeiten tatsächlich Teil derselben Festlandsmasse waren. Wichtige Indizien waren dabei die Fossilien, z.B. gleiche Tier- und Pflanzenreste in ähnlichen Gesteinsschichten, die an verschiedenen Stellen der Welt gefunden wurden. Aber auch aus der Ausrichtung der Strata selbst sowie aus der Form der Furchen und Rillen, die urzeitliche Gletscher in das Gestein gekratzt hatten, ergab sich, daß beispielsweise die südlichen Teile Südamerikas, Afrikas, Australiens und Indiens einst eine Einheit bildeten und unter einer gemeinsamen Eismasse begraben waren. Weil über längere Zeit niemand einen plausiblen Mechanismus parat hatte, dauerte es so lange, bis sich die Theorie der Kontinentaldrift durchsetzen konnte. Daher wurde Hess' Konzept in vielen Lagern mit einem Seufzer der Erleichterung begrüßt, und quasi über Nacht war die Kontinentaldrift salonfähig geworden.

Der große Durchbruch kam zusammen mit der Erkenntnis, daß sich nicht etwa die Kontinente über den Meeresboden schieben, sondern daß es große Schollen der Erdkruste – hauptsächlich der Ozeankruste – sind, die sich bewegen und die Kontinente auf ihrem Rücken mitschleppen. An manchen Stellen (vor allem in der Mitte des Atlantiks) gibt es tiefe Gräben und Risse, unterseeische Gebirge und brodelnde, immer aktive Vulkanketten. An diesen Plätzen bildet sich die Ozeankruste immer wieder neu, indem sich herausgeschleudertes, geschmolzenes Gestein an den Rändern absetzt, und im Verlauf dieses Vorgangs werden die Kontinente weiter auseinandergedrängt. An anderen Orten, wie beispielsweise am Westrand des Pazifiks, wird die dünne Ozeankruste unter die Ränder einer mächtigeren Kontinentalscholle gedrängt. Dort, wo diese Gesteinskruste in die heißeren, tieferliegenden Erdschichten geschoben wird, schmilzt sie, während an den Stellen, wo die Kruste unter den Kontinentalschollen entlangscheuert, Gebirge aufgefaltet werden, Vulkane ausbrechen und zahlreiche Erdbeben entstehen. Als Ergebnis einer solchen Schollenbewegung ist beispielsweise die japanische Inselgruppe entstanden.

Vor Urzeiten waren Südamerika und Afrika tatsächlich Teil eines einzigen riesigen Kontinents, der heute *Pangäa* genannt wird und damals fast die gesamte Festlandsmasse umfaßte. Die Riß- und Bruchlinie zwischen beiden Kontinenten entstand aufgrund einer stärker werdenden Vulkanaktivität genau an der Stelle, an der sich heute ein tiefer, ständig breiter werdender Graben durch die Mitte des Atlantiks zieht. Im nördlichen Pazifik gibt es keine derartige Furche, und dieser Ozean nimmt daher kontinuierlich ab, während die amerikanische Scholle nach Westen geschoben wird. Falls dieser Vorgang anhält, wird der Pazifik irgendwann völlig verschwunden sein und Nordamerika mit Asien zusammenstoßen.

Dies ist nur ein kleines Zerrbild dessen, wie die Kontinentaldrift tatsächlich abläuft. Mittlerweile läßt sich die Stichhaltigkeit dieser Theorie anhand vieler geologischer Daten belegen. In den achtziger Jahren konnte dann die moderne Technik der Abstandsbestimmung – quasi als I-Tüpfelchen – auch die letzten Zweifel ausräumen. Damals wurden Satelliten in die Erdumlaufbahn geschossen, die es aufgrund neuer Laserstrahlmeßmethoden ermöglichten, die Kontinentaldrift exakt zu bestimmen. Europa und

Amerika driften tatsächlich genauso schnell (mehrere Zentimeter pro Jahr) auseinander, wie die Theorie der Plattentektonik vorhergesagt hatte.

Wer die geographische Vergangenheit unseres Planeten rekonstruieren will, hat sich ein schwieriges und mühseliges Ziel gesetzt, das umso diffiziler wird, je weiter er zurückschaut. Die modernen Geologen haben diese Aufgabe jedoch mittlerweile recht gut in den Griff bekommen. Daher können wir ihre Skizzen und Szenarien guten Gewissens benutzen, ohne die Details – ganz gleich, wie sie rekonstruiert wurden – mit Skepsis betrachten zu müssen. Ohne Zweifel kann man davon ausgehen, daß vor etwa 250 Millionen Jahren, also zum Ausgang des Perm, praktisch alle heutigen Kontinente eine einzige riesige Landmasse, genannt Pangäa, bildeten, die den Südpol bedeckte und sich bogenförmig auf einer Seite der Erde zum Nordpol erstreckte. Pangäa brach in zwei Teile auseinander, *Laurasia* im Norden und *Gondwana* (oder Gondwanaland) im Süden; diese beiden Fragmente – besonders Gondwana – brachen weiter in kleinere Teile, während sie an ihre ungefähre heutige Position drifteten.

Vor 550 Millionen Jahre, also lange vor der Entstehung Pangäas und zu einer Zeit, als das Leben noch nicht einmal begonnen hatte an Land zu gehen, sah unsere Erde noch völlig anders aus. Die Kontinente lagen auf der Höhe des Äquators, und die überwiegende Landmasse wurde von einem Vorläufer Gondwanas gebildet, der weite Teile der heutigen Kontinente Antarktis, Afrika und Südamerika umfaßte. Die Polregionen waren meerbedeckt und noch völlig eisfrei. Insgesamt wäre es ein angenehmer und warmer Aufenthaltsort gewesen, wenn man davon absieht, daß die Kontinente nur aus kahlen Wüsten und nackten Felsen bestanden, auf denen man weder Erdreich noch Leben antraf.

Der größte Effekt, den die Kontinentaldrift auf globale Umweltveränderungen hat und der ein Leben auf dem Land mehr oder weniger erträglich macht, äußert sich in wechselnden Temperaturen. Prinzipiell ist dies auf zweierlei Art und Weise möglich. Die direkten Wechselbeziehungen zwischen Geographie und Klima sind ziemlich kompliziert. Auf einen einfachen Nenner gebracht, beruhen sie im wesentlichen darauf, mit welcher Leichtigkeit warme Wassermassen aus den Tropen in höhere Breitengrade zirkulieren können. Die tropischen Ozeane werden sehr stark von der Sonne erwärmt, deren Strahlen praktisch während des ganzen Jahres senkrecht einfallen. In höheren Breitengraden hingegen hängt die Menge an absorbierter Sonnenenergie immer von der Jahreszeit ab, und nur ein Bruchteil der maximal möglichen Wärmemenge ist im Winter verfügbar. Wenn nun warme Meeresströmungen, wie etwa der heutige Golfstrom, bis in höhere Breitengrade vordringen können, tragen sie dazu bei, diese Gegenden eisfrei zu halten. (Daher läßt es sich in Irland angenehmer leben als in Alaska.) Falls ein Kontinent jedoch in Polnähe liegt (oder direkt darüber, wie die heutige Antarktis), dann können selbst die Meeresströmungen diese Region nicht warm halten. Das Festland bildet eine solide Grundlage, so daß der Schnee dort liegen bleiben und ausgedehnte Harschfelder und Eisberge bilden kann. Zusätzlich wird die sommerliche Sonneneinstrahlung noch von der glitzernden weißen Schneeoberfläche reflektiert, so daß die Polarregion fest im Griff des Eises bleibt und die Durchschnittstemperatur weltweit abnimmt. Insgesamt ist dieser Vorgang für alle Lebensformen schädlich.

Die Plattentektonik kann aber noch in anderer Weise globale Temperaturveränderungen bewirken, indem sie nämlich die Aktivität der Vulkane beeinflußt. Auf Phasen starker tektonischer Aktivität, bei denen ganze Kontinente aufeinanderprallen und neue Gebirgszüge aufgefaltet werden, folgen Phasen, in denen nur schwache Bewegungen stattfinden. Die gesamte heutige Erdatmosphäre ist ein Produkt unzähliger Vulkanausbrüche, wobei über Jahrmillionen hinweg Gase explosionsartig freigesetzt wurden. Der Isolationseffekt der Atmosphäre besteht darin, daß sie die Erde wie eine Decke einhüllt und die Wärme zurückhält, die ansonsten ins All entwiche. Dieser Vorgang wird auch *Treibhauseffekt* genannt – obwohl die Wärmeisolation in einem Treibhaus eigentlich ganz anders zustande kommt. Der Treibhauseffekt verstärkt sich, und die Erde heizt sich folglich stärker auf, wenn die Atmosphäre einen höheren Gehalt an Kohlendioxid (CO_2) aufweist[4]. Während eines Vulkanausbruchs wird sehr viel CO_2 freigesetzt, das zum Teil durch lebende Materie (im Prozeß der Photosynthese) absorbiert wird, sich aber zu einem großen Teil in den Ozeanen absetzt, wo es sich auflöst und als Kalkgestein sedimentiert. Infolge dessen unterlag die Kohlendioxidkonzentration in der Atmosphäre während unterschiedlicher geologischer Perioden starken Schwankungen, je nachdem, welche Gasmengen von den Vulkanen freigesetzt wurden. Leider haben wir keine Methoden, um das fossile Kohlendioxid der Atmosphäre vor Millionen von Jahren zu messen, aber da es auch andere geologische Hinweise gibt, daß das Klima auf der Erde damals sehr warm war, können wir für diese Periode ebenfalls einen verstärkten Treibhauseffekt vermuten.

Wenn man diese Vorgänge mit dem steten Wechsel der Geographie unseres Planeten in Bezug setzt, lassen sich viele Klimaveränderungen erklären, die mit dem massiven Aussterben von Lebensformen auf der Erde einhergehen. Allerdings sollen noch zwei weitere Prozesse erwähnt werden, bevor wir uns mit dem zentralen Thema unseres Buches, der eigentlichen Geschichte des Lebens, befassen wollen.

Donnerkeile aus dem Himmel

Vor einigen Jahren verursachte die Idee, Massensterben seien durch Meteoritenregen aus dem All ausgelöst worden, sowohl in der breiten Öffentlichkeit als auch bei manchen Wissenschaftlern eine Sensation. Das zerfurchte Antlitz des Mondes weist zahlreiche Spuren auf, die darauf hindeuten, daß während seines Bestehens unzählige Festkörper auf seiner Oberfläche eingeschlagen sind. Als die ersten Weltraumsonden den Mars umkreisten, sandten sie detaillierte Photos zur Erde, auf denen ähnliche Bilder von Kratern zu sehen waren. Der Planet Venus, durch eine dichte Wolkendecke verhüllt, ist nur schwer zugänglich und daher nicht

4 Zur Zeit stellt der Treibhauseffekt ein großes Umweltproblem dar, weil der Kohlendioxidgehalt gegenwärtig durch menschlichen Einfluß, insbesondere durch die Verfeuerung von Kohle und Erdöl, zunimmt.

zu analysieren. Hingegen offenbarten Luftaufnahmen, Aufnahmen aus dem Weltraum und sorgfältige Untersuchungen der Erdoberfläche, daß auch die Erde Narben einer Bombardierung aus dem All trägt. Ganz eindeutig ist das Innere des Sonnensystems ein lebensgefährlicher Aufenthaltsort, da überall große Festkörper umherfliegen, die gelegentlich mit Planeten oder Monden zusammenstoßen.

Die Astronomen wissen, um welche Festkörper es sich hierbei handelt: Es sind Felstrümmer des Asteroidengürtels, der die Sonne zwischen den Umlaufbahnen von Mars und Jupiter umkreist. Einige Asteroiden, große, bis zu zehn Kilometer breite Felsbrokken, kreuzen die Umlaufbahn der Erde, während sie die Sonne umkreisen, und manche Kometen sind häufige Besucher des inneren Sonnensystems. Jeder Zusammenprall mit einem derartigen Objekt würde eine beachtliche Narbe auf der Erdoberfläche hinterlassen. Könnten solche Kollisionen aber ein so großes Chaos verursachen, daß ganze Familien unterschiedlicher Lebensformen vollkommen ausgelöscht werden?

Die Indizien sind wirklich beeindruckend. In Kanada finden sich einige besonders gute Beispiele, da ein großer Teil der Landoberfläche Kanadas aus historisch sehr altem Gestein besteht. Außerdem verhindert das heutige kanadische Klima, daß ein üppiger Wald die Narben überwuchert, die im Laufe der Geschichte in den Felsen geschlagen wurden. Beispielsweise wird eine ringförmige Landsenke bei Minicougan, die etwa 70 Kilometer im Durchmesser mißt, als die Einschlagsstelle eines mehr als 1 Kilometer breiten Asteroiden interpretiert, der vor 210 Millionen Jahren auf die Erde aufprallte. Der Krater von New Quebec ist vor fünf Millionen Jahren entstanden und somit jüngeren Datums. Dieser etwa kreisrunde See von drei Kilometer Durchmesser wird von einer hohen Bergkette eingerahmt und hat frappierende Ähnlichkeit mit einem Mondtrichter. Und beide Krater sind noch Winzlinge, verglichen mit der kreisförmigen Deep Bay, deren Durchmesser 13 Kilometer beträgt. Das Alter dieses Landschaftszuges wurde bisher noch nicht bestimmt, er erinnert jedoch stark an die erodierten Überreste eines prähistorischen Einschlagkraters.

Ohne Zweifel wurde unser Planet in der Vergangenheit von Meteoriten aus dem All getroffen, und das wird auch in Zukunft wieder passieren. Erst 1907, also in jüngster Vergangenheit, ereignete sich eine enorme Explosion bei Tunguska in Zentralsibirien, bei der riesige Waldgebiete zerstört wurden. Nur spärlich drangen Einzelheiten über die Explosion aus diesem wilden und dünn besiedelten Teil des Globus in die zivilisierte Welt. Spätere Nachforschungen vor Ort wurden leider bald danach durch die Kriegs- und Revolutionswirren behindert, in die Rußland hineingezogen wurde. Heutzutage ist sich die Wissenschaft jedoch einig, daß die Detonation, deren Sprengkraft mehreren Tonnen TNT oder der einer mittleren Atombombe entspricht, durch das relativ kleine Bruchstück aus dem Eiskern eines abgekühlten Kometen (sozusagen eines kosmischen Eisbergs) verursacht wurde. Nach dem Eindringen in die Erdatmosphäre war dieser entweder auf dem Erdboden oder dicht darüber explodiert, als die enorme Reibungsenergie, die beim Eintauchen in die Atmosphäre entstanden war, die Eismassen verdampfen ließ. Wenn der Aufprall nur ein bißchen weiter westlich stattgefunden hätte, wären vielleicht Moskau oder Petersburg (Leningrad) zerstört worden und auch die Männer umgekommen, die die russische Revolution angeführt haben. Die Geschichte des 20. Jahrhunderts hätte dann möglicherweise ganz anders ausgesehen. Doch von der sibirischen Explosion im Jahre 1907 ist nicht einmal ein Krater übrig geblieben. Verglichen mit anderen Kometeneinschlägen, die große Narben auf der Erdoberfläche hinterlassen haben, ist sie also noch recht harmlos verlaufen.

Nur wenige Paläontologen würden heute die Idee in Zweifel ziehen, daß solche Ereignisse das Leben auf der Erde beeinflussen. Als Folge solcher Katastrophen konnten manche Arten, vielleicht auch einige Ordnungen verhältnismäßig leicht ausgerottet werden. Aber ganze Familien? Und nicht etwa nur ein oder zwei, sondern gleich ein Dutzend und mehr? Unter den Experten gibt es daher recht hitzige Diskussionen, welche Rolle einem Meteoriten- oder Kometeneinschlag als Auslöser eines Massensterbens zukommt. Der bekannteste und wohl auch populärste Fall betrifft das Aussterben der Dinosaurier vor etwa 65 Millionen Jahren.

Ende der 70er Jahre fanden Forscher der University of California in Berkeley heraus, daß Gesteinsschichten dieses Alters, die aus verschiedenen Teilen der Welt stammen, (größere) Spuren von Iridium enthalten. Das Schwermetall Iridium kommt in der Erdkruste nur sehr selten vor, obwohl man annimmt, daß größere Mengen dieses Metalls tief im Erdinnern vorhanden sind. Wesentlich häufiger findet man es jedoch in den Felstrümmern bestimmter Meteorite. Eine Hypothese geht davon aus, daß diese Iridiumschicht aus den zerschellten Resten eines riesigen Kometen gebildet wurde, der zur gleichen Zeit auf der Erde einschlug, als die Dinosaurier gegen Ende der Kreidezeit ausstarben.

Nach diesem Szenario wurden Erdreich und Meteoritentrümmer nach dem Aufprall hoch in die Atmosphäre geschleudert, wo sie eine dünne Staubschicht bildeten, in der sich auch Iridiumpartikel befanden. Diese Staubglocke umhüllte die ganze Erde und schirmte das Sonnenlicht ab. In der Dunkelheit und Kälte unter diesem staubigen Leichentuch wurden Pflanzen und Tiere reihenweise dahingerafft. Als der Staub dann endlich aus der Atmosphäre herabgesunken war und weltweit eine stark iridiumhaltige Schicht im Sediment gebildet hatte, waren die Dinosaurier, wie viele andere Arten auch, vom Erdboden verschwunden.

Dieses Szenario[5] ist nicht nur bedrückend, sondern auch recht plastisch. Allerdings enthält es auch einige Komplikationen. Das erste und bedeutendste Gegenargument lautet, daß die Dinosaurier nicht quasi von einem Tag auf den anderen ausstarben, sondern im Verlauf mehrerer Millionen Jahre. Verschiedene Arten verschwanden zu leicht unterschiedlichen Zeitpunkten aus den fossilienhaltigen Schichten. Daher liegt die Vermutung nahe, die Katastrophe, die sie hinwegraffte, sei geologisch gesehen zwar recht schnell verlaufen, jedoch nicht in einem solchen Tempo, wie der Ausdruck «Aussterben der Dinosaurier» scheinbar suggeriert. Alternativ kann Iridium auch auf andere als die hier geschilderte Weise in die Erdkruste gelangen, insbesondere nämlich in

5 Die Berechnungen für den sog. «nuklearen Winter», der dem vollen atomaren Schlagabtausch der Supermächte folgen würde, leiten sich übrigens auch von diesem Modell vom Sterben der Dinosaurier ab.

Folge von Vulkaneruptionen. Die vielzitierte Iridiumschicht könnte uns daher genauso gut erzählen, daß nicht etwa ein riesiger Meteorit auf der Erde zerschellt ist, sondern daß zu jener Zeit besonders viele Vulkane ausgebrochen sind. Starke Vulkantätigkeit läßt die Erde ebenfalls auskühlen, weil zahlreiche Staubpartikel in die Stratosphäre geschleudert werden. (Tatsächlich kann dieses Phänomen die Erde auch erwärmen, da große Mengen Kohlendioxid ausgestoßen werden.) Die hierdurch hervorgerufenen Umweltveränderungen würden sich weltweit viel stärker auswirken als beispielsweise diejenigen, die der Einschlag eines Meteoriten hervorruft, und die Folgen könnten Hunderttausende oder gar Millionen Jahre anhalten. Diese vermehrte Vulkantätigkeit ließe sich auch gut auf stärkere tektonische Veränderungen infolge der Kontinentaldrift zurückführen.

Eine weitere Theorie, die eigentlich jedermann zufrieden stellen sollte, jedoch offenbar beide befürwortenden Parteien dieser Ideen vor den Kopf stößt, geht von Meteoriteneinschlägen als Verursacher der geschilderten Vulkanaktivität aus. Große Meteoritenbrocken könnten mancherorts Löcher in die Erdkruste schlagen, besonders an den Stellen, wo diese dünn ist (z.B. die Ozeankruste). Dort kann flüssiges Gestein austreten, und vielleicht werden auf diese Weise neue tektonische Phasen eingeläutet.

Löcher im Himmelszelt

Die Diskussion wird fortgesetzt und ist noch weit davon entfernt, beendet zu werden. Als ob es nicht schon genug Schicksalsschläge gäbe, mit denen das Leben ständig fertig werden muß, hat sich obendrein die Umwelt unseres Planeten noch in mancherlei Hinsicht drastisch verändert. So ist beispielsweise das Magnetfeld der Erde nicht so konstant und fest, als daß sich die Seefahrer für ewige Zeiten danach orientieren könnten. In (sehr) altem Gestein findet sich spurenweise ein Magnetismus, der quasi mit den Steinen «eingefroren» wurde, als sich diese Felsformationen bildeten. An diesem *Paläomagnetismus* läßt sich erkennen, daß sich die Polarität des Erdmagnetfelds von Zeit zu Zeit vollständig umgekehrt hat. Vor 700 000 Jahren befand sich der magnetische Nordpol in der heutigen Antarktis. Wenn ein moderner Kompaß per Zeitmaschine in die Vergangenheit transportiert würde, zeigte seine Nadel (geographisch ausgedrückt) nach Süden. Um an seine heutige Position zu gelangen, hat der Nordpol mit dem Südpol den Platz getauscht, der damals in der Arktis lag. Eine derartige Umkehr des Magnetfeldes läßt sich anhand sukzessiv schwankender Paläomagnetismen in aufeinander liegenden Gesteinsschichten genau zurückverfolgen. Bei diesem Prozeß nimmt die Stärke des Magnetfeldes langsam gegen Null ab, um sich anschließend wieder aufzubauen – meistens in entgegengesetzter Richtung, hin und wieder aber auch in der gleichen Richtung wie zuvor.

Unter manchen Verfechtern der Katastrophentheorie hat diese Entdeckung einige Verwirrung ausgelöst. Einige populärwissenschaftliche Bücher wollen uns glauben machen, die Erde stelle sich im All auf den Kopf, während die Pole ihre Position austauschen. Wiederum andere behaupten, die Erdkruste rutsche zur Seite, damit die geographischen Pole ihren Platz tauschen könnten. Funde von Paläomagnetismus verkünden nichts dergleichen! Allein der Erzeuger dieses Magnetismus, eine sich konstant bewegende Schicht aus elektrisch leitender Flüssigkeit tief im Innern der Erde, verändert sich – vermutlich aufgrund von Strömungsänderungen des flüssigen Magma, das im Erdkern kreist. Während der Umkehr des Magnetfeldes behält die Geographie der Erde ihre Gestalt bei. Will man diesen steinernen Protokollen Glauben schenken, so scheinen wir uns möglicherweise am Anfang einer solchen Umkehrung zu befinden, da das heutige Erdmagnetfeld schwächer ist als vor einigen tausend Jahren. Der ganze Umkehrprozeß dauert typischerweise einige tausend Jahre. Wenn sich das Feld in einer bestimmten Orientierung stabilisiert hat, kann es bis zu 10 Millionen Jahre in dieser Position verharren oder sich aber bereits nach etwa hunderttausend Jahren verändern.

Selbst wenn sich der Globus während einer solchen Umkehr geographisch nicht verändert, kann ein derartiges Ereignis das Leben auf der Erde negativ beeinflussen. Unser Planet wird permanent von winzigen, geladenen Partikeln aus dem All bombardiert, den kosmischen Strahlen. Während der meisten Zeit ist das Magnetfeld der Erde so stark, daß diese Partikel in der Zone des sog. Van-Allen-Gürtels, der sich Hunderte von Kilometern über dem Äquator befindet, magnetisch festgehalten werden. Nur ein Bruchteil der Teilchen wird entlang der magnetischen Feldlinien, die auf die Partikel wie ein Trichter wirken, zu den Polen abgelenkt. Ihr bekanntester Einfluß auf die Umwelt besteht aus farbenprächtigen, beeindruckenden Lichterscheinungen, die wir unter dem Namen Polarlicht (bzw. Nord- oder Südlicht) kennen. Eine derartige kosmische Strahlung könnte jedoch allen Lebensformen gefährlich werden, wenn es keinen Magnetschild gäbe, der uns davor schützt. Diese Strahlung ist mit manchen Strahlungen verwandt, die von Kernreaktoren oder Atombomben ausgehen, und kann bei ausreichend hoher Dosis genauso tödlich sein. So gibt es größte medizinische Bedenken gegen bemannte Flüge zum Mars, weil man nicht weiß, welche Auswirkungen die kosmische Strahlung auf die Körper der Astronauten hat. Insbesondere fürchtet man den Strahlungseinfluß nach einer Eruption auf der Oberfläche der Sonne, die während der monatelangen Raumfahrt ja immer wieder stattfinden könnte.

Umkehrungen des Magnetfelds dürften sicherlich nichts Gutes für das terrestrische Leben bedeuten (marine Organismen sind natürlich besser vor kosmischen Strahlen geschützt). Während der vergangenen 85 Millionen Jahre kamen diese magnetischen Erscheinungen ungewöhnlich häufig vor, wobei sich die Richtung des Magnetfelds fast 200 mal änderte. Im frühen Devon (vor etwa 400 Millionen Jahren) traten ähnliche geomagnetische Phänomene ebenfalls in geballter Form auf, während zwischen diesen beiden Perioden der Aktivität eine Phase liegt, in der zweifellos nur wenige Umkehrungen stattfanden. Etwa gegen Ende der Kreidezeit gab es noch einmal eine kurze Phase mit mehreren geomagnetischen Änderungen, während der sich das Magnetfeld fünfmal innerhalb einer Million Jahre umkehrte. Möglicherweise hat dies etwas mit dem Aussterben der Dinosaurier zu tun. Wenn daran tatsächlich etwas Wahres ist, so überrascht es, daß in den Strata vor 42 Millionen Jahren keine Fossilien eine vergleichbare Katastrophe bezeugen können – schließlich ereigneten sich zu jener Zeit 17 Umkehrungen des Magnetfeldes innerhalb eines Zeitraums von drei Millionen Jahren. Dessen ungeachtet ist die Tendenz erkennbar, daß

Zeiträume, in denen sich die Polarität des Erdmagnetfelds mehrfach in der geschilderten Weise umkehrt, mit solchen zusammenfallen, in denen zahlreiche Arten aussterben. Darüber hinaus gibt es Hinweise darauf, daß magnetische «Umpolungen» immer dann vermehrt auftraten, wenn Meteoriten auf der Erde eingeschlagen sind. Das hat natürlich einige Forscher zu der Vermutung verleitet, diese Einschläge hätten die Umkehrungen des Magnetfeldes ausgelöst, und die Kombination zweier derartiger Katastrophen hätte anschließend eine lebenswidrige Umwelt geschaffen.

Das würde einiges erklären: Ein besonders heftiger Meteoriteneinschlag könnte ausreichen, die gleichmäßigen Strömungen des flüssigen Erdkerns zu stören und völlig durcheinanderzuwirbeln. Es könnte eine Million Jahre oder länger dauern, bis sich die aufgewühlten Ströme wieder beruhigt hätten, und so lange würden auch die Störungen in der Umwelt anhalten, die dieser nur kurz wirksame, einmalige Aufprall eines Meteoriten ausgelöst hat. Es ist sehr schwierig, dieses anschauliche Modell zu beweisen.

Wenn man sich weiter umschaut, findet man noch andere Möglichkeiten, wie das Geschehen im Kosmos die Lebensformen auf der Erde beeinflussen kann. Wenn beispielsweise ein Stern als Supernova explodiert, werden kosmische Strahlen wie ein Graupelschauer durchs All verschossen. Sollte ein derartiges Schicksal einem Himmelskörper in der Nähe der Erde widerfahren, dann könnte das Erdmagnetfeld nur einen unzureichenden Schutz vor diesem kosmischen Gewitter bieten, und als Konsequenz würden sicherlich viele auf dem Land lebende Familien aussterben. Ein solches Ereignis wäre genauso schlimm, als würde die Sonne – die ja leicht zu Ausbrüchen neigt, welche als Sonnenstürme oder Sonneneruptionen bekannt sind – eine leicht höhere Aktivität als heute entfalten, und zwar exakt zum selben Zeitpunkt, zu dem der Erdmagnetschild durch eine Umpolung des Magnetfeldes geschwächt würde. Beide Möglichkeiten wurden jeweils von den Astronomen als Erklärungen der Phänomene, die sich gegen Ende der Kreidezeit ereigneten, in Betracht gezogen. In einer anderen Variante dieses Themas wird behauptet, ein abrupter Fluß kosmischer Strahlung – infolge einer Supernova oder einer Schwächung des Magnetfeldes – könne die Ozonschicht in der Stratosphäre zerstören, die uns vor den schädlichen UV-Strahlen der Sonne schützt. Wie wichtig die Ozonschicht für das Leben auf der Erde ist, weiß jeder, der die Geschichte der fluorierten Chlorkohlenwasserstoffe (kurz FCKW) kennt. Diese Gase, die in Sprühdosen, Kühlschränken und zur Herstellung von Dichtungsschaumstoff verwendet werden, werden mit dem Auftauchen von Löchern in der Ozonschicht über Arktis und Antarktis in Verbindung gebracht. Vielleicht sind die Dinosaurier ja auch an Sonnenbrand und Hautkrebs gestorben.

Aber all diese Ideen leiden an dem gleichen Schwachpunkt: Es sind insgesamt Spezialplädoyers und einzigartige Erklärungen für ein Ereignis, das zwar besonders für uns Menschen von Interesse, gemessen an der langen Geschichte unseres Planeten aber gar nicht so einzigartig ist. In jüngster Zeit wurden jedenfalls sehr unterhaltsame Versuche unternommen, dieses Ereignis in eine Hypothese zyklisch wiederkehrender Krisen und Massensterben zu integrieren.

Todeszyklen

Arten, Gattungen und auch ganze Familien sind stets im Aussterben begriffen – in der gesamten Fossilschicht verschwinden innerhalb einer Million Jahre vier bis fünf Familien. Wenn man aber die Anzahl der Arten, die in diesen Zeitintervallen ausgestorben sind, in ein Zeitdiagramm einträgt, lassen sich einige Intervalle mit einer überdurchschnittlichen Aussterbensrate feststellen. Man wird immer dazu verleitet, in dem Wirrwarr einer zickzackförmigen Kurve, die ein natürliches, sich veränderndes Phänomen wiedergibt, nach einem regelmäßigen Verlaufsmuster zu suchen. Manche Leute sind dieser Versuchung anheimgefallen, als sie das Schema betrachteten, nach dem dieses Aussterben erfolgte. Je nachdem, welche Kurvenanstiege man als besonders signifikant erachtet und an welche Zeiteinteilung man sich genau hält (die Ungenauigkeit geologischer Daten immer im Sinn behaltend), gibt es Anzeichen für Höchstwerte im Verlauf der Massensterben. Diese Maxima ereignen sich etwa in Abständen von 26 bis 32 Millionen Jahren.

Dies mag purer Zufall sein. Gemäß einem recht kniffligen statistischen Argument, sollte das – geologisch festgehaltene – Vorkommen einer Periodizität von 26 Millionen Jahren zufällig eintreten. Dieses Argument lautet folgendermaßen: In einem System, das sich in mehr oder weniger regelmäßigen Abständen um den gleichen Betrag verändert, besteht pro Veränderung eine Chance von 50:50, daß das System zunimmt (mehr Arten sterben aus) oder sich verringert (weniger Arten sterben aus). In einer derartigen Folge, die auch als Zufallsschwankung (*random walk*) bekannt ist, beträgt der wahrscheinlichste Wert zwischen zwei Spitzenwerten (Peaks) vier Stufen. Wenn Sie das Bedürfnis dazu verspüren, können Sie dies selbst mit Hilfe von Millimeterpapier, einem Bleistift und einer Münze testen. Werfen Sie die Münze, und zeichnen Sie, von der linken Seite des Papiers ausgehend, eine Linie, die um ein Kästchen nach rechts und um eins nach oben bzw. nach unten geht, je nachdem, ob Sie Kopf oder Zahl geworfen haben. Fahren Sie in dieser Weise fort, bis die Kurve über die ganze Seite geht; als Resultat sollten Sie eine Art Schlangenlinie erhalten, deren Umkehrpunkte jeweils vier Kästchen voneinander entfernt sind.

Was hat dies aber nun mit dem zyklisch wiederkehrenden Aussterben unzähliger Arten zu tun? Der Zusammenhang ergibt sich aus der Tatsache, daß ein durchschnittliches geologisches Zeitalter etwas mehr als sechs Millionen Jahre anhält. Kleinere Massensterben, die nichts mit Katastrophen von kosmischem Ausmaß zu tun haben, ereignen sich in etwa dem gleichen zeitlichen Abstand. Wenn man die oben geschilderte «stochastische Methode» auch auf Krisen anwendet, deren Rate an ausgestorbenen Arten außerordentlich hoch ausfiel, so sollten diese dementsprechend in Intervallen von ca. 26 Millionen Jahren (mit etwas Wohlwollen sind dies grob vier mal sechs Millionen) eingetreten sein. In der geologischen Zeittafel finden wir innerhalb der vergangenen 140 Millionen Jahre zwei ausgeprägte Maxima, die gut in das Modell eines 26-Millionen-Jahre-Zyklus passen. Außerdem gab es zwei weniger beeindruckende Spitzenwerte an den richtigen Stellen sowie zwei Lücken – alles in allem also eher eine zufällige Verteilung als ein geordneter Zyklus.

Dies ist in gewisser Weise bedauernswert, da die Astronomie zwei wunderbare Ideen parat hat, die diese periodisch alle 26 bis 32 Millionen Jahre wiederkehrenden Vorgänge erklären. Beide beruhen auf der Tatsache, daß Kometen aus einer großen Materiewolke stammen, die unser Sonnensystem weit außerhalb der Umlaufbahn des Pluto sphärisch umhüllt. Diejenigen, die wir sehen können, sind Verirrte aus dieser Kugelwolke, die durch zufällige Zusammenstöße mit benachbarten Brocken aus ihrer Position gebracht und an der Sonne vorbei in unser Sonnensystem geschleudert wurden. Wenn daher eine Möglichkeit bestünde, innerhalb dieser Wolke aus Kometen eine große Störung zu erzeugen, könnten über Hunderte von Jahren hinweg Kometen in das Innere unseres Sonnensystems regnen. Viele von ihnen würden mit der Erde kollidieren, und das Ausmaß der dadurch hervorgerufenen Zerstörung wäre tausendmal größer als beim Einschlag eines einzelnen Meteoriten.

Wie kann aber eine Kometenwolke «gestört» werden?

An dieser Stelle kommt der Einfallsreichtum der Astronomen zum Tragen. Nach der einen Theorie entstehen die Störungen in wiederholter, regelmäßiger Folge, wenn die Sonne und die sie umkreisenden Planeten innerhalb des Sternensystems «auf- und abhüpfen» (etwa in der Art, wie sich die Nadel einer Nähmaschine durch den Stoff bewegt). Dieses Sternensystem formt nun das Band, welches unsere Galaxis bzw. unser Milchstraßensystem bildet, eine riesige scheibenförmige Ansammlung aus Sternen, kosmischem Staub und Gasen. Wenn man der zweiten Theorie Glauben schenken will, liegen die störenden Einflüsse gar nicht so weit entfernt. Dabei handelt es sich entweder um einen sog. «Dunklen Stern» (oder Dunkelstern), der sich in einer Umlaufbahn um die Sonne befindet und die Kometenwolke etwa alle 26 Millionen Jahre (als sog. Todesstern oder Nemesis) passiert, oder gar um einen unentdeckten Planeten (Planet X), der noch hinter Pluto seine Bahnen zieht und dessen Gravitationseinflüsse die Kometen stören. Stellen Sie sich einen Stern vor, der so weit von der Sonne entfernt ist, daß er ca. 26 Millionen Jahre braucht, um sie einmal vollständig zu umrunden (sozusagen ein «Jahr», das 26

Millionen Jahre lang ist), und Sie haben eine vage Vorstellung von dem enormen Ideenreichtum unserer Astronomen.

Wenn im Verlauf dieser 140 Millionen Jahre dauernden Kurve der Massensterben genau sechs eindeutige Maxima im Abstand von je 26 Millionen Jahren vorhanden wären, könnte man dies alles nicht so leicht als bloße futuristische Spekulation abtun. Vermutlich haben Sie schon längst geahnt, daß wir dem Ganzen keine Minute lang Glauben geschenkt haben. Aber selbst wenn die Geschichte von Nemesis oder Planet X pure Science-fiction sein sollte, hat sie doch einige Bedeutung, da sie demonstriert, wie leicht sich Mittel und Wege ersinnen lassen, um den Lebensformen auf der Erde global Tod und Vernichtung zu bringen.

Der Tod ist eine Spielart des Lebens

Insgesamt gesehen sind weder der Tod der Dinosaurier am Ende der Kreidezeit noch andere Massensterben, die sich zu einem früheren oder späteren Zeitpunkt abspielten, besonders aufsehenerregend. Tatsächlich ändern sich die Lebensbedingungen auf der Erde über längere Zeitintervalle permanent und zu einem größeren Teil in Folge der Kontinentaldrift. Wenn diese Veränderungen sehr einschneidend sind, treten Massensterben auf, die sich in den Fossilien der entsprechenden Epoche widerspiegeln. Beispielsweise war gegen Ende der Kreidezeit eine Periode, in der sich die Erde in Folge dieser Langzeitprozesse stetig abkühlte, und die Anzahl der Dinosaurierarten (aber auch anderer Arten) nahm schrittweise im Laufe mehrerer Millionen Jahre ab. Vielleicht war ein Meteoriteneinschlag der letzte entscheidende Faktor, der sozusagen das Faß zum Überlaufen brachte und auf diese Weise das Zeitalter der Säuger einläutete, wie wir später noch sehen werden.

Spekulationen über Katastrophen, die in weiter Ferne liegen, sind immer sehr unterhaltsam – gleiches gilt auch für die Fragestellung, wie das Leben auf der Erde angesichts all dieser Risiken wie Meteoriteneinschläge, Magnetfeldumkehrungen, Ozonlöcher, explodierende Supernovae, Dunkelsterne und ähnlichem überhaupt weitergehen kann. Offen gesagt, ist es uns relativ egal (zumindest vom Standpunkt des vorliegenden Buches aus), ob eine oder mehrere dieser Gefahren zu den Veränderungen gegen Ende der Kreidezeit beigetragen haben. Tatsache ist jedenfalls, daß sich die Umwelt damals drastisch verändert hat, und daß diese Umweltveränderungen, besonders die klimatischen, die Evolution des Lebens tiefgehend beeinflußt haben. Ohne diese Veränderungen säßen wir heute nicht hier. Was auch immer letztendlich diese Umweltveränderungen ausgelöst haben mag, uns interessiert hier und jetzt, wie eine sich ändernde Umwelt die Strukturen der Lebensformen beeinflußte. In einigen nachfolgenden Kapiteln werden wir detaillierter auf Umweltveränderungen eingehen, die noch nicht lange zurückliegen. Dort können wir dann mit größerer Sicherheit darüber reden, warum ein Klimawechsel eintrat. Was uns wirklich an dieser Stelle interessiert, ist nicht die Ursache dieser Veränderungen, sondern die Art und Weise, wie diese Klimaveränderungen, was auch immer sie ausgelöst haben mag, direkt für unsere und auch für Ihre Existenz verantwortlich sind.

Bei der Wiedergabe dieser Geschichte verzichten wir deshalb darauf, kosmische Katastrophen zur Erklärung kolossaler Umweltveränderungen heraufzubeschwören, deren Verlauf so eindeutig mit dem Aufstieg und Fall verschiedener Lebensformen auf der Erde zusammenhängt. Wie so häufig in der Wissenschaft, ist oft die einfachste Erklärung für ein Problem auch die beste. Am einfachsten lassen sich Massensterben, die in den Fossilien der geologischen Schichten dokumentiert werden, nun auf die langsamen und stetigen Prozesse der Kontinentaldrift und die daraus resultierenden Klimaänderungen – insbesondere die Eiszeiten – zurückführen. Umweltveränderungen haben einen starken Einfluß darauf, welche Arten und Familien überleben und welche unter die Räder der Evolution geraten. Daher ist im Wechselspiel der Lebensbedingungen auf unserer Erde auch der Tod nur eine Spielart des Lebens. Das Leben selbst ist jedoch auf die eine oder andere Weise sehr beständig. Die faszinierende Geschichte, wie unsere Vorfahren überlebten, um nach langen geologischen Zeitspannen und unter wechselnden Umweltbedingungen das Erbe der Dinosaurier anzutreten, hebt die Hartnäckigkeit einer Familie hervor, sich selbst unter widrigsten Umständen zu behaupten.

2

Das Erbe der Dinosaurier

Was haben Dinosaurier und Säugetiere gemeinsam? Sie besitzen die gleichen Vorfahren. Wir Säuger übernahmen die Erde, als die Dinosaurier ausstarben. Dieser Vorgang ist mit dem Tod einer reichen, kinderlosen Frau vergleichbar, die ihr Vermögen den Kindern ihrer Cousine hinterläßt. Die Cousinen haben zwar die gleichen Großeltern, die Kinder der nächsten Generation stehen jedoch nicht mehr in engem Verwandtschaftsverhältnis zu ihrer Wohltäterin. Die Analogie ist nicht ganz gelungen, da die Dinosaurier nicht im eigentlichen Sinne «ausstarben», d.h. keinerlei Nachkommen hinterließen. Zwar sind tatsächlich viele Linien verschwunden, aber andere entwickelten sich weiter und paßten sich den veränderten Verhältnissen an. Die Vögel stammen von den Dinosauriern ab, und nach manchen systematischen Einteilungen gelten Vögel sogar als Dinosaurier. Vögel stellen jedoch nicht die dominierende Tierklasse der heutigen Welt dar. Sie haben Erfolg, weil sie ökologische Nischen für Spezialisten besetzen, in denen sie nicht in direkter Konkurrenz zu den Säugern stehen. Das ist eine beinahe ironische Umkehrung der Verhältnisse, die zu Lebzeiten der Dinosaurier herrschten: Damals hatten die Säugetiere Nischen inne, die sie nicht in den direkten Wettbewerb mit den dominierenden Dinosauriern brachten. Wer weiß, vielleicht werden in hundert Millionen Jahren die Nachkommen von Vögeln wieder die Erde beherrschen, und das Zeitalter der Säuger wird wie ein vorübergehender Irrtum der Evolution erscheinen. Beim Rückblick auf die letzteren hundert Millionen Jahre erscheint dieses Gedankenspiel jedenfalls nicht allzu abwegig.

Katastrophen im Meer

Fossilien aus der Epoche ehe die ersten Lebensformen an Land gingen, sind die deutlichsten Indizien dafür, wie die Kontinentaldrift die Entwicklung des Lebens auf der Erde beeinflußt hat. Am Ende des *Ordoviziums*, vor rund 438 Millionen Jahren, fand ein großes Massensterben statt. Wenn wir die Zahl der betroffenen Arten als Maßstab nehmen, so scheint es sich sogar um die zweitgrößte Katastrophe zu handeln, die sich bis heute in der Geschichte des Lebens ereignet hat. Moderne Geologen können Karten des Superkontinents Gondwana zum damaligen Zeitpunkt rekonstruieren; damals bildeten die heutigen Erdteile Südamerika, Afrika (einschließlich Arabien), Indien, Australien sowie die Antarktis einen einzigen Kontinent, der im späten Ordovizium über den Südpol driftete. Dies sind genau die geographischen Bedingungen, die der Ausbreitung der Gletscher förderlich waren. Warme Wassermassen sind von den Polargebieten abgeschnitten. Gleichzeitig gibt es genug Land, auf dem sich der Schnee sammeln und zu Eisflächen auftürmen kann. Wenn sich diese Eisflächen dann erst einmal gebildet haben, reflektieren sie die einfallende Sonnenstrahlung, was zur weiteren Abkühlung der Erdoberfläche führt.

Genau dieses Szenario wird durch die geologischen Funde bestätigt. Afrika trägt die Riefen und Spuren einer Vergletscherung aus der Zeit, als es über dem Pol lag, aber auch die Fossilien, die aus Sedimenten der unterschiedlichsten Breitengrade stammen, zeigen Zeichen der damaligen Abkühlung. Als Gondwana sich zum Pol hinbewegte, zogen sich Tier- und Pflanzenarten, die an kühles Wasser angepaßt waren, zum Äquator zurück, während andere, die kurz zuvor noch in tropischen Zonen lebten, insgesamt ausstarben. Das Massensterben am Ende des Ordoviziums kann daher durch die Kälte erklärt werden, die sich von den Polarregionen ausbreitete.

Die Ereignisse vor 438 Millionen Jahren stellen in unserer Geschichte einen wichtigen Einschnitt dar, da sich während der folgenden Perioden, dem Silur und Devon, Lebensformen anschickten, das Festland zu erobern. Gondwana driftete in der folgenden Zeit allmählich vom Südpol weg, während Landstücke, die heute Teile von Großbritannien und Europa, Nordamerika und Asien bilden, mehr oder weniger um den Äquator herum verteilt lagen und der Nordpol von Meer bedeckt wurde. Diese Kontinentalfragmente waren von ausgedehnten Flachmeeren umgeben, in denen pflanzliches Leben im Wechsel der Gezeiten gedieh. Und infolge der tektonischen Aktivitäten, durch die Kohlendioxid (CO_2) aus unzähligen Vulkanen in der gesamten Erdatmosphäre verteilt wurde, war es sehr wahrscheinlich auch ziemlich warm.

Kohlendioxid half durch den Treibhauseffekt, die Welt zu erwärmen. CO_2 ist außerdem wesentlicher Bestandteil der Photosynthese, die ein pflanzliches (und somit auch ein tierisches) Leben erst ermöglicht. Ein Grashalm besteht wie ein mächtiger Eichenstamm in der Hauptsache aus Kohlenstoff, der aus dem Kohlendioxid der Luft stammt. Es überrascht wohl kaum jemanden, daß sich einige Pflanzen in den Gezeitenwassern der silurischen Flachmeere allmählich weiterentwickelten. Sie paßten sich an trockenere Bedingungen an, und nachkommende Generationen breiteten sich schließlich an Land aus. Als das Gedrängel der ersten Landpflanzen an den Rändern der Flußdelten und Gezeitentümpel immer dichter wurde, bevorzugte die natürliche Selektion diejenigen genetischen Varianten, die den Pflanzen ein Überleben unter etwas trockeneren Bedingungen erlaubten. Auf diese Weise gelangten sie – weitab vom Gros der konkurrierenden Flora – an Stellen, wo sie ungehindert Sonnenlicht erhalten konnten, das ebenfalls für die Photosynthese erforderlich ist.

Aus den gleichen Gründen, nämlich aufgrund der Konkurrenz um ausreichend Raum zum Leben und eine ökologische Nische, folgte die Fauna der Flora ans Land. Einigen marinen Gliedertieren, den Vorfahren von Tieren wie z.B. den heutigen Tausendfüßlern, gelang der Übergang mühelos und recht früh. Auch Schaben hatten sich schon vor über 300 Millionen Jahren entwickelt und in ihren Lebensräumen fest eingelebt. Amphibische Formen entwickelten sich aus Fischen und gingen an Land, um sich dort von

Pflanzen und Insekten zu ernähren. Der Grund für diese Entwicklung liegt darin, daß ihnen das Leben im Meer aufgrund des hohen Konkurrenzdrucks zu hart geworden war – und keineswegs deshalb, weil die Evolution sie wie auf einer Art natürlicher Leiter zwangsläufig auf das Festland emporklettern ließ. Denn die erfolgreichen, an ihren Lebensraum hervorragend angepaßten marinen Lebewesen blieben im Meer. Nur die an den Randzonen lebenden, weniger erfolgreichen Lebensformen fanden neue Existenzgrundlagen, indem sie die Ressourcen der meeresnahen Feuchtgebiete nutzten. Dabei mußten sie neue Tricks lernen, um überhaupt überleben zu können.

Unsere direkten Vorfahren, die Wirbeltiere, gingen zum ersten Mal gegen Ende des Devons (vor rund 360 Millionen Jahren) an Land. Dies geschah direkt im Anschluß an eine andere große Katastrophe, die etwa sieben Millionen Jahre zuvor das Leben in den Meeren heimgesucht hatte. Möglicherweise war es ein bloßer Zufall, daß beide Vorgänge aufeinanderfolgten. Jedoch könnte dieser «Zwischenfall» im Spätdevon die Evolution so richtig «in Schwung» gebracht und die Wirbeltiere schließlich veranlaßt haben, ihren bisherigen Lebensraum Wasser zu verlassen.

Gegen Ende des Devons schob sich Gondwana erneut über den Südpol. Während des späten Ordoviziums hatten sich die Gletscher über Afrika ausgebreitet, da es direkt über dem Pol lag. Dieses Mal bekam das heutige Südamerika als erste Region das Eis zu spüren, weil das entsprechende Gebiet von Gondwana genau über dem Pol lag. Die Geologen haben eindeutige Beweise für zwei Vereisungsperioden, die sich zu verschiedenen Zeiten auf unterschiedliche Regionen Gondwanas konzentrierten. Was die Fossilien betrifft, so bezeugen die Strata dieser geologischen Epoche eine Katastrophe, die mehrere Millionen Jahre andauerte und der besonders tropische Lebensformen anheimfielen. Auf den ersten Blick erscheint dies paradox, ist aber generell für jede Eiszeit gültig. Wenn die ganze Erde von den Polen bis zum Äquator auskühlt, können (marine) Lebensformen, die an hohe Breitengrade angepaßt sind, in die Tropen ausweichen, wo ihnen das Wasser bisher zu warm war. An tropische Bedingungen gewöhnte Lebewesen haben jedoch keine Zufluchtsmöglichkeiten mehr, weil es ja keine Orte gegeben hat, die wärmer als die Tropen waren und ihren Anforderungen entsprechend hätten abkühlen können. Daher scheint das spätdevonische Massensterben zumindest teilweise eine Wiederholung der Katastrophe gegen Ausgang des Ordoviziums zu sein.

Dagegen scheinen die Pflanzen, die zu dieser Zeit bereits mit Erfolg auf dem Land gediehen, keine großen Rückschläge erlitten zu haben. Am schlimmsten waren noch die Pflanzengemeinschaften betroffen, die in Flachmeeren und an Flußmündungen wuchsen. Den Grund für dieses Massensterben sehen einige Paläontologen – unter ihnen ist Digby McLaren vom Geologischen Vermessungsamt Kanada besonders beachtenswert – in einer plötzlichen, weltweiten Katastrophe. Gestützt wird diese These durch den rapiden Wechsel der Fossilien bestimmter Schichten, die eine sehr kurze geologische Zeitspanne umfassen. Diese Funde sprechen dafür, daß damals ein gigantisches Objekt aus dem All auf der Erde aufprallte. Wenn ein riesiger Meteorit auf der Meeresoberfläche aufschlug, entstanden Flutwellen von enormer Höhe (sog. Tsunamis), wodurch die Biozönosen (Lebensgemeinschaften) der Flachmeere vernichtet wurden. Zusätzlich verdampften gewaltige Mengen Wasser, so daß sich große Wolkenfelder bildeten und die Sonnenstrahlung abschirmten – und als Ergebnis kühlte die Erde aus.

Mit Sicherheit können wir aufgrund der geologischen Befunde behaupten, daß Gondwana über den Pol gewandert ist und die Eisflächen parallel zu den Massensterben im Spätdevon zugenommen haben. Es existieren nicht zu bezweifelnde Hinweise, daß die Katastrophe durch einen Meteoriteneinschlag verschlimmert wurde. Aber was auch immer die exakten Gründe gewesen sein mögen, übrig bleibt die wichtige Tatsache, daß die Erde auskühlte und viele Lebensformen aufgrund dessen ausstarben. Im Anschluß an das Devon verlagerte sich der Schwerpunkt der Evolution auf die terrestrischen Lebensformen, und die Amphibien traten auf. Ob nun das Artensterben im Spätdevon den Anstoß für die Entwicklung der Amphibien gab, ist nicht einwandfrei zu belegen – jedenfalls war ein weiterer entscheidender Schritt in der Entwicklung des Lebens getan.

Großdynastien und Proto-Säugetiere

Auf das Devon folgte als nächstes Zeitalter das Karbon, dessen Name sich von den großen Wäldern herleitet, welche die sumpfigen, tiefer gelegenen Landstriche bedeckten. Die Bäume wurden im Morast konserviert und durch Druck schließlich in Kohle umgewandelt. Ein Teil der Kohle, die wir heute in Kaminen, Hochöfen und Fabriken verbrennen, besteht aus versteinerten Resten der Bäume, die vor mehr als 300 Millionen Jahren wuchsen. Das Karbon dauerte von 360 Millionen Jahre v.Chr. bis 286 Millionen Jahre v.Chr. und wird von den modernen Geologen oft in zwei Perioden unterteilt, das Unterkarbon (Mississipium, 360 - 320 Millionen Jahre v.Chr.) und das Oberkarbon (Pennsylvanium, 320 – 286 Millionen Jahre v.Chr.).[1] Die Kohle dieser und weiterer Lagen auf der ganzen Welt war einstmals lebendes Pflanzengewebe, und der Kohlenstoff, der erst diese Bäume und später dann die Kohle bildete, stammt aus der damaligen Atmosphäre, d.h. er wurde von den Bäumen als Kohlendioxid aufgenommen.

Das Kohlendioxid stammte aus Vulkanen, so wie es auch heute noch vorkommen kann. Nun ist es nicht so, daß der Kohlendioxidgehalt der Luft konstant ist und sich alle Lebewesen, die CO_2 benötigen, die vorhandene Menge teilen müssen. Im Verlauf großer geologischer Zeiträume kann die verfügbare Menge Kohlendioxid schwanken. Das Gleichgewicht zwischen CO_2-Produktion infolge von tektonischer Aktivität (und der dadurch hervorgerufenen Vulkanausbrüche) und CO_2-Verbrauch durch biologische Prozesse im Meer und an Land ist eine der Unwägbarkeiten der Erdgeschichte. Die Ereignisse im Karbon haben sehr wahrscheinlich dazu geführt, daß die Erde abkühlte. Diese Abkühlung kam zustande, weil große Mengen CO_2 aus der Luft entnommen und der darin enthaltene Kohlenstoff durch Kohlebildung aus dem Kreislauf entzogen wurde, so daß der Treibhauseffekt infolge dieses Gasentzuges schwächer wurde. Aber da wir nicht wissen,

1 Die moderneren Begriffe Mississipium und Pennsylvanium sind nach Kohlevorkommen aus jenen Zeiträumen benannt, die in den US-Bundesstaaten Mississippi und Pennsylvania liegen.

wieviel Kohlendioxid damals von den Vulkanen produziert wurde, können wir diese Unbekannte in der Gleichung nicht genauer abschätzen. Vermutlich war die Erde infolge der Kohleentstehung kälter als vorher, genau werden wir es wohl nie erfahren. Obwohl unser Augenmerk in erster Linie auf die knapp 300 Millionen Jahre gerichtet ist, in denen sich die Evolution der Tierwelt auf dem Land abspielte, wird die Existenz dieser und anderer Kohlelager in unserem Buch noch eine wichtige Rolle spielen.

Die Geschichte des tierischen Lebens innerhalb dieses Zeitraums (300 Millionen Jahre) kann durch vier wichtige Entwicklungsschritte charakterisiert werden. Robert Bakker von der University of Colorado in Boulder nannte sie die vier ‹Großdynastien›. In den 70er Jahren erschütterte Bakker mit seinen revolutionären Theorien die Paläontologie bis in ihre Grundfesten. Dabei verwarf er lang etablierte Ansichten über Natur und Abstammung der Dinosaurier und wies zweifelsfrei nach, daß viele Dinosaurier warmblütige und sehr aktive Wesen waren. Seine ehemals revolutionären Ideen werden heute allgemein anerkannt, obwohl das Bild des langsamen, schwerfälligen Dinosauriers mit erbsengroßem Hirn sich noch in vielen Lehrbüchern der Erdgeschichte hält.

Während des Karbons und im ersten Teil des nachfolgenden Perms erschien die Großdynastie I. Zuerst kamen die Amphibien, die wie die Fische wechselwarm sind. Obwohl sie Luft atmen konnten und außerhalb des Wassers lebten und sich ernährten, mußten sie zur Fortpflanzung ins Wasser zurückkehren; sie hatten also einen Lebenszyklus ähnlich dem der heutigen Frösche und Salamander. Trotzdem erreichten sie beachtliche Größen und waren oft mehrere Meter lang. Ihr Körper, in Grundzügen dem eines Alligators ähnlich, besaß abgewinkelte, seitlich am Körper ansetzende Beine, wodurch sich ihr Bauch dicht über dem Boden befand. Noch innerhalb der von Bakker so bezeichneten Großdynastie I, die gegen Ende des Karbons «residierte», trat eine bedeutende evolutionäre Neuerung ein: Einige Arten entwickelten hartschalige Eier. Diese Neuerung machte die Fortpflanzung im Wasser überflüssig, da die Eier nun von einer stabilen Schutzhülle umgeben waren und in ein Nest gelegt werden konnten, das sich auf dem Land befand. Die Jungen entwickelten sich in ihrem individuellen «Urmeer» im Inneren des Eies, bis sie ein Stadium erreichten, in dem sie in der «trockenen» Außenwelt überleben und somit das Ei verlassen konnten. Diese eierlegenden Arten werden als Reptilien bezeichnet, und obwohl es noch andere Unterschiede zwischen Amphibien und Reptilien gibt, ist das hartschalige Ei sicherlich der wichtigste.

Die ersten Reptilien werden immer noch der Großdynastie I zugeordnet. Sie waren wechselwarme, schwerfällige Tiere und entsprechen somit dem überholten Dinosaurierklischee. Bakker schreibt, daß die frühen Reptilien sehr langsam gingen, wie die Messungen der Abstände zwischen fossil erhaltenen Fußabdrücken ergaben. Die Untersuchungen fossiler Knochen offenbarten sogar, daß die schnellste Gangart von *Dimetrodon*, dem größten Raubtier jener Zeit, entsprechend den Ansatzstellen seiner Muskulatur nurmehr ein schwerfälliges Watscheln war. Bis zur Mitte des Perms blieb alles im wesentlichen unverändert. Die Fossilienfunde zeigen wenig Aufspaltungen unter den Reptilien, bei denen es eine große Familie von Pflanzenfressern und eine große Raubtierfamilie gab. Das paßt zum Bild von langsamen Kreaturen mit niedriger Stoffwechselrate, die sich nur zögernd in einer stabilen Umwelt ausbreiteten, die – geologisch betrachtet – erst «kürzlich» von der Flora erobert wurde.

Dieses Bild änderte sich vor ca. 270 Millionen Jahren in der Kasan-Stufe, einer Unterabteilung des Perms.[2] Bakker nennt sie die ‹Kasaner Revolution›, eine Zeit, in der «die gesamte schläfrige Welt der Großdynastie I verging». Laut Bakker waren einige warmblütige Arten, die während der Kasan-Stufe entstanden, an dieser dramatischen Veränderung schuld. Die ersten säugerähnlichen Reptilien erschienen, und dank ihrer hohen Stoffwechsel-

2 In Deutschland wird die Perm-Formation gewöhnlich in zwei Teile unterteilt, in das Unterperm (Rotliegendes), das vor 290 Millionen Jahren begann, und das Oberperm (Zechstein), das um 240 000 000 v. Chr. einsetzte. Die hier erwähnte Kasan-Stufe (*Kazanian*), die im Unterperm liegt, wird in der deutschen Geologie nur selten verwendet; in der angelsächsischen Fachliteratur findet man diesen Begriff jedoch häufiger (Anm. d. Übers.).

rate, die ihnen unter anderem ein schnelles Laufen ermöglichte, vertrieben sie ihre schläfrigen Vorgänger von der Bühne der Evolution.

An den dramatischen Veränderungen jener Zeit besteht kein Zweifel. Während es früher lediglich eine einzige Raubtierfamilie gab, entwickelten sich bald vier Familien, und statt einer Pflanzenfresserfamilie gab es nun fünf. Neue Arten entstanden, die sich an jede verfügbare ökologische Nische anpaßten. Die Evolutionsgeschwindigkeit wurde durch den interspezifischen Wettbewerb immer schneller. Die Analysen fossiler Reste bestätigen, daß diese sich rasch entwickelnden Arten aktiv waren und Warmblüter gewesen sein müssen. Die Struktur ihrer Knochen und der Bau ihrer Gelenke lassen erkennen, daß ihre Gliedmaßen durch kraftvolle Muskeln bewegt wurden, die ihnen eine hohe Geschwindigkeit verliehen. Die Stellung der Glieder, die im Gegensatz zu älteren Arten gestreckter waren und – unter den Rumpf gelagert – mehr die Körpermitte unterstützten, zeigt ebenfalls Anpassungen an eine modernere Fortbewegungsart.

Aber auch die geographischen Verhältnisse müssen berücksichtigt werden. An Land lebende Tiere reagieren empfindlicher auf relativ kleine und kurzfristige Änderungen in der Umgebungstemperatur als Meeresbewohner. Das Meer ist eine Art Temperaturpuffer, da es lange braucht, um wärmer zu werden bzw. abzukühlen. Vergleichbar sind diese Bedingungen mit dem Inselklima Großbritanniens, das weder die Gluthitze des Sommers noch die bittere Kälte des kontinentalen Klimas kennt, wie sie etwa in Sibirien herrscht. In der Kasan-Stufe und im gesamten Oberperm bildeten alle größeren Landmassen der Erde gemeinsam den Superkontinent *Pangäa*. Gondwana befand sich immer noch in der Nähe des Südpols, war aber mit Landmasse verbunden, die sich kontinuierlich über den Äquator bis fast zum Nordpol erstreckte. Das heutige Sibirien bildete dabei zufällig den äußersten nördlich Zipfel dieses Kontinents. Zwangsläufig wurden die Durchschnittstemperaturen niedriger, obwohl keine neue Eiszeit anbrach. Warmblütige Tiere hatten unter diesen kühleren Bedingungen einen Vorteil gegenüber ihren wechselwarmen Verwandten. Wechselwarme Tiere verlassen sich nämlich auf die Sonnenwärme, die sie buchstäblich zum Leben erweckt und die biochemischen Prozesse ermöglicht, die ihre Muskeln arbeiten lassen. Hingegen erzeugen Warmblüter die Wärme im eigenen Körper, indem sie Energie aus ihrer Nahrung nutzen. Dadurch können sie aktiv und mobil sein, während wechselwarme Tiere unter den gleichen Umweltbedingungen träge herumlägen.[3]

Gegen Ausgang des Perms wurden die Proto-Säugetiere (d.h. Vorläuferformen der Säuger) zumindest von zwei wichtigen Massensterben heimgesucht, aber jedesmal erholten sich die überlebenden Arten. Neue Spezies entwickelten sich und füllten die leeren ökologischen Nischen. Man kann fast sicher davon ausgehen, daß die beiden Massensterben durch die ungewöhnliche Geographie jener Zeit bedingt waren. Aufgrund der damaligen Lage der Kontinente konnten Kältewellen über sie hinwegfegen, auch wenn die Meere selbst durch einen kurzzeitigen Klimasturz nicht betroffen wurden. Möglicherweise wurde ein Artensterben – oder auch beide – durch den Einschlag eines Meteoriten verursacht. Zunächst schien die Großdynastie II aber ihre Anpassungsfähigkeit und die Bedeutung der Warmblütigkeit über einen Zeitraum von mehr als 20 Millionen Jahren bewiesen zu haben. Als ihre Mitglieder gerade auf dem besten Weg waren, die Welt weiter zu beherrschen, geschah die größte Katastrophe, die unser Planet bisher erlebt hat und die uns durch zahlreiche geologische Zeugnisse überliefert ist. Wir können diese und die daraus resultierenden Ereignisse besser verstehen, wenn wir ein wenig in der Zeit zurückgehen. Wir wollen nun die Natur dieser Proto-Säuger genauer betrachten, deren vielversprechende evolutionäre Karriere so abrupt endete, und deren Nachkommen in der Trias feststellen mußten, daß es noch größere Gefahren als nur das Wetter gibt.

3 Selbst wenn man davon ausgeht, daß warmblütige Tiere über diese Methode nur wenig Wärme erzeugen, bietet sie ihnen dennoch einen großen Vorteil gegenüber den Tieren, die völlig von den Außentemperaturen abhängig sind.

Die Therapsiden, die Urahnen aller Säuger

Die warmblütigen, reptilienartigen Proto-Säugetiere, die im Perm lebten und von denen sich einige in die Trias retteten, sind die direkten Vorfahren aller Säugetierarten, der ausgestorbenen und der noch lebenden (rezenten). Menschen, Katzen, Hunde, Fledermäuse, Wale, Mungos und Giraffen – alle stammen von den Therapsiden ab. Daran sieht man wieder einmal, wie schwierig es ist, ausgestorbene Arten dem systematischen Schema rezenter Arten zuzuordnen. Die Therapsiden werden nämlich offiziell zur Klasse der Reptilien gerechnet, obwohl die heute lebenden Säugetiere, die ja auch von dieser Ordnung abstammen, als eigene Gruppe neben die Reptilien gestellt werden. Aber das sollte uns nicht weiter kümmern. Lebewesen mit Merkmalen verschiedener Klassen müssen der einen oder anderen Gruppe zugeordnet werden, und da es zu dieser Zeit noch keine echten Säugetiere gab, muß man die Therapsiden den Reptilien zurechnen.

Nun ergibt sich die Frage, wie man zwischen einem Säugetier und einem Reptil, bzw. zwischen einem säugerähnlichen Reptil und einem echten Reptil, unterscheiden soll. Erschwerend kommt hinzu, daß man keine lebendigen Tiere vergleichen kann, sondern auf Bruchstücke fossiler Knochen aus Gesteinsschichten angewiesen ist, die mehrere hundert Millionen Jahre alt sind. Die meisten von uns können ein paar Unterschiede zwischen Säugern und Reptilien aus dem Kopf anführen. Doch sollte man dabei nicht zu voreilig sein. So ziemlich als erstes kommt einem in den Sinn, daß Reptilien, wie beispielsweise Schlangen, wechselwarm sind. Bakker hat uns jedoch gezeigt, daß in der Vergangenheit viele Reptilien Warmblüter waren. Und da Vögel, die ja warmblütig sind, von den Dinosauriern abstammen, die ihrerseits aus Reptilien hervorgingen, gibt es einen lebenden Beweis für diese Behauptung. Daher zieht man dieses Unterscheidungsmerkmal besser nicht in Betracht. Auf welche Kriterien sollte man sich aber dann beschränken? Säugetiere sind mit Haaren bedeckt, während Reptilien Schuppen haben; jedoch ist zu bedenken, daß Haare und Haut keine fossilen Spuren hinterlassen. Reptilien legen Eier, während Säugetiere ihre Jungen lebend zur Welt bringen und säugen. Für den Paläontologen sind die Knochen das einzige Material, mit dem er arbeiten kann. Darüber hinaus gibt es mehrere skelettbedingte Unterschiede, aufgrund deren ein Individuum als mehr oder weniger säugetierähnlich klassifiziert werden kann. Zur allgemeinen Überraschung greifen die Forscher dabei häufig auf die Struktur der Gehörknöchelchen zurück.

Das Mittelohr der Reptilien enthält einen Knochen, der zur Leitung der Schallwellen ins Innenohr dient. Das Mittelohr der Säugetiere, einschließlich des Menschen, verfügt über ein Mittelohr mit drei Gehörknöchelchen, nämlich Hammer, Amboß und Steigbügel. Diese bilden einen wesentlich verbesserten Hörapparat, dessen Tonempfindlichkeit sich über einen weiten Frequenzbereich erstreckt. Aller Wahrscheinlichkeit nach haben Reptilien daher im wahrsten Sinne des Wortes kein Ohr dafür, Bachsche Orgelkonzerte richtig zu würdigen.

Fossile Funde zeigen, daß diese Strukturen sich über einen langen Zeitraum hinweg entwickelt haben. Die beiden zusätzlichen Knochen im Säugerohr, Hammer und Amboß, haben sich aus bestimmten Knochen des Reptilienkiefers entwickelt. Wir hören und genießen also Bach mit der Hilfe von Knochen, die Reptilien zum Kauen benutzen! Unter anderem kann ein Paläontologe anhand der Gehörknöchelchen in fossilen Schädeln entscheiden, ob ein Individuum aus dem Perm oder der Trias mehr einem Säuger oder mehr einem Reptil ähnelt. Die Betrachtung dieser Knochen liefert uns nebenbei auch ein schönes Beispiel für den Gang der Evolution nach Darwinscher Sicht. Außerdem werden alle schlechtinformierten Anhänger der Schöpfungsgeschichte Lügen gestraft, die behaupten, für die schrittweise Evolution komplexer Strukturen des Körpers, wie z.B. des Gehörs, lägen keine Beweise vor.

Allerdings ist auch die Behauptung, die Säugetiere hätten sich aus den Reptilien entwickelt, nicht ganz richtig – vielmehr haben sich beide aus den Amphibien entwickelt. Im späten Karbon gab es vielfältige Reptilienformen, aber nur zwei davon spielten im folgenden Kapitel des Lebens auf der Erde eine wichtige Rolle. Eine Gruppe, die Diapsiden, behielt Charakteristika bei, die wir als die typischen Merkmale von Reptilien verstehen. Ihre Linie führt uns zu den modernen Eidechsen, Krokodilen und Vögeln, aber auch zu den mittlerweile ausgestorbenen Dinosauriern und Flugreptilien. Die andere Gruppe, die Synapsiden, entwickelte sich am Anfang besser als die Diapsiden. Jedoch gingen ihre Nachkommen in der Trias beinahe vollständig zugrunde, ehe sie die günstige Gelegenheit nutzten, beim Untergang der Dinosaurier Säuger zu werden.

Die Synapsiden erschienen in zwei unterschiedlichen Ordnungen. Als erstes sind die Pelycosaurier zu nennen, die vor 300 Millionen Jahren im späten Karbon erschienen und nach ungefähr 50 Millionen Jahren (gegen Ende des Perms) ausstarben. Sie waren Mitglieder von Bakkers Großdynastie I, wechselwarme, eidechsenähnliche Wesen mit gemächlichem Lebensstil. Im Anschluß an die Entwicklung eines Mechanismus zur inneren Wärmeregulation setzte im mittleren Perm eine wahrhaft explosionsartige Evolution ein, und die Pelycosaurier wichen den Therapsiden. Die Therapsiden spalteten sich in so viele Arten auf, daß wir sie an dieser Stelle nicht einmal auflisten können. Aus ihrer großen Formenpalette wollen wir nur einige Vertreter beschreiben: Einige waren wie kräftig gebaute Hunde, die vermutlich die Vegetation in der Nähe flacher Gewässer abweideten, andere waren große, rinderähnliche Tiere, deren Überreste in Gesteinsschichten der frühen Trias in Südamerika, Südafrika und Rußland gefunden wurden. Bärenartige Fleischfresser von mehreren Metern Länge gehörten genauso dazu wie die Gattung *Moschops*, deren Vertreter einen sehr dicken Schädel besaßen und wie Ziegenböcke miteinander kämpften, indem sie sich die Köpfe einrammten.

Vor fast 250 Millionen Jahren (d.h. in der frühen Trias) existierte der fleischfressende *Cynognathus*. Vertreter dieser Gattung waren ungefähr so groß wie ein Dachs, mit kräftigem Kopf und kurzem Schwanz, und sie besaßen sehr wahrscheinlich ein Fell anstelle von Schuppen. Auch die Gattung *Thrinaxodon*, mit kleineren, etwa hermelingroßen Vertretern aus der gleichen geologischen Epoche, war wohl fellbedeckt. Die Therapsiden jedoch, die am meisten einem Säugetier ähnelten, erschienen etwas später, und ihre Fossilien wurden in Gesteinsschichten aus dem frühen Jura (vor ca. 200 Millionen Jahren) gefunden. Dabei handelt es sich um Vertreter von *Probainognathus*, dem Mitglied aus einer Unterordnung der Therapsiden, den Cynodonten. Schädel, Kiefer und Zähne dieses Tiers ähnelten denen der Säuger, und wie *Cynognathus* und *Thrinaxodon* waren die Vertreter der Gattung *Probainognathus* vermutlich behaart; vielleicht haben sie sogar ihre Jungen gesäugt. Aber sie waren viel kleiner als ihre beiden Vorgänger und spielten in den Geschehnissen des Jura nur eine untergeordnete Rolle. Ihre Nachkommen entwickelten sich zu drei Arten früher Säugetiere, von denen eine ausstarb. Eine zweite wurde der Vorläufer der modernen, eierlegenden Säugetiere, wie z.B. der australischen Schnabeltiere. Die dritte ist die Gattung *Kuehneotherium*, die zum Urahn aller anderen heute lebenden Säugetiere wurde. Diese wichtige Rolle, die die Nachkommen von *Kuehneotherium* in der Zukunft spielen sollte, hätte jedoch kein außerirdischer Zoologe für möglich gehalten, der die Erde in jener Epoche besucht hätte. Die großen Therapsiden wurden hinweggefegt, zunächst durch eine natürliche Katastrophe und dann durch den Wettbewerb mit den überlegenen Lebensformen, die sich aus der anderen Reptilienlinie, den Diapsiden, entwickelten und die Dinosaurier bildeten. Bakkers Großdynastie III dominierte die Szene. Vor 200 Millionen Jahren hätte niemand auch nur einen Penny darauf gesetzt, daß den Nachkommen von *Probainognathus* eines Tages die Erde gehören würde.

Der Große Tag der Dinosaurier

Die wellenartigen Massensterben, die sich gegen Ende des Perms ereigneten, waren entsprechend der Anzahl an Fossilien die gewaltigste Katastrophe, die jemals stattfand. Sie bedeuteten nicht nur das Ende einer geologischen Periode, sondern buchstäblich das Ende einer Ära – des Paläozoikums. Das Mesozoikum, das drei Perioden umfaßt (Trias, Jura und Kreidezeit), begann vor 248 Millionen Jahren mit einem großen Knall. In analoger Weise, wie die Amphibien in den Nachwehen der späten devonischen Massensterben an Land gespült wurden, gingen die Massensterben am Ende des Perms der Dinosaurierepoche voraus, bzw. lösten diese neue Ära aus.

In den Meeren vernichteten die Massensterben gegen Endes des Perms zwischen 75 und 90 Prozent aller existierenden Arten. Sie fanden in einem Intervall von ca. 10 Millionen Jahren statt, genau zu jener Zeit also, als Pangäa fast die gesamte Landfläche der Erde umfaßte und sich in einem Block vom Südpol bis zum Norden erstreckte. Und genau wie bei den Artensterben am Ende des Ordoviziums und des Devons, gibt es eine Fülle von geologischen Zeugnissen, daß die Erde im späten Perm auskühlte. Der Grund für diesen Kälteeinbruch war ohne Zweifel, daß die sich ändernde Erdgeographie das Zirkulationsmuster der warmen Meeresströme veränderte. Dadurch konnten sich die Eismassen überhaupt über (zumindest) eine Polarregion ausbreiten. Weil die Katastrophe im Perm so einschneidend war, möchte man diese am liebsten mit der Spekulation begründen, kosmische Kollisionen hätten ebenfalls eine Rolle gespielt. Aber was auch immer diese Auskühlung verursachte, sie hatte jedenfalls dramatischen Einfluß sowohl auf terrestrische als auch auf marine Lebensformen. Hierbei handelte es sich um die erste große Vernichtung von Lebewesen, die ans Land gebunden waren. Nach dem Perm sah die Welt wie ein anderer Planet aus, auf dem sich die überlebenden Lebensformen in unterschiedlicher Weise veränderten und an die neuen Bedingungen anpaßten.

Zunächst schienen sich die Therapsiden von der Katastrophe gut zu erholen, gerade so wie ihre Vorfahren sich von den weniger gravierenden Katastrophen während der zweiten Permhälfte erholt hatten. Vor allem große Tierarten waren bei diesem «Unglücksfall» ausgelöscht worden, während kleinere Spezies (Arten) überlebten. Artensterben der terrestrischen Fauna verlaufen häufig in derart typischer Weise und lassen sich ganz natürlich erklären. Durch die Katastrophe wurden auch große Teile der Vegetation zerstört. Wenn die großen Pflanzenfresser die Kälte überhaupt überlebten, verhungerten sie, sobald ihre Nahrung verdorrt war. Große Fleischfresser wiederum starben an Hunger, da es keine großen Pflanzenfresser mehr gab, die sie fressen konnten. Kleinere Wesen, die weniger Nahrung benötigen und unter den harten Wetterbedingungen leichter Zuflucht finden konnten, hatten daher eine bessere Überlebenschance. Im Zeitraum von wenigen Millionen Jahren waren aus den kleinen, säugerähnlichen Überlebenden der letzten Katastrophe im Perm neue Linien großer Gras- und Fleischfresser entstanden. Aber zur gleichen Zeit entwickelte sich auch die andere Reptilienform, die Diapsiden, und paßte sich den veränderten Bedingungen an.

Als die Umweltbedingungen zum Ausgang des Perms relativ stabil waren, hielten die Proto-Säuger noch die ökologischen Nischen für größere Tiere besetzt, und neue Linien hatten keinerlei Chance, einen «Fuß auf die Erde zu bekommen». Als die großen Arten ausgelöscht wurden, hatten sowohl die kleinen Therapsiden als auch die mehr reptilienartigen, kleinen Diapsiden die Möglichkeit, sich auszubreiten. Das Ergebnis war ein wahrer Zusammenprall zweier unterschiedlicher Spielarten der Evolution, die beide am gleichen Punkt angefangen hatten. Für uns Menschen sollte es eine ernüchternde Mahnung sein, daß nichts wirklich Überlegenes in der Lebensart der Säuger vorhanden ist, und daß unsere Vorfahren die gleiche Schlacht schon einmal verloren haben. Daher können wir den Gedanken fallen lassen, wir hätten auf einer hypothetischen Evolutionsleiter eine besonders hohe Stellung inne.

Die Rivalen der Therapsiden waren in der frühen Trias die Thecodontier, kleine, etwa hundsgroße Reptilien. Ihr Rumpf wurde durch ihre Gliedmaßen gestützt, genau wie bei den Proto-Säugetieren, so daß sie ihr Körpergewicht sehr gut tragen und auch recht schnell laufen konnten. Einige waren sogar in der Lage, auf zwei Beinen zu laufen, wobei sie mit einem langen ausgestreckten Schwanz balancierten. Um erfolgreich mit den Therapsiden konkurrieren zu können, müssen sie warmblütig gewesen sein; davon abgesehen gibt es auch andere Beweise für eine hohe Stoffwechselrate, wie Bakker durch Vergleiche mit modernen Arten herausgefunden hat. Als die Thecodontier zunehmend erfolgreicher wurden, erreichten einzelne Exemplare mancher Arten Gewichte von einer halben Tonne. Die evolutionäre Aufspaltung dieser erfolgreichen Linie lief mit explosionsartiger Geschwindigkeit ab, und so wurden die Thecodontier bald von den Archosauriern ersetzt, den Vorläufern der Saurier, Krokodile und Flugreptilien (Pterosaurier).

Nach den Beschreibungen Bakkers wurden in der frühen Trias pflanzenfressende Gemeinschaften von Mitgliedern einer Therapsidenordnung beherrscht, die als Cynodonten bekannt sind. Sie wurden von anderen Cynodontenformen und zunächst auch von einigen Archosaurierarten verfolgt. In den nächsten 35 Millionen Jahren (bis zum Ende der Trias) änderte sich diese Zusammensetzung allmählich, wie zahlreiche Fossilien verschiedener Arten belegen. Als erstes nahm die Zahl der Cynodonten, die Raubtiere waren, ab und raubtierartige Archosaurier nahmen zu. Bis zur Mitte der Trias hielten sich die pflanzenfressenden Cynodonten noch recht gut, obwohl sie nach 230 Millionen Jahren nicht nur von ihren nächsten Verwandten in der Ordnung der Therapsiden gefressen wurden, sondern auch von ihren Vettern 2. Grades, den Archosauriern. Ungefähr zu dieser Zeit wurde wenigstens ein Zweig der Archosaurier zu Dinosauriern, und diese entwickelten rasch neue fleisch- und pflanzenfressende Arten. Nicht allein, daß die restlichen Cynodonten von Dinosauriern verspeist wurden, auch ihre Nahrung wurde von anderen Dinosauriern weggefressen. Diese pflanzenfressenden Dinosaurier waren wohl effizientere Weidegänger als unsere engeren Verwandten, denn im frühen Jura (also vor knapp 200 Millionen Jahren) waren die meisten Cynodonten vom Erdboden verschwunden. Die Überlebenden, die sich über *Kuehneotherium* und *Probainognathus* bis zu den heutigen Säugern entwickelten, konnten nur weiterbestehen, weil sie zu kleinen, mausähnlichen Wesen wurden, die für Dinosaurier zu unscheinbar waren, um bemerkt zu werden. Sie waren vermutlich nachtaktiv und lebten von Insekten, eventuell auch von Pflanzen. So brach also die Zeit der Dinosaurier an.

Vom Ende der Trias (vor 213 Millionen Jahren) bis zum Ende der Kreidezeit (d.h. fast 150 Millionen Jahre später) beherrschten die Dinosaurier die Erde. Das ist mehr als die doppelte Zeitspanne, die seit dem Tod der Dinosaurier verstrichen ist. Unsere eigene Entwicklungslinie hat sich vor nicht mehr als fünf Millionen Jahren von der Linie abgespalten, die zu den heutigen afrikanischen Menschenaffen führte. Das sind weniger als 4 Prozent vom Zeitalter der Dinosaurier. Zum Vergleich: Wenn die Herrschaft der Dinosaurier 24 Stunden gedauert hätte, so betrüge die entsprechende Lebenszeit der Menschheit ungefähr 48 Minuten.

Als die Dinosaurier die Erde durchstreiften, brach Pangäa auseinander; der Superkontinent teilte sich zuerst in Laurasia und Gondwana und dann in weitere Teile, die um den Erdball drifteten und sich neu gruppierten. In der mittleren Kreidezeit entwickelten die Blütenpflanzen, die in einer frühen Form bereits in der Trias erschienen waren, zu Lebzeiten der Dinosaurier schlagartig ihre in etwa heutigen Formen. Bakker ist der Ansicht, die Dinosaurier seien direkt für die Entwicklung der Blütenpflanzen verantwortlich, weil sie fürchterlich gefräßige Pflanzenfresser waren. Dadurch wurde die Evolution derjenigen Pflanzen gefördert, die bessere Fortpflanzungsmethoden entwickelten. Die Dinosaurier wirkten auf die Flora daher als natürlicher Selektionsfaktor. Die Gräser hingegen entwickelten sich erst, als die Dinosaurier verschwunden waren. Zumindest vier bedeutende Artensterben suchten das Leben auf der Erde heim, während die Dinosaurier die Szene beherrschten. All dies überschreitet bei weitem das Thema des vorliegenden Buches. Für uns sind lediglich zwei Faktoren wichtig: Was wäre aus den Dinosauriern geworden, wenn die Erde sich nicht vor 65 Millionen Jahren geändert hätte? Und: Welcher Anlaß fegte die Dinosaurier vom Angesicht der Erde hinweg?

Erben der Dinosaurier?

Tatsächlich hat es nie Dinosaurier gegeben, zumindest nicht laut offizieller wissenschaftlicher Systematik des Tierreiches. Der Begriff «Dinosaurier» wurde 1841 von dem britischen Paläontologen Richard Owen eingeführt, um eine Tiergruppe zu beschreiben, die aufgrund ihrer fossilen Knochen eindeutig zu identifizieren ist und seiner Auffassung nach zu den Reptilien gehört. Der Name setzt sich aus den beiden griechischen Wörtern *deinos* und *sauros* zusammen, was auf deutsch «furchtbare Eidechse» bedeutet. Dieser Name wird sicher dem populären Dinosaurierklischee gerecht, obwohl es auch sanfte Weidegänger gab, die unseren Rindern ähnelten und die trotzdem als Dinosaurier gelten müssen. Wenn man diesen Begriff also überhaupt verwenden will, sollte man ihn auf alle urtümlichen Reptilien anwenden. Obwohl Owens Vorschlag sich in der Vorstellungskraft der Öffentlichkeit festsetzte, wurde er niemals Teil der wissenschaftlichen Systematik. Dinosaurier ist ein Begriff, der in Wirklichkeit zwei unterschiedliche Reptilienordnungen umfaßt, nämlich die *Saurischia* und die *Ornithischia*. Diese Namen leiten sich von bestimmten anatomischen Zügen ab, wobei die Saurischia Beckenknochen haben, die mehr denen der Eidechsen entsprechen, während das Becken der Ornithischia mehr dem der Vögel ähnelt. Die Krokodile und die Pterosaurier stehen gleichwertig neben diesen beiden Ordnungen. Saurischia und Ornithischia haben eine Gemeinsamkeit, die sie auch mit den Säugetieren teilen: Ihre Beine befinden sich unterhalb des Körpers, halten sie aufrecht und machen sie beweglicher als ihre kriechenden Reptilienvettern. Viele Vertreter beider Ordnungen konnten sogar auf ihren Hinterbeinen stehen und laufen.

Mittlerweile akzeptieren praktisch alle Paläontologen den Ausdruck Dinosaurier, obwohl er in der streng wissenschaftlichen Systematik nicht erscheint. Robert Bakker und sein Kollege Peter Galton sind sogar noch einen Schritt weiter gegangen. Nach moderner systematischer Auffassung gibt es fünf Wirbeltierklassen: Säugetiere, Vögel, Amphibien, Reptilien und Fische, wobei die beiden Dinosaurierordnungen zur Klasse der Reptilien gehören. Daß die Vögel von den Dinosauriern abstammen, gilt heute als ziemlich sicher, während die Aussage, Dinosaurier seien warmblütig gewesen, zumindest sehr überzeugend klingt. Bakker und Galton behaupten nun, Dinosaurier ähnelten mehr den Vögeln als den rezenten Reptilien, so daß es Unsinn sei, sie als Reptilien zu klassifizieren. Sie schlagen deshalb vor, die Systematik dahingehend zu revidieren, daß es die fünf Klassen Säuger, Dinosaurier, Reptilien, Amphibien und Fische gibt, wobei die Klasse der Dinosaurier nicht nur in die Ordnungen Ornithischia und Saurischia unterteilt ist, sondern auch noch die Ordnung Aves, also die Vögel, umfaßt.[4] Diese neue Systematik hat jedoch keinen Anklang

4 Um die Angelegenheit noch verwirrender zu machen: Die modernen Vögel stammen von den eidechsenhüftigen Dinosauriern und nicht von den vogelhüftigen Varietäten ab.

gefunden. Wir finden das nicht zuletzt deshalb bedauerlich, weil dieses System die Tatsache betont, daß die Dinosaurier mehr uns und anderen Säugetieren ähnlich sind, als den Reptilien, die wir heute kennen.

Laut Niles Eldredge vom Amerikanischen Naturgeschichtlichen Museum waren die «Dinosaurier die Standardtiere jener Tage, und einzelne Dinosaurierarten waren mit Sicherheit so zahlreich wie heutige Säugetiere». Das Klischee von der «fürchterlichen Echse» beschwört Bilder von Wesen wie dem *Tyrannosaurus rex* herauf. Selbst wenn wir uns erinnern, daß es auch pflanzenfressende Dinosaurier gab (Der *Tyrannosaurus* mußte ja schließlich auch etwas fressen!), ist das erste Bild, das sich aufdrängt, eine Art Super-Elefant, etwa in der Art von *Apatosaurus* (oder *Brontosaurus*), 25 Meter lang und mit einem Körper wie ein Kampfpanzer. Unter den Dinosauriern gab es aber auch mit kleineren Säugetieren wie Wölfen und Ziegen vergleichbare Formen. Hühnergroße Dinosaurier haben noch kleinere Geschöpfe gefressen, vermutlich auch einige unserer Vorfahren. Wenn wir uns heute in der Fauna umschauen und irgendeine ökologische Nische betrachten, die von einem Säugetier bewohnt und genutzt wird, so kann man mit hoher Wahrscheinlichkeit davon ausgehen, daß vor hundert Millionen Jahren irgendein Dinosaurier eine ähnliche Nische innehatte. Hiervon gibt es eine offensichtliche Ausnahme – den Menschen und andere Primaten. Wie kam es, daß Dinosaurier bei ihrem großen Erfolg niemals intelligente Formen entwickelten?

Eine vorschnelle Antwort könnte lauten, sie hätten es nicht nötig gehabt – glücklicherweise kamen sie sehr gut ohne Intelligenz aus, und der typische Umweltdruck, der die Bildung der menschlichen Intelligenz mit sich brachte, existierte in der Kreidezeit einfach (noch) nicht. Erst die Umweltbedingungen jüngerer Epochen, auf die wir noch eingehen werden, ließen die Intelligenz hoch im Kurs stehen und beschleunigten die Entstehung unserer eigenen Art. In der Kreidezeit lagen die Dinge nun mal anders – aber soll das als Antwort wirklich ausreichen? Man kann nur sehr schwer glauben, jede beliebige Art hätte nicht – unabhängig von den Umweltbedingungen – von vorhandener Intelligenz profitieren können, auch wenn sie sich in weniger turbulenten Zeiten langsamer entwickelt hätte. Unter dieser Prämisse wären sogar möglicherweise irgendwann einmal intelligente Dinosaurier auf der Erde erschienen, wenn es nicht zu der Katastrophe am Ende der Kreidezeit gekommen wäre, die unter die Großdynastie III einen Schlußstrich zog.

Die Theorie, daß intelligente Dinosaurier kein Ding der Unmöglichkeit seien, wurde von Dale Russell vom National Museum, Kanada zusammen mit seinem Kollegen Ron Seguin aufgestellt. Ihre Zusammenarbeit datiert aus der Zeit, als Russell in den 70er Jahren Studien an den fossilen Überresten eines Sauriers betrieb. Dieser besaß ein relativ großes Gehirn, ging auf zwei Beinen und hatte vierfingrige Hände mit gegenüberstehenden Fingern.[5] Das Verhältnis von Gehirn zu Körpergewicht dieser Wesen, deren Größe zwischen dem eines Truthahn und eines Straußes lag, stellt sie in eine Reihe mit großen modernen Vögeln oder weniger intelligenten modernen Säugetieren. 1977 führte der Astronom Carl Sagan die Dinge mit der Art von spekulativem Elan weiter, für den die Astronomen bekannt sind:

«Wenn nicht alle Dinosaurier vor ungefähr 65 Millionen Jahren auf mysteriöse Weise ausgestorben wären, hätten sich dann die Vertreter von *Saurornithoides* vielleicht zu zunehmend intelligenteren Formen entwickelt? Hätten sie gelernt, große Säugetiere im Rudel zu jagen und dadurch vielleicht den großen Artenreichtum der Säugetiere verhindert, der dem Ende des Mesozoikums folgte? Wenn es nicht zum Aussterben der Dinosaurier gekommen wäre, wären dann die heutzutage dominierenden Lebensformen Nachfahren von *Saurornithoides*, die schreiben und Bücher lesen könnten und sich den Kopf darüber zerbrechen würden, was geschehen wäre, wenn sich die Säugetiere durchgesetzt hätten?»

Russell hat die Reaktionen auf seine Vorschläge in einem Beitrag für das Buch *Dinosaurs Past and Present* beschrieben. Mit meisterhafter Untertreibung meinte er, es gäbe «ein gewisses Maß an

5 Die Tatsache, daß unsere Daumen jedem Finger der gleichen Hand gegenüberstehen können, verleiht uns den feinfühligen Griff, den wir für viele hochspezialisierte Tätigkeiten benötigen: Auf diese Weise können wir Maden aus dem Boden klauben, einen Feuerstein zu einer Axt zurechtschlagen, eine Nadel einfädeln oder eine Schraube ins Gewinde drehen.

Neugier was das Aussehen von Dinosauriern mit großen Gehirnen betrifft». Russell und Seguin stillten diese Neugier, indem sie ein Modell des Wesens bauten, zu dem sich der Dinosaurier, der auch als *Stenonychosaurus* bekannt ist, entwickelt haben könnte. Sie nahmen die vorgegebenen Charakteristika, das große Gehirn, den aufrechten Gang und eine voll entwickelte Hand, und anschließend extrapolierten sie die Entwicklung des Tieres in eine mythische Zukunft, in der die Dinosaurier nicht ausgestorben sind. Das Ergebnis, das sie als *Dinosauroid* bezeichneten, verursachte eine Sensation. Russell errechnete, daß sich innerhalb von 25 Millionen Jahren ein Wesen mit dem ungefähren Körpergewicht eines modernen Menschen und einem entsprechenden Gehirn entwickelt hätte, d.h. genau 40 Millionen Jahre vor unserer Zeit – alles natürlich dem Tempo entsprechend, das die Evolution in der späten Kreidezeit eingeschlagen hat. Der Dinosauroid entsprach völlig diesen Berechnungen. Das Modell entsprach mehr einem Menschen als einem Dinosaurier, und Russell argumentierte weiter, diese Form « könne mit einer nicht zu unterschätzenden Wahrscheinlichkeit in den Biosphären erdähnlicher Planeten als Konsequenz der natürlichen Selektion entstanden sein». Diese Wahrscheinlichkeit ergibt sich aus den großen Vorteilen, die etwa die aufrechte Haltung auf zwei Beinen bietet. Sie entlastet die vorderen Gliedmaßen, wodurch die Form der Hände ausgebildet werden kann, die feinfühlige Tätigkeiten ermöglicht. Ein weiterer Vorteil sind zwei Augen an der Vorderseite des Kopfes, die ein stereoskopisches (dreidimensionales) Sehen ermöglichen. Dies war sinnvoll, um Beute erspähen und Gegenstände fixieren zu können, die mit den Händen gehalten werden. «Die humanoide Form könnte eine spezielle, nicht zufällige Lösung der biophysikalischen Probleme sein, die durch die Intelligenz verursacht wurden.»

Die Reaktionen auf diese Idee waren recht gemischt, soweit es die Experten betraf, aber zumindest urteilten einige positiv. Bakker z.B. meinte, man könne sich über Details streiten, aber Russell habe im allgemeinen vermutlich recht. Außerdem seien die Dinosaurier mit großem Gehirn für ihre Zeit sicher recht klug gewesen und hätten wahrscheinlich die rattengroßen Säugetiere jener Tage gejagt. Hätten die Nachkommen dieser Dinosaurier 40 Millionen

Jahre später, nachdem sie das Pendant zur menschlichen Intelligenz erreichten, die Raumfahrt entwickelt und Raketen zu anderen Planeten geflogen, oder hätten sie vielleicht auch den Atomkrieg erfunden und die Erde vernichtet? Solche Spekulationen gehören in den Bereich der Science-fiction, und ähnliche Ideen wurden bereits auf unterhaltsame Weise von Autoren wie Harry Harrison entwickelt. Man kann nun mit Bakker übereinstimmen, daß solche Extrapolationen Sinn machen, oder aber, wie ein Paläontologe, mit dem wir über diese Ideen diskutierten, diese Theorien als Dale Russells Hirngespinste abtun – auf jeden Fall besteht kein Zweifel, daß es für uns eine gute Sache war, als die Ära der Dinosaurier zu Ende ging.

Wenn es vor 65 Millionen Jahren keine großen Veränderungen in der Umwelt gegeben hätte, existierten wir heute nicht. Die Großdynastie II, die von säugerähnlichen Reptilien dominiert wurde, und in der andere echte Reptilien in ökologische Nischen für Kleintiere verbannt waren, machte der Großdynastie III Platz. In ihr durchbrachen die Reptilien die Grenzen ihres Lebensraumes und übernahmen die Welt, während die Säugetiere gejagte, kleine Wesen wurden. In der Großdynastie IV vertauschten sich dann die Rollen erneut. Wenn Sie sich darüber ärgern, wie die Dinosaurier mit unseren Vorfahren umsprangen, so ist das unnötig – wir rächen uns täglich an ihren Nachkommen, wenn wir ein Frühstücksei essen. Als alle größeren Dinosaurier[6] von der Bühne des Lebens gefegt waren, konnten sich die Säugetiere endlich in verschiedene Arten aufspalten und um die freigewordenen ökologischen Nischen kämpfen. Die Säuger hatten vermutlich unter dem Druck der natürlichen Selektion bestimmte Fähigkeiten entwickelt, um in einer von Dinosauriern beherrschten Welt zu überleben. Daher konnten sie diesmal jeden Konkurrenten, der ungefähr ihre Größe hatte, aus dem Feld schlagen und anschließend

6 Mit «größeren Dinosauriern» sind übrigens alle Dinos gemeint, die größer als *Stenonychosaurus* waren, denn wenn der intelligente Dinosaurier nur ein bißchen kleiner gewesen wäre, so wäre die Geschichte vermutlich anders ausgegangen.

selbst größere Arten entwickeln. Aber was ließ die größeren Tiere am Ende der Kreidezeit aussterben?

Die besondere Katastrophe

Im Zeitalter der Dinosaurier brachen alte Kontinente auseinander, Landfragmente drifteten um den Erdball, stießen aneinander und veränderten die Geographie, bis unsere Erde in der späten Kreidezeit, vor knapp 100 Millionen Jahren, dem Bild ähnelte, das ein Astronaut heute vom All aus sieht. Der Atlantik war viel schmaler, und der Pazifik war breiter als heute. Daher konnten warme Meeresströmungen hoch bis in die nördlichen Polarmeere gelangen. Trotzdem war es aber unverkennbar unsere gute alte Erde.

Die Folgen dieser geographischen Umwälzungen für unsere heutigen Lebensformen waren bedeutsam. Obwohl Gondwana vor 130 Millionen Jahren auseinanderbrach, gab es immer noch eine zusammenhängende Landmasse, die sich von Afrika und den beiden amerikanischen Kontinenten über die Antarktis nach Australien erstreckte. Diese Kontinentalfläche lag weit nördlich des Südpols, der zu dieser Zeit von Wasser bedeckt war. Die Beuteltiere (Marsupialia) hatten sich vermutlich in der Gegend des heutigen Afrika entwickelt und über die oben genannte Landbrücke hinweg verbreitet. In Afrika selbst wurden sie von den höheren Säugetieren abgelöst, den Plazentatieren (Eutheria); zu dieser Zeit existierte die Brücke zu den Kontinenten Antarktis und Australien nicht mehr. Diese beiden südlichen Erdteile blieben für die Beuteltiere ein sicheres Refugium, ohne Konkurrenzdruck durch die Säuger. Erst als der Mensch nach Australien kam und seine Haustiere mitbrachte, war es mit der Herrlichkeit vorbei. Daher findet man in Australien auch heute noch Känguruhs und andere Beuteltiere, während ihre Vettern in Afrika vor etlichen Millionen Jahren ausstarben.

Dennoch erscheint es aus unserem Blickwinkel heraus wichtig, wie die sich wandelnde Erdgeographie die Umwelt in der zweiten Hälfte der Kreidezeit beeinflußte. Aus den Studien über Veränderungen von Fossilien verschiedener mariner Mikroorganismen

(Plankton) geht hervor, daß der Globus sich in charakteristischer Weise stetig abgekühlt hat. Dies hatte zur Folge, daß viele tropische Arten über einen Zeitraum von mehreren Millionen Jahren ausstarben. Das Kontinentalfragment bestehend aus Antarktis und Australien hatte sich von Afrika und dem Rest des sich ebenfalls aufsplitternden nördlichen Gondwanas abgetrennt und driftete mit all den bekannten Konsequenzen wieder gen Südpol. Viele Meeresbewohner waren bereits vor Ausgang der Kreidezeit verschwunden, aber weitaus mehr Arten wurden gegen Ende dieser Periode abrupt durch ein plötzliches Massensterben ausgelöscht.

Die gleiche Tragödie spielte sich auch an Land ab. In mehreren Erdregionen zeigen 65 Millionen Jahre alte Gesteine Spuren eines abrupten Wechsels der Vegetationsformen. Diese drastische Veränderung paßt sehr gut zur Idee eines globalen Kälteeinbruchs, der am Ende der Kreidezeit eintrat. Aber die Fossilien dokumentieren auch einen kontinuierlichen Wechsel der Landfauna während der Jahrmillionen, die vor dieser Zeitspanne liegen. Die Dinosaurier selbst verschwanden peu à peu über einen Zeitraum von mindestens 10 Millionen Jahren. So kann man anhand der Fossilien aus Fundstätten in Montana und dem südlichen Alberta erkennen, daß die Anzahl der Dinosauriergattungen während dieses Zeitraums von 30 auf 13 abgenommen hat. Und der angeblich endgültige Schlußpfiff für die Dinosaurier war offenbar gar nicht so endgültig, da nach Meinung einiger Forscher tatsächlich nicht weniger als neun Dinosaurierarten noch in der nächsten Periode, dem Paläogen[7], gelebt haben müssen.

7 In der traditionellen geologischen Zeiteinteilung wird das Känozoikum, das vor 65 Millionen Jahren begann und dem Mesozoikum folgte, in das Tertiär (65 000 000 – 1 800 000 v. Chr.) und das Quartär (1,8 Millionen Jahre bis heute) unterteilt. Diese Einteilung ist ziemlich unausgeglichen, und einige Paläontologen teilen das Känozoikum heute lieber in zwei etwa gleich lange Perioden ein, nämlich in das Paläogen (Alttertiär, 65 000 000 – 24 000 000 v. Chr.) und in das Neogen (Jungtertiär, 24 Millionen Jahre – heute). In diesem Buch halten wir uns an die moderne Zeitskala. Generell aber beziehen sich die Ausdrücke Kreidezeit-Tertiär, Kreidezeit-Paläogen und Mesozoikum-Känozoikum insgesamt auf dasselbe Datum im geologischen Kalender: Als nämlich vor 65 Millionen Jahren die Dinosaurier ausstarben. Da die erste Epoche des Paläogen/Tertiärs in beiden Systematiken Paläozän genannt wird, kann man die Grenze zwischen den Epochen auch als Kreidezeit-Paläozän bezeichnen.

Dieser Niedergang könnte sowohl durch das Austrocknen der Kontinente als auch durch die erfolgte Abkühlung bewirkt worden sein. Obwohl die Erdteile in der Mitte der Kreidezeit ihren heutigen Positionen schon sehr nahe gekommen waren, standen das Innere Nordamerikas und große Teile Südamerikas unter Wasser. In der Kluft zwischen Nordafrika und Eurasien erstreckte sich ein riesiges Flachmeer, das zum heutigen Mittelmeer geschrumpft ist. Aufgrund dieser enormen Wassermassen hätte das Klima auf dem nahegelegenen Land gemäßigt sein können, so wie das Klima im heutigen Großbritannien. Aber als der Meeresspiegel in Folge der tektonischen Aktivität sank, trockneten die Binnenmeere aus. Die inneren Gebiete der Kontinente machten harte Winter und glühende Sommer mit, weil es keine großen Gewässer mehr gab, die regulatorisch wirken konnten. Dieses Extremklima kann der Vegetation bzw. den Dinosauriern, die sich von Pflanzen ernährten, nicht besonders gut bekommen sein. Paläontologen wie Steven Stanley zeichnen uns ein düsteres Weltuntergangsszenario. Pflanzen und Tiere, im Wasser wie zu Lande, waren schon arg von den Folgen einer gewaltigen (wenn auch langsamen) Neuordnung ihrer Umwelt mitgenommen, als ein zusätzlicher Faktor – der Einschlag eines Meteoriten, ein verstärkter Vulkanismus oder beides – die bereits geschwächten Populationen auslöschte. Eldredge, der ein Talent für bissige Ausdrücke hat, meinte resümierend, durch den Aufprall eines Meteoriten könne eine schlimme Situation erst richtig schrecklich werden. Ohne diesen letzten Tropfen, der das Faß zum Überlaufen brachte, wären die Geschehnisse in der späten Kreidezeit wohl nur auf ein mittleres Masensterben hinausgelaufen. Anschließend hätten sich die Dinosaurier wahrscheinlich wieder erholt, wie sie es bereits früher viermal geschafft hatten.

Heute gibt es eindeutige Hinweise dafür, daß gegen Ende der Kreidezeit ein Aufschlag die Erde erschütterte; das könnte tatsächlich das entscheidende Ereignis gewesen sein, welches die Waagschale von den Dinosauriern weg und zu den Säugetieren hin neigte. Das Artensterben am Ende der Kreidezeit verlief nicht genau wie die früheren Katastrophen, die wir diskutiert haben. Insbesondere gibt es einige geologische Hinweise darauf, daß sich die Erde zunächst erwärmte und dann in den ersten Tagen des Paläogens abkühlte, während der Meeresspiegel dramatisch absank.

Für diese Ereignisse gibt es genügend detaillierte Erklärungen, die mehrere Bücher füllen würden, wir wollen uns aber nur eine einzige herauspicken. Diese soll uns nicht nur als Beispiel für den menschlichen Erfindungsreichtum dienen, wenn es darum geht, Katastrophenszenarios zu entwerfen, sondern auch zeigen, wie empfindlich die Lebewesen zur Kreidezeit auf klimatische Veränderungen reagierten.

Im Jahre 1988 stellten Michael Rampino und Tyler Volk von der New York University eine These auf, in der sie mehrere Ideen verknüpften, die gerade im Trend lagen. In ihren Ausführungen beziehen sie sich auf die Tatsache, daß 90 Prozent des Meeresplanktons gegen Ende der Kreidezeit vernichtet wurden. Änderungen im Anteil des Kohlenstoff-Isotops Kohlenstoff-13 (^{13}C) in Karbonatgesteinen dieser Zeit machen dies deutlich. Der Gehalt an ^{13}C in diesen Sedimenten ging für mehr als 300 000 Jahre nicht auf seinen «Normalwert» zurück. Dieselben Sedimente zeigen eine drastische Minderung des Kalziumkarbonatgehaltes über einen Zeitraum von mindestens 350 000 Jahren. Da Kalziumkarbonat hauptsächlich aus den Skeletten und Schalen toter Planktonbewohner stammt, bestätigt dieser Befund, daß es in diesem Zeitraum nur wenig Plankton gab.

Ganz gleich, was letztendlich der Auslöser für das Planktonsterben war – Rampino und Volk vertreten die These, ein Meteorit sei auf die Erde geprallt – ein solches Ereignis mußte gravierende Konsequenzen für das Klima haben. Die Anhänger der Gaia-Hypothese[8] interessieren sich neuerdings für die Art und Weise, in der das Plankton die Wolkendecke beeinflußt. Winzige Organismen im Meer sollen die Wolkenschichten kontrollieren können? Was zunächst verrückt klingt, scheint aber bei näherer Betrachtung einen Sinn zu geben. Plankton produziert große Mengen

8 Laut Gaia-Hypothese werden die globalen Umweltbedingungen mehr oder minder durch die Lebensfunktionen von Organismen im Gleichgewicht gehalten.

einer Substanz, die als Dimethylsulfid (DMS) bekannt ist. DMS entweicht in die Luft und reagiert dort zu schwefeltragenden «Keimen», an denen die wolkenbildenden Wassertropfen kondensieren können. Wolken unterstützen im großen und ganzen eine Kühlung der Erde, indem sie die eintreffende Sonnenenergie reflektieren. Nach den Berechnungen von Rampino und Volk ginge die Wolkendecke durch eine 80prozentige Reduzierung des Meeresplanktons soweit zurück, daß die Erde sich um 6° Celsius erwärmen würde, und eine Abnahme des Planktons um 90 Prozent hätte sogar eine Erwärmung um 10° Celsius zur Folge. Wenn so etwas plötzlich passiert, beispielsweise nachdem ein Meteorit ins Meer gestürzt ist, würde das Gleichgewicht des Lebens auf der Erde sicherlich gestört werden!

Dieses Szenario ist zwar unterhaltsam, gehört aber nicht zu denjenigen, die wir stark favorisieren würden.[9] Niemand kann genau sagen, was passiert ist. Daß sich tatsächlich irgendetwas Ungewöhnliches, vielleicht sogar Einzigartiges, am Ende der Kreidezeit ereignet hat, macht eine andere Studie deutlich, die 1988 veröffentlicht wurde.

Die Fragestellung wurde durch Thomas Crowley (Applied Research Corporation/Texas) und Gerald North (Texas A&M University) aufgenommen. Sie wollten herausfinden, ob Klimakatastrophen generell durch allmähliche Änderungen hervorgerufen werden können, wie z.B. das Wandern eines Kontinents über den Pol, und ob insbesondere das einschneidende Ereignis am Ende der Kreidezeit diesem Bild entspricht. Crowley und North zeigten, daß es keines äußeren Anlasses – wie z.B. eines Meteoritenaufpralls – bedarf, um plötzliche Umweltveränderungen zu verursachen. Vielmehr kann infolge langsamer Veränderungen von Umweltparametern eine sprunghafte Reaktion (Sprungfunk-

9 Weniger sensationell, aber genauso wahrscheinlich ist folgende Möglichkeit: Als die Binnenmeere austrockneten, starben und verrotteten auf einen Schlag riesige Mengen an Pflanzen; infolgedessen stieg der Kohlendioxidgehalt der Atmosphäre an und verstärkte zeitweilig den Treibhauseffekt. Das Ausbleiben der Karbonatsedimente belegt auch, daß das CO2 nicht aus der Luft entnommen wurde. Wenn es kein Plankton gibt, erwärmt sich die Erde sogar ohne den DMS-Effekt.

tion) auftreten, z.B. ein plötzliches Umkippen von einem Klimazustand in einen anderen.

Ein typisches Beispiel für diese Art der Veränderung ist eine stetige Zu- oder Abnahme im Kohlendioxidgehalt der Atmosphäre. Derartige plötzliche Änderungen, die aus kleinen Ursachen resultieren, sind aus der Chaostheorie bekannt, einem bestimmten Zweig der Mathematik. Sie treten auf, wenn ein System – in diesem Fall das Erdklima – bei gleichen äußeren Bedingungen in zwei oder mehr stabilen Zuständen existieren kann. Bei einem gewissen atmosphärischen CO_2-Gehalt und der damit verbundenen Intensität des Treibhauseffekts kann die Erde sowohl mit als auch ohne Poleiskappen ein stabiles System bilden. Mit Hilfe von Computersimulationen konnte gezeigt werden, daß dies für einige globale Geographiekonstellationen realistisch ist – vielleicht auch für unsere Jetztzeit-Geographie. Ohne Polareisdecken ist das Klima stabil; wenn sich aber einmal eine Eiskappe bildet, kann sie sich durch Reflexion der Sonnenwärme behaupten. In solch einer Situation kann die Erde zwar eisfrei sein, besitzt aber dennoch das Potential zur Vereisung. Wenn die Kohlendioxidkonzentration dann langsam abnimmt, wird ein Punkt erreicht, an dem der eisfreie Zustand nicht länger möglich ist. Dann muß das System in den stabileren Zustand (d.h. Erde mit Eiskappe) umschlagen. Der springende Punkt dabei ist jedoch, daß die Erde, selbst wenn das CO_2 langsam wieder auf seinen Ausgangswert ansteigt, teilweise eisbedeckt bleibt, weil es keinen Auslöser gibt, der sie in den stabilen eisfreien Zustand zurückkippen läßt.

Als die beiden texanischen Forscher einige Zahlenwerte ihrer Computersimulationen variierten, stellten sie fest, daß eine derartige Veränderung auftreten kann, wenn eine Temperaturänderung eintritt, die einer Abweichung der eingestrahlten Sonnenenergie von nur 0,0002 Prozent entspricht. Dieser Wert liegt innerhalb der Schwankungsbreite, die durch Änderungen im atmosphärischen Kohlendioxidgehalt oder durch Schwankungen im Verlauf der Meereströmungen infolge der wechselnden Erdgeographie entstehen. Zwei der großen Massensterben der letzten 600 Millionen Jahre, am Ende des Ordovizium und im späten Devon, passen ausgezeichnet in dieses Muster: Nach einer langen eisfreien Klimaperiode setzen plötzlich eiszeitliche Bedingungen ein. Andere Massensterben, die wir erwähnt haben, folgen in etwa diesem Modell. Das Artensterben am Ende der Kreidezeit jedoch weicht erheblich davon ab. Bei dieser Katastrophe gibt es keine Anzeichen, daß die Erde damals (vor 65 Millionen Jahren) in einen langanhaltenden Vergletscherungszustand überging. Das große Artensterben, für das es die wenigsten Beweise in Bezug auf diesen Instabilitätseffekt gibt, ist ausgrechnet dasjenige mit den eindeutigsten Hinweisen auf einen Meteoriteneinschlag. Offenbar war das letzte Ereignis der Kreidezeit wirklich etwas Besonderes – und das können wir im Rahmen eines packenden Kontextes erläutern.

Zu der Zeit, als die Dinosaurier verschwanden, verschlechterten sich die Umweltbedingungen, und die Antarktis wanderte polwärts. Aber die Erde war noch nicht in eine Eiszeit eingetreten. Nehmen wir einmal an, es hätte keinen Meteoritenaufschlag oder ähnlich gravierende Ereignisse gegeben, die aus einer schlimmen Situation eine schreckliche machten. Dann hätten sich die Dinosaurier von diesen lediglich «schlimmen» Einflüssen erholen können. Aufgrund der charakteristischen Geologie wissen wir, daß vor ungefähr 5 Millionen Jahren tatsächlich eine Eiszeitserie begann. Zu diesem Zeitpunkt zeichnete sich die heutige Weltgeographie bereits ab. Dies wäre so oder so eingetreten, und hätte vermutlich das Zeitalter der Dinosaurier beendet (falls diese nicht Intelligenz und eine technische Zivilisation entwickelt hätten), ohne daß ein (postulierter) Meteoritenaufprall nötig gewesen wäre. Demnach scheint es, daß die Kreidezeit tatsächlich 60 Millionen Jahre zu früh zu Ende ging. Entsprechend den Gesetzmäßigkeiten und dem Verlauf früherer Massensterben hätte das Klima weitere 60 Millionen Jahre benötigt, bis es so schlecht geworden wäre, daß massive Artensterben eingesetzt hätten. Die einzigartigen Ereignisse vor 65 Millionen Jahren werden wir leider niemals völlig verstehen. Auf jeden Fall brachen sie das Zeitalter der Dinosaurier verfrüht ab und ermöglichten den Säugetieren den vorzeitigen Start ihrer Erfolgstournee. Als dann 60 Millionen Jahre nach dem Tod der Dinosaurier die Eiszeit einsetzte, waren die Säugetiere gut vorbereitet.

Und das ist buchstäblich der Zeitpunkt, an dem wir Menschen die Szene betreten haben.

3

Die Rückkehr der glorreichen Säuger

Vor 65 Millionen Jahren zeichneten sich langsam aus den Landmassen Nordamerikas, Eurasiens und Afrikas die deutlichen Konturen der heutigen Kontinente ab, während der nördliche Superkontinent Laurasia auseinanderbrach. Der Vorgänger des Atlantiks war noch ein relativ schmales Meer und wurde an seinem nördlichen Ende durch Grönland blockiert, das damals noch zwischen Europa und Nordamerika «eingeklemmt» war. Daher konnte sich die Tierwelt noch verhältnismäßig frei über den Nordteil des Superkontinents bewegen. Im Süden erstreckte sich Gondwana, der zweite Superkontinent, über die Polargegend. Schon damals befand sich die Antarktis fast an ihrer heutigen Position, allerdings war sie noch mit Südamerika und Australien verbunden. Sowohl das lang andauernde Auseinanderbrechen Pangäas, der mehr als 225 Millionen Jahre alten zusammenhängenden Landmasse, als auch die stete Neugruppierung ihrer Bruchstücke waren bedeutende Klimafaktoren. Während der nächsten 65 Millionen Jahre übten sie einen starken Einfluß auf das schwankende Erdklima aus und somit auch auf die Entstehung der Menschheit. Im Verhältnis zu den Zeiträumen, mit denen wir bisher so locker umgegangen sind, erscheint diese Zeitspanne vergleichsweise kurz. Aber um sie im richtigen Blickwinkel zu betrachten, sei gesagt, daß während des Känozoikums die Hälfte des Meeresbodens wiederaufbereitet wurde. Unter dem Gewicht der Kontinente, die sich über ihn hinwegschoben, wurde er zermalmt und entlang der ausgedehnten unterseeischen

Meeresrücken wieder neu gebildet. Wenn man bedenkt, daß die Ozeane zwei Drittel unserer Erde bedecken, so wurde seit dem Aussterben der Dinosaurier ein Drittel der gesamten Erdoberfläche erneuert.

Bereits während sich das Zeitalter der Dinosaurier seinem Ende näherte, waren die Ursprünge unserer Art vorhanden. Wir gehören zu der Säugerordnung, die als Primaten (oder «Herrentiere») bekannt ist. Diese Tiere entstanden, indem sie sich an ein Leben in den Bäumen anpaßten. Zu den Primaten gehören ungefähr 60 rezente Gattungen (u.a. Lemuren, Tieraffen, Menschenaffen und Menschen) und vielleicht doppelt so viele ausgestorbene Arten, die nur durch Fossilien bekannt sind. (Zusätzlich gab es eine unbekannte Anzahl ausgestorbener Arten, die leider nicht fossil belegt sind.) Ein Leben in den Bäumen erfordert andere Fähigkeiten als das Leben auf dem Erdboden, und über Jahrmillionen hat die Evolution diese vorteilhaften Eigenschaften bei uns und unseren nächsten Verwandten gefördert. So braucht man eine hohe körperliche Beweglichkeit und Koordinationsfähigkeit, um sich in den Zweigen bewegen zu können. Des weiteren bedarf es einer hervorragenden Sehkraft, um Nahrung oder Feinde zu entdecken oder um beim Hangeln in den Bäumen zu erkennen, ob der nächste Ast auch stabil genug ist. Um Entfernungen abschätzen oder sicher im Geäst springen zu können, ist ein stereoskopisches (dreidimensionales) Sehvermögen erforderlich; hierzu müssen die Augen an der Vorderseite des Kopfes sitzen und überlappende Gesichtsfelder haben. Ferner ist es lebensnotwendig, sich mit allen vier Gliedmaßen, am besten noch mit dem Schwanz, im Geäst festklammern zu können. Zumindest ein Paar Gliedmaßen sollte Hände haben, um damit Nahrung festzuhalten, damit man diese entweder an einen sicheren Ort bringen oder beim Fressen festhalten kann. Denn wenn ein leckerer Bissen erst einmal vom Baumgipfel fällt, ist er für immer und ewig verloren. Die Vielfalt des Nahrungsangebotes, wie z.B. Früchte, Insekten oder Fleischstücke, beeinflußte auch die Entwicklung des Primatengebisses. Während andere Säugerarten sich darauf spezialisierten, entweder scharfe Schneidezähne und kräftige Reißzähne (Fleischfresser) oder große Mahlzähne (Pflanzenfresser) zu entwickeln, behielten unsere allesfressenden Vorfahren die ganze Palette, die als Zahntypen im ursprünglichen Säugergebiß vorkommen: Schneidezähne, Reiß- oder Eckzähne, vordere und hintere Backenzähne. Offenbar besaßen sie also für jeden Biß den passenden Zahn.

Als zentrale Steuereinheit brauchen die Primaten ein recht hochentwickeltes Nervensystem, damit sie die verschiedenen Nahrungsquellen finden, ihr Sehvermögen ausnutzen und ihre Glieder beim Klettern koordinieren können. Aufgrund dessen entwickelten sie ein für ihre Körpergröße relativ großes Gehirn.

Betrachten wir doch einmal das Phantombild unseres Primaten, der folgenden Steckbrief hat: Säugetier mit großem Gehirn, kann gut stereoskopisch sehen (und auch gut hören), besitzt hervorragend greifende Hände und Zähne für jede Art Nahrung. Als weiteres typisches Merkmal, das sich vermutlich aus der Notwendigkeit heraus entwickelte, Jungtiere sicher in den Baumgipfeln zu halten, haben Primatenweibchen ein Paar Milchdrüsen auf der Brust. All diese Eigenschaften sind schon deutlich menschlich, was kaum überrascht. Erstaunlich ist allerdings, daß es bereits vor 65 Millionen Jahren im heutigen Montana Lebewesen gab, deren Fossilien etliche dieser Züge aufweisen, die sie systematisch den Primaten zuordnen. Da die Vorfahren der Primaten bereits seit Ende der Kreidezeit existieren, überrascht es andererseits kaum noch, daß nach weiteren 65 Millionen Jahren Evolution das Gros ihrer Nachkommen heute so hervorragend an ein Leben in den Bäumen angepaßt ist. Umso interessanter ist dagegen, daß manche Abkömmlinge, wie die Menschen, diese urtümliche Lebensweise aufgegeben haben.

In jenen Tagen war das Klima in Montana völlig anders als heute. Einerseits lag Nordamerika dichter am Äquator, und neben dem offenen Seeweg zwischen Afrika und Eurasien bestand zudem ein Durchbruch zwischen Nordamerika und Südamerika. In den niedrigen Breitengraden konnte das Meerwasser daher ungehindert den Globus umströmen. Auf der anderen Erdseite konnte von Laurasia aus ein riesiger Ozean ungehindert bis zum Nordpol fließen. Alle diese Faktoren trugen dazu bei, das Klima warm und ausgeglichen zu halten. Als aber die Bruchstücke Laurasias weiter nach Norden drifteten, führte dies neben weiteren Faktoren zur Abkühlung des Klimas, so daß die Primaten in die tropischen Zonen zurückgedrängt wurden. Daran war in erster Linie weniger die Kälte schuld, da die Primaten ja Haare besaßen und Warmblüter waren, sondern der Umstand, daß sie eine ganzjährige Diät aus Früchten und Insekten benötigten.

Die Großen Jahre des Wachstums

Obwohl das älteste bekannte Primatenfossil aus Nordamerika stammt, wurden auch Überreste in Afrika und Südamerika gefunden, die fast das gleiche Alter haben. Niemand kann genau den Geburtsort oder die Geburtsstunde unserer Ordnung nennen, jedenfalls müssen es spannende Zeiten gewesen sein. Vielleicht passierte es während der Nachwehen eines Meteoriteneinschlages (das Thema hatten wir bereits), und mit Sicherheit spielte in dieser Zeit das Erdmagnetfeld verrückt (möglicherweise sogar infolge des Einschlages). In dem Zeitintervall, das vor 70 bis 80 Millionen Jahren lag, kehrte sich gerade die Polarität des Magnetfelds um, und in den 10 Millionen Jahren, in denen die Kreidezeit zu Ende ging, erfolgten mindestens sechzehn solcher Umkehrungen. Niemand kann sagen, warum das geschah (obwohl es möglicherweise mit dem Auseinanderbrechen des Superkontinents zusammenhing) oder wie sich diese Phänomene auf das globale Klima oder auf das Leben selbst auswirkten. Interessanterweise hat die Frequenz dieser Umkehrungen während der nachfolgenden 65 Millionen Jahre in unregelmäßigen Abständen zugenommen – eine allerdings etwas alarmierende Häufigkeit, wenn man diesen Prozeß über große Zeiträume hinweg betrachtet. Grob geschätzt sind allein in den letzten 10 Millionen Jahren 40 Umkehrungen vorgekommen. Parallel zu dieser zunehmenden Aktivität des Magnetfeldes kühlte die Erde langsam, aber stetig aus. Dies mag purer Zufall sein, diese Abkühlung spielte jedoch eine wichtige Rolle in unserer Geschichte.

Alle Säugetiere, nicht nur die Primaten, profitierten davon, daß sich das Leben von den Folgen der wie auch immer gearteten Katastrophen erholte, die der Dinosaurierherrschaft ein Ende bereiteten. Nicht nur die Kreidezeit, auch das Mesozoikum war vorbei, und im Paläogen, der ersten Hälfte des Känozoikums, standen den Überlebenden neue Wege offen, sich zu vermehren, zu entwickeln und anzupassen.

Zuerst beschränkten sich die Säugetiere auf die Vermehrung. Die Säugetiere breiteten sich aus und wurden immer zahlreicher, behielten aber zunächst ihre kleinwüchsige, rattenähnliche Statur. Innerhalb weniger Millionen Jahre war jedoch der erste Säugetieraufschwung in vollem Gange. Neue Arten entwickelten sich und füllten die ökologischen Nischen, die durch das Ableben der Dinosaurier zur freien Verfügung standen. In vielen Fällen bedingte dies aber auch, daß bei den Säugern die Körpergröße zunahm und sich auch ihr Gehirn fortbildete. Zur selben Zeit brachen die Superkontinente auseinander, so daß einige Arten sich nur auf den isolierten Erdteilen entwickelten und nicht auf andere Kontinente vordringen konnten. Das klassische Beispiel hierfür ist die Evolution der Beuteltiere (Marsupialia) auf dem südlichen Superkontinent. Einige der ersten Säuger, die aus dem Ableben der Dinosaurier Nutzen zogen, waren Tiere, deren Aussehen einem modernen Betrachter entschieden seltsam vorkäme. Da gab es beispielsweise Weidegänger mit der Statur von Schafen, so groß wie Nashörner, die jedoch kein Gras fraßen. Zwar waren die Gräser bereits im frühen Paläogen entstanden, jedoch breiteten sie sich erst gegen Ende dieser Periode (d.h. ca. 25 Millionen Jahre später) so stark aus, daß sie die dominierende Vegetationsform großer Landstriche bildeten. Ähnlich bizarre Raubtiere ernährten sich von diesen Riesenschafen, und einige Säuger kehrten sogar ins Meer zurück, aus dem ihre Vorfahren zu Olims Zeiten gekommen waren. Im frühen Eozän, das vor rund 58 Millionen Jahren begann, entwickelten sich mehrere Walarten. Die Evolution war aber auch auf dem Festland nicht untätig gewesen und brachte ungefähr zur gleichen Zeit die Fledermäuse, die echten Nagetiere und die Huftiere hervor. Zu den Letztgenannten zählen auch die etwa hundegroßen Vorfahren unserer Pferde. Und vor 50 Millionen Jahren gab es bereits die Urformen der modernen Elefanten, die aber kaum größer als Schweine waren.

Vom menschlichen Standpunkt aus war jedoch das Erscheinen der ersten affenartigen Wesen das wichtigste entwicklungsgeschichtliche Ereignis des Eozäns (vor ungefähr 50 Millionen Jahren). Diese frühe Affenform stellte eine neuen Version der Primaten dar. Unglücklicherweise existieren kaum Fossilien, die dieses Ereignis belegen können, und präzise, direkte Informationen, wo und wann diese neuen Affen aufgetaucht sind, gibt es ebenfalls nur wenige. Einer der wichtigsten Aspekte dieser Entwicklung ist, daß offenbar zwei Affenarten unabhängig voneinander aus demselben Primatenvorfahren entstanden sind. Beide sind sehr wahrscheinlich die Antwort auf den Evolutionsdruck, der sich in ähnlicher Weise auf verschiedenen Kontinenten manifestierte.

Zu dieser Zeit war Südamerika von den übrigen Kontinenten abgeschnitten – mit Ausnahme einer Landbrücke zu Australien-Antarktis, wo es aber keine Affen gab. Dennoch entwickelten sich in Südamerika und in Afrika nun Affen, die sich sehr ähnlich sahen und die gleichen ökologischen Nischen im Wald besetzten. Diese zwei Gruppen, die heutigen Neuweltaffen und Altweltaffen, müssen sich unabhängig voneinander aus einer früheren Primatenart entwickelt haben – dennoch sind die Unterschiede nur gering. Die südamerikanischen Affen haben einen Greifschwanz entwickelt, den sie als fünfte Hand benutzen, während die Altweltaffen ihre Schwänze nur als Balancierstange verwenden können. Außerdem sehen die Nasenlöcher beider Affenarten unterschiedlich aus. Das sind aber auch schon die beiden einzigen offensichtlichen Unterscheidungsmerkmale. Ihre getrennte Entwicklung zeigt einen interessanten Aspekt der Evolution: Als der «Ur-Primat» mit dem Problem konfrontiert war, sich an eine bestimmte Umwelt anzupassen (in diesem Fall galt es, eine ökologische Nische in tropischen Urwaldbäumen zu besetzen und sich dort von Früchten und Blättern zu ernähren), löste er die Fragestellung zweimal mit der gleichen Antwort. Dies ist ein typisches Beispiel für Konvergenz (parallele Entwicklung). Im Erbgut (Genpool) der Primaten, also in der DNS, die wir von unseren Vorfahren erben, besteht ein gewisser Spielraum, die grundlegende Säugetierform zu variieren und zu adaptieren. Diese Änderungen, die spontan und zufällig erfolgen und durch die

Evolution selektiert werden, wirken innerhalb dieser Grenzen, um äußere Gestalt und Stoffwechsel einer Art ihrer jeweiligen Nische anzupassen. Z.B. kann die natürliche Selektion Primaten mit mehr oder weniger Haaren bevorzugen, jedoch kann kein Primat an Stelle von Haaren plötzlich Federn entwickeln.

Dieses Konzept der Konvergenz ist genau das Argument, das Dale Russell zu der Vermutung brachte, ein intelligenter Dinosauroid würde einem Menschen – besser gesagt, einem Primaten – recht ähnlich sehen. Dies erklärt auch, warum einige Kleinwale und Delphine, also Säugetiere, die erst vor relativ kurzer Zeit ins Meer zurückkehrten, den Haien und Fischen ähneln, deren Vorfahren wiederum nie das Meer verlassen haben. Um ein leistungsfähiger Schwimmer zu sein, muß man unabhängig vom Aussehen der eigenen Vorfahren eine bestimmte Gestalt haben. Und wenn das immer noch etwas weit hergeholt erscheint, wollen wir kurz vom Thema abschweifen und Ihnen zeigen, wie konvergente Evolution arbeitet. Bei diesem eindrucksvollen Beispiel bleibt die Evolution nicht nur auf den Primaten-Genbestand begrenzt, sondern auch auf den Pool der gesamten Säugerklasse.

Beuteltiere sind Säuger, die ihre Jungen eigentlich als winzige Embryonen zur Welt bringen und sie solange in einer Bauchtasche tragen, bis sie groß genug sind, um auf eigenen Füßen zu stehen. Eine andere Säugergruppe, die voll ausgebildete Jungen gebärt, die dann häufig bereits unmittelbar nach der Geburt laufen können, werden Plazentatiere[1] (oder echte Säugetiere) genannt. Unter dem Evolutionsaspekt, nur der Tüchtigste könne überleben, sind Plazentatiere die effizienteren Säugetiere. Wir brauchen uns nicht darum zu kümmern, warum das so ist; Tatsache ist jedenfalls, daß überall dort, wo echte Säugetiere und Beuteltiere direkt miteinander konkurriert haben, die Marsupialia ausgestorben sind. Besonders klare Beweise dafür stammen aus Südamerika, wo die Entwicklung der Beuteltiere solange erfolgreich verlief, bis vor etwa drei Millionen Jahren die Landbrücke nach Nordamerika ent-

1 Manche Primaten und besonders die Menschen bilden eine Ausnahme, da die Jungen bei der Geburt noch relativ hilflos sind und aufgrund ihres großen Gehirns länger zur Entwicklung benötigen.

stand. Als echte Säugetiere vom Norden her eindrangen, wurden die Marsupialier nach Süden gedrängt und innerhalb weniger Millionen Jahre völlig ausgelöscht.

Australien blieb jedoch bis in jüngster Zeit von der restlichen Welt abgeschnitten, bis dann die Menschen einige echte Säugerarten auf den Inselkontinent brachten. Daher wimmelt es auf diesem lange Zeit isolierten Kontinent an Beispielen von Konvergenz. Bei den einheimischen australischen Beuteltieren gibt es Pendants zu Mäusen und Ratten, während Tiere, die Quoll oder Beutelmarder (*Dasyurus*) genannt werden, wie Katzen oder Marder aussehen. Koalas ähneln unseren Kleinbären, und die Känguruhs erfüllen trotz eines völlig anderen Aussehens ökologisch dieselbe «Aufgabe» wie Rehe und Antilopen. Die Variationsbreite, die durch den Genpool der Säuger gewährleistet ist, hat es wahrscheinlich sowohl den echten Säugern als auch den Beutelsäugern erlaubt, auf einen gleichen Evolutionsdruck in den meisten Fällen analog zu reagieren. Nur Ausnahmen wie die Känguruhs haben eine völlig neue Körperform entwickelt, um dieselbe ökologische Nische zu füllen. Ein Beutelmarder sieht aus den gleichen Gründen wie ein Marder aus, aus denen ein Delphin von der Gestalt her einem Hai ähnelt – das Tier muß einfach diese Form besitzen, um in seiner Umgebung leben zu können. Bei gleichen Säugetiergeschlechtern und gleichem Evolutionsdruck fallen die Antworten im allgemeinen nahezu identisch aus.

So faszinierend es auch sein mag, die Entwicklungsgeschichte anderer Arten zu erforschen, wir können unsere Geschichte nur dann überschaubar halten, wenn wir uns, je mehr wir uns der Gegenwart nähern, auf die Evolution des Menschen konzentrieren. Im Klartext ausgedrückt heißt das: Wir müssen das Geschehen in Südamerika und Australien leider ignorieren und uns auf die Entwicklung der afrikanischen Primaten beschränken. Denn es geschah in Afrika, daß aus einigen Affen Menschenaffen wurden, und aus diesen wiederum – zumindest aus einigen ihrer Nachkommen – entstanden menschliche Wesen. Die Altweltaffen stammen aus einer Region Afrikas, die heute der Sahara entspricht. Vor 50 bis 40 Millionen Jahren wuchsen an dieser Stelle aber noch üppige Wälder. Die Affen lebten im nördlichen Teil eines isolierten Kontinents, der damals durch das offenen Meer von Eurasien getrennt war. Da sich beide Kontinente nach Norden bewegten, holte Afrika irgendwann Eurasien ein und kollidierte schließlich mit ihm. Dabei wurden beide Kontinente miteinander verbunden, und diese Landbrücke besteht bis zum heutigen Tag. Die Menschenaffen waren aber bereits lange vor diesen Ereignissen aus dem Affenstamm hervorgegangen. Infolge einer Serie katastrophaler Ereignisse, aber auch bedingt durch wechselnde Meeresströmungen und Schwankungen im Klimaverlauf, hat die ganze Klasse der Säugetiere mehrere bedeutende Massensterben durchgemacht.

Rückschläge und Erholungsphasen

Die Krise setzte vor ungefähr 40 Millionen Jahren ein und dauerte acht Millionen Jahre an; sie umfaßte somit den letzten Teil des Eozäns und das frühe Oligozän, das vor 37 Millionen Jahren begann. Viele indirekte Indizien für die Umwälzungen jener Zeit liefern uns die fossilen Reste von Lebensformen, die den Meeresboden bewohnten (und dort auch starben), wie beispielsweise die Mollusken (Weichtiere). Obwohl die Massensterben primär einzelne Arten und Gattungen, nicht aber ganze Familien und Ordnungen betrafen, waren sie von großer Bedeutung. Die genauesten Informationen über die Veränderungen dieser Zeit stammen aus Studien über Mikrofossilien. Dies sind Reste winziger Planktonorganismen, die im Meer leben und deren Kalkschalen die Sedimentbildner des Meeresbodens sind. Die Studien ergaben, daß die Veränderungen beim Plankton vor 40 Millionen Jahren ähnlich wie die Artensterben gegen Ende der Kreidezeit verliefen, wenn auch nicht so extrem: Auch dort verschwanden besonders die wärmeliebenden Arten. Nur zwei Millionen Jahre später brauste ein weiteres Massensterben wie eine Flutwelle über die überlebenden Planktonarten hinweg, und für genau diese Zeit gibt es nun auch geologische Hinweise, daß ein Meteorit oder Komet auf der Erde einschlug. Das Ende des Eozäns wurde vermutlich durch eine kosmische Katastrophe bedingt, die so ähnlich (wenn auch nicht ganz so heftig) wie das verhängnisvolle Unglück verlief, das die Dinosaurier am Ende des Mesozoikums heimsuchte. Jedoch kann dies nicht die ganze Wahrheit über die gravierenden Veränderungen sein, die im frühen Oligozän stattfanden sein, weil über das Leben noch drei weitere todbringende Wellen hinwegfegen sollten, deren Höhepunkte vor ca. 32 Millionen Jahren lagen. Insgesamt ging es mit den Tierarten sehr, sehr lange bergab, wobei die eigentlichen Massensterben lediglich die lokalen Maxima einer anhaltenden Verschlechterung darstellten, die in jedem Fall stattgefunden hätte. Die Veränderungsprozesse der Lebensformen im Meer, die fast volle 10 Millionen Jahre andauerten, lassen sich am besten mit einer dramatischen und lang anhaltenden Abkühlung des Globus erklären. Studien über die Veränderungen bei verschiedenen marinen Organismen, die in unterschiedlichen Meerestiefen lebten, zeigen klar und deutlich, daß die Durchschnittstemperaturen des Oberflächenwassers im tropischen Pazifik von 23 °C auf 17 °C fielen, während die Wassertemperatur in größeren Tiefen von 11 °C auf 5 °C sank. Auch die Auswirkungen der globalen Abkühlung sind in den Spuren zu lesen, die das Leben auf dem Land hinterließ.

Die Temperaturschwankungen auf dem Festland sind durch Änderungen in den fossilen Pflanzenresten (wie Samen, Sporen, Früchte und Pollen), aber auch durch Blätter und größere Pflanzenteile dokumentiert. Vor den Klimaveränderungen, die am Ende des Eozäns und im frühen Oligozän eintraten, herrschte überall auf der Erde offenbar ein Klima, das wir tropisch nennen würden. Aber während der folgenden, 10 Millionen Jahre dauernden Abkühlungsphase verschwanden viele tropische und subtropische Arten aus den höheren Breitengraden. Vor 40 Millionen Jahren lag London südlicher als heute, etwa auf der geographischen Breite von Madrid oder Washington. Das war zwar ganz hilfreich für ein wärmeres Klima, trotzdem befinden wir uns immer noch etwa 40° nördlich vom Äquator. In den Tonablagerungen aus Südengland, dem sog. London Clay, sind jene Veränderungen festgehalten, die vor 40 bis 30 Millionen Jahren stattfanden. Die Schichten veranschaulichen, daß gegen Ende des Eozäns der Pflanzenbewuchs in diesem Teil Englands zwar der heutigen malaysischen Dschungelvegetation ähnelt (diese liegt heute mitten auf dem Äquator), zu jener Zeit aber bereits ein gemäßigtes Klima vorherrschte. Dieses war zwar wärmer als heute, besaß aber schon jahreszeitliche Schwankungen. Wenn man sich vorstellt, im heutigen Philadelphia wüchse ein tropischer Dschungel, so gewinnt man einen Eindruck von der Größe jener Klimaverschiebung, die gegen Ende des Eozäns und zu Anfang des Oligozäns stattfand. Tatsächlich könnte man sagen, ungefähr um diese Zeit herum seien die Jahreszeiten «erfunden» worden. Hunderte von Millionen Jahren zuvor hatten bis zum Ende des Eozäns nur geringe klimatische Unterschiede zwischen den einzelnen Breitengraden bestanden, und sogar in höheren Breiten gab es – je nach Jahreszeit – wenig Unterschiede bezüglich des Wetters. Seit 30 000 000 v. Chr. wurden die Winter im hohen Norden aber deutlich kälter als die Sommer, und es kam zu Frösten, wenn nicht sogar zu Schneefällen. Noch dramatischere Veränderungen spielten sich aber, wie wir noch sehen werden, in der Antarktis ab.

Um diese Zeit scheint das Leben auf dem Land zwei bedeutende Massensterben durchgemacht zu haben, eines am Ende des Eozäns und eines vor ca. 30 Millionen Jahren. Von der ersten Katastrophe waren besonders die Säugetiere betroffen. Viele der seltsamen und wundervollen Arten, die infolge der enormen Entwicklung der Säuger nach dem Aussterben der Dinosaurier erschienen waren, wurden ausgelöscht und sukzessive durch neue und uns bekanntere Formen ersetzt.

Übrigens, damit Sie nicht den zeitlichen Überblick verlieren, wollen wir Sie daran erinnern, daß die folgenden Begebenheiten vor mehr als 30 Millionen Jahren stattfanden, also etwa in der Mitte zwischen dem «Todesdatum» der Dinosaurier und dem heutigen Tag. Die ersten Säugetiere, die im Anschluß an die Ära der Dinosaurier quasi in einem Stoß entstanden waren, hatten eine ebenso lange Lebenszeit hinter sich, wie zwischen dem Entstehen der «Zweiten Säuger-Generation» und der Jetztzeit verstrichen ist. – Im Oligozän können wir bereits die ersten Vorfahren der Giraffen, Schweine, Rehe, Rinder, Kamele und Nashörner erkennen. Ihr Auftauchen und ihre Entwicklung wurden durch die fortgesetzten Klimaänderungen beeinflußt, und zwar nicht nur durch die Temperatur. Nachdem die Welt kühler geworden war, fiel auch der Meeresspiegel, so daß sich das Innere der Kontinente noch weiter vom Meer entfernte. Außerdem bewirkte dieser Prozeß, daß weniger Niederschlag fiel. Infolge der abnehmenden Regenfälle wichen in vielen Erdteilen die üppigen Wälder schließlich dem offenen Grasland. Vor etwa 30 Millionen Jahren begann die Erde so auszusehen wie heute, und ihre Fauna, vor allem die Säuger, fingen an, wie moderne Tiere auszuschauen. Wie wir bereits erwähnten, stellten die Menschenaffen (d.h. Nachkommen der Altweltaffen, die im nördlichen Afrika lebten) eine der modernen Gen-Linien dar, die jenen Umwälzungen entsprang.

Obwohl auch die Größe des dichten Waldgebietes in Nordafrika abnahm, genossen die übrigen Affen weiterhin ihren alten Lebensstil hoch oben in den Bäumen. Wenn sich das Klima nicht geändert hätte und die Wälder nicht verschwunden und mancherorts durch offene Savannen ersetzt worden wären, hätte es vermutlich keine Variation des «Affenthemas» gegeben, und die Menschenaffen gäbe es heute nicht. Ein Blick auf die Neuweltaffen in Südamerika zeigt uns, was passiert wäre – nämlich absolut gar nichts. In Südamerika blieben üppige Dschungel weiterhin an der Tagesordnung, weil der Kontinent mehrere Millionen Jahre lang im Äquatorbereich isoliert blieb und nur geringfügig nordwärts, meist aber westwärts driftete. Die Neuweltaffen blieben auf ihrer Entwicklungsstufe stehen, da sie hervorragend an das Leben im Dschungeldickicht angepaßt waren. Wie wir aus Kriminalromanen wissen, kann eine Situation, die nicht eingetreten ist, durchaus als überzeugendes Indiz gewertet werden; so entlarvte beispielsweise Sherlock Holmes einen Täter, weil dessen Hund, der sein Herrchen ja kannte, in der betreffenden Nacht nicht angeschlagen hat. Im gleichen Sinne ist diese Stagnation anzusehen, daß nämlich die Umweltweltveränderungen in Afrika einige Altweltaffen ermutigten bzw. sogar zwangen, eine neue Lebensweise anzunehmen. Dieser neue Stil zeichnete sich selbst bei diesen frühesten Affen dadurch aus, daß er eine mehr omnivore (allesfressende) Ernährungsweise gegenüber derjenigen ausschließlich vegetarisch lebender Affen bevorzugte. Überall jedoch, wo der afrikanische Dschungel mit seinem Vorrat an Früchten und Blättern erhalten blieb, hielten auch die Affen an dieser Ernährung fest. Erst als die regelmäßige Versorgung mit tropischer Nahrung nicht mehr ausreichte, entwickelten einige Affen die Fähigkeit, andere Nahrungsquellen zu nutzen, wie fossile Zähne beweisen.

Es gibt weitere Indizien dafür, daß die oligozänischen Klimaverschiebungen für die Entstehung der Menschenaffen verantwortlich waren. Der fossile Schädel, dem der Ruhm zuteil wurde, als der früheste Fund eines Menschenaffen zu gelten, stammt aus der Senke von El-Faiyum in Ägypten. Zu Ehren seines ägyptischen Fundorts wird dieser Schädeltypus *Aegyptopithecus* genannt. Er wurde in 28 Millionen Jahre alten Schichten gefunden, was der Periode nach den beschriebenen Klimaveränderungen entspricht und mit dem Höhepunkt der zweiten Entstehungswelle der Säuger zusammenfällt.

Das erste Mitglied der Familie der Menschenaffen (genaugenommen repräsentiert *Aegyptopithecus* eine frühe Entwicklungsstufe, keinen echten Menschenaffen) war ein katzengroßes Lebewesen mit einem biegsamen Rücken und langen Gliedmaßen, der (noch) auf Bäume kletterte. Verglichen mit seinem Körpergewicht hatte er ein größeres Gehirn als jedes andere bekannte Säugetier jener Zeit. Natürlich hat nicht nur ein einziger Schädel all diese Informationen geliefert, vielmehr wurden in etwas jüngeren Ablagerungen noch weitere Funde von *Aegyptopithecus* und seinen nahen Verwandten gemacht. So stellte sich heraus, daß es im nördlichen Afrika bereits ab 25 Millionen Jahre v. Chr. mehrere unterschiedliche Entwicklungsstufen der Menschenaffen gab. Menschenaffen besitzen als rezente Arten und als Fossilien mehrere Merkmale, die sie von den niederen Affen unterscheiden. Menschenaffen sind meist größer als ihre Vettern, und obwohl beide auf Bäumen klettern, hasten die Affen eher über die äußeren Zweige, während die Menschenaffen lieber weiter unten in den Baumkronen hangeln. Dies äußert sich auch in einer unterschiedlichen Skelettstruktur, besonders in der Schulter- und Hüftpartie, die den verschiedenen Fortbewegungsarten angepaßt ist. Darüber hinaus unterscheiden sich Tieraffen und Menschenaffen im Gebiß, das ihre unterschiedliche Ernährung widerspiegelt; zudem haben Menschenaffen ein größeres Gehirn und sind intelligenter. Zwar bestehen noch andere Unterschiede, die aufgezählten sollen uns jedoch für unsere Betrachtungen genügen. Sie reichen sicherlich aus, um das Fossil eines niederen Affen von dem eines Menschenaffen zu unterscheiden, sogar wenn es aus einer 25 Millionen Jahre alten Schicht stammt.

Mittlerweile sprechen wir schon über sehr nahe Verwandte, die nicht nur Mitglieder der gleichen Ordnung (Primaten), sondern auch derselben Über-Familie (*Hominoidae* oder *Anthropomorpha*) sind. Zu dieser Gruppe gehören die Gibbons (*Hylobatidae*), die echten Menschenaffen (*Pongidae*) und die echten Menschen (*Hominidae*), während zur Familie der Hominiden nur wir Menschen und diejenigen Vorfahren gerechnet werden, die wir nicht mit den Menschenaffen gemeinsam haben. Immerhin dauerte es vom Erscheinen der Affen noch 20 Millionen Jahre, bis sich der erste Menschenaffe von dieser Linie abspaltete. Nachdem *Aegyptopithecus* aufgetaucht war, mußten weitere 25 Millionen Jahre verstreichen, bis sich die zu *Homo sapiens* führende Linie von der anderer Menschenaffen abspaltete. Das ist ein weiterer Hinweis dafür, welche große Bedeutung Umweltveränderungen, insbesondere Klimaschwankungen, für unsere Entwicklung hatten.

Vor ungefähr 30 Millionen Jahren entstanden die Menschenaffen aus einem afrikanischen Affenstamm, weil sich ihre Umwelt änderte. Während der folgenden 20 Millionen Jahre kam es zu keinen so gravierenden Umweltveränderungen, so daß kein Selektionsdruck entstand, der eine bedeutende Weiterentwicklung der Menschenaffen hätte einleiten können. Tagein, tagaus mußten unsere Vorfahren, aber auch die anderen Linien, sich in dieser neuen Welt, die aus den Umwälzungen des Oligozäns entstanden war, weiterentwickeln und anpassen. Die Erde hatte sich so stark verändert, daß die Geologen das Ende von Oligozän und Paläogen auf 24 000 000 v. Chr. festsetzten. Ab dieser Zeit befinden wir uns im Neogen, der zweiten Periode des Känozoikums. Der erste Abschnitt des Neogens wird Miozän genannt und ist ein relativ langer geologischer Zeitabschnitt, der erst vor 5 Millionen Jahren endete. Speziell das frühe Miozän war eine Zeit, in der die Säugetiere voll auf ihre Kosten kamen. Ununterbrochen gab es geologische Auffaltungen, einschließlich derjenigen, aus denen die Alpen entstanden. Starke unterirdische Aktivitäten im östlichen Teil

Afrikas hoben ein großes Gebiet wie eine Kuppel empor und rissen es schließlich auf. So entstanden, während das Driften der Kontinente anhielt, tiefe Schluchttäler mit vereinzelten Seen und einem Saum aus aktiven Vulkanen. All diese Vorgänge bewirkten, daß das Klima in vielen Regionen trockener wurde, und daß sich Grasebenen auf Kosten der Wälder ausbreiteten. Die neuen Prärien wurden von einer größeren Vielzahl an Säugetieren bevölkert, als sie die Erde jemals vor oder nach dem Miozän erblickte. Die Säugetierklasse verbreitete sich während mehrerer Wanderungswellen auf der ganzen Erde, derweil sich unsere Familie (Hominiden) in mehrere neue Affenvarietäten aufspaltete. Als Afrika und Eurasien zusammenstießen und eins wurden, verließen einige dieser Affenformen Afrika und bevölkerten große Gebiete des eurasischen Kontinents. Wenn je eine geologische Epoche der Beschreibung des Paradieses entsprach, dann diese. Die neue Welt der Säugetiere einschließlich der Menschenaffen verdankt letzten Endes ihre Existenz dem Sachverhalt, daß Gondwana weit entfernt von Afrika in neue Kontinente zerfiel und sich infolgedessen auf dem Südpol eine Eiskappe bildete. Daher sind nicht nur die Menschen, sondern alle Menschenaffen tatsächlich *Kinder der Eiszeit*.

Winterzeiten im Paradies

Weil die Erde im Oligozän kühler und trockener wurde, entstanden klimatische Bedingungen, die wir heute als ideal oder geradezu paradiesisch bezeichnen würden. Diese Klimaverhältnisse finden bei uns auch heute noch so viel Anklang, weil wir uns unter diesen Bedingungen entwickelt und an sie angepaßt haben. Genauso erging es den Dinosauriern, die an einen eher tropischen Planeten angepaßt waren. Wenn sie im Miozän vorgekommen wären, hätten sie das Klima vermutlich als scheußlich empfunden. Aber für die Hominiden ließ paradoxerweise erst der Winter die Erde zum Paradies werden.

Zeitpunkt und auch Anlaß für den Klimawechsel sind kein Geheimnis. Wie aus den Veränderungen im fossilen Plankton, das in Form von Bohrkernen aus dem Meeresboden hochgeholt und anschließend analysiert wurde, erkennbar ist, waren die tief reichenden Kaltwassermassen, die typische Bestandteile der Meereszirkulation sind, am Ende des Eozäns (vor 37 Millionen Jahren) erst in der Entstehung begriffen. Diese Kaltwasserschicht entwickelte sich, weil die auf dem Südpol liegende Antarktis ungefähr zu dieser Zeit zuzufrieren begann. Da eiskaltes Oberflächenwasser in hohen südlichen Breitengraden aber schwerer als warmes Wasser gewesen ist, wäre es in der Tiefe des Ozeans versunken, bevor es als kalte Meeresströmung die Reise nach Norden angetreten hätte. (Da kältere Flüssigkeiten eine höhere Dichte aufweisen als wärmere, sinkt kaltes Wasser ab.) Kaltes Wasser, das nahe beim Pol absinkt und in Richtung niedrigerer Breitengrade fließt, kann nicht dauernd am Meeresgrund bleiben. Durch den Druck weiterer Kaltwasserschichten wird der Kaltwasserstrom schließlich gezwungen, in wärmeren Erdteilen an die Oberfläche zu strömen und sogar die Tropen abzukühlen. Dort erwärmt sich das kalte Oberflächenwasser unter der Sonnenhitze, während es seine Rückreise zu den Polregionen antritt, um den Zyklus zu vollenden. Solche großen Strömungen, die in der Nähe beider Pole entstehen, sind für die heutige Meereszirkulation charakteristisch, aber während der globalen Wärmeperiode kurz vor Ende des Eozäns existierten sie einfach nicht.

Unabhängig davon gibt es Hinweise, wie das Wachstum der antarktischen Gletscher ablief, die sich mit den Ergebnissen der Planktonuntersuchungen des tropischen Pazifikbodens decken. Es gibt einige Anhaltspunkte, daß sich das Eis schon vor 40 Millionen Jahren aufzubauen begann, gerade als die aufeinanderfolgenden Umwälzungen des Eozän-Oligozän einsetzten. Weiterhin gibt es sichere Beweise für einen regelrechten Eispanzer, der sich vor 35 Millionen Jahren im Osten der Antarktis entwickelt hat. Sie stammen aus Sedimenten, die typische «Abfälle» der Gletscherwanderung enthalten – Mischungen aus Ton, Schlamm, Sand und Kies, die mit Hilfe magnetischer Techniken datiert wurden. Der äußere Rand der Eisfläche lag vermutlich 140 Kilometer vor der heutigen Eisfront. Die Funde in der Ostantarktis werden übrigens durch ähnliche Glazialrelikte aus dem Bereich des Rossmeers bestätigt, das an der Westseite des Kontinents liegt.

Möglicherweise sind Meteoriteneinschläge der sprichwörtlich letzte Tropfen gewesen, der ein oder mehrere Massensterben jener Zeit auslöste; mit Sicherheit war jedoch die antarktische Vereisung der primäre Grund für eine Klimaänderung und den langen, steten Niedergang vieler Arten. Hierzu gehörte die Mehrheit derjenigen Säuger, die in der ersten Entwicklungswelle nach dem Untergang der Dinosaurier erschienen waren. Aber warum kühlte die Antarktis aus?

Vor dem Ende des Eozän war die Antarktis noch an einer Seite mit Südamerika und an der anderen mit Australien verbunden. Warme Meeresströmungen, die von den Tropen polwärts flossen, strichen an den Küsten Australiens und Südamerikas vorbei gen Süden. Während sie an der eigentlichen Antarktis selbst vorbeizogen, kühlten sie nur wenig ab, und anschließend wandten sie sich wieder nordwärts, um in die Tropen zurückzukehren. Am Ende des Eozän trennten sich jedoch Australien und die Antarktis. Mit all seinen Beuteltieren machte sich nun Australien auf, nordwärts an seine heutige Position zu driften. Auch in der Gegenwart ist die Lage Australiens nicht fest, vielmehr zieht es weiterhin in Richtung Norden. Daher konnte sich ein neuer, kalter Meeresstrom aufbauen und durch die ständig breiter werdende Meerenge zwischen Antarktis und Australien fließen. Der kalte Strom lenkte den südwärts gerichteten Warmwasserfluß ab, bevor dieser die Antarktis erreichte, und bildete so eine Barriere zwischen dem südlichen Kontinent und der Wärme der Tropen. Zunächst verlief die Hauptströmung nur südwärts an der Ostküste Südamerikas entlang. Dann kühlte sie in den höheren Breitengraden ab und umfloß in östlicher Richtung fast die gesamte Antarktis, um anschließend durch die Straße zwischen Antarktis und Australien zu strömen. Danach wandte der Strom sich wieder nordwärts und zog an der Westseite Südamerikas entlang. Aufgrund dieser Sperrströmung begann die Landmasse über der Polregion auszukühlen, obwohl sie noch mit Südamerika verbunden war. Die ersten Eisschichten bildeten sich zunächst nur auf dem Festland, dann aber auch auf dem Meer.

Das Wachstum der Gletscher wurde vermutlich ausgelöst, weil während der langsamen Auskühlung der Antarktis ein kritischer

Wert erreicht wurde. Vielleicht war es aber auch einer jener hypothetischen Meteoriteneinschläge im frühen Oligozän, der die Südhalbkugel so stark abkühlen ließ, daß eine dauerhafte Schneedecke das Land überziehen konnte. Eventuell wurde diese Abkühlung auch durch geringfügige Positionsverschiebungen der Antarktis beschleunigt, durch die der Kontinent mehr über die Mitte des Südpols geschoben wurde. Ganz gleich, was die Ausbreitung der ersten Schneefelder verursacht hat, wenn erst einmal Schnee auf dem Land liegt, setzt auf der Südhalbkugel eine Eiszeit ein, die sich selbst verstärkt. Eine weiße Lage aus Eis und Schnee reflektiert die Sonnenstrahlung ins Weltall, und dadurch kühlt die Polregion stärker aus, als dies ohne Eis passieren würde. Hierdurch wiederum kann das Eis weiter wachsen und das Wasser am Rande des Kontinents abkühlen. Kühlere Wassermassen können nun in die Tiefe sinken und eine tief reichende Kaltwasserschicht im Ozean bilden. Unabhängig von den auslösenden Faktoren wird insgesamt ein plötzlicher Wechsel eintreten und für jeden Bewohner der Antarktis zum Verhängnis werden.

Die Überlegung, welche Pflanzen und Tiere vor der Ausbreitung der Gletscher dort gelebt haben, ist durchaus interessant, wenn auch reine Spekulation. Immerhin existierte in der Südpolregion auch schon ohne ständige Eisdecke eine lange Winternacht, während der keine Pflanzen wachsen konnten, so daß es auch keine Nahrung für Tiere gab. Vielleicht gab es eine spezialisierte, von der Jahreszeit abhängige Vegetation, von der sich Tiere ernährten, die jedes Frühjahr nach Süden wanderten und im Herbst der Sonne nach Norden, in Richtung Australien oder Südamerika folgten. Jedoch sind heute alle Hinweise, die auf ihre Existenz oder ein massives Artensterben in diesem Weltteil zur Zeit der Vergletscherung deuten könnten, unter einer kilometerdicken Eisschicht begraben. Einzelne Überlebende sind vielleicht nach Südamerika emigriert; auf der Seite der Antarktis, die Australien zugewandt war, gab es jedoch nur noch für extrem gute Schwimmer eine Zufluchtsmöglichkeit.

Zur Zeit der letzten großen oligozänischen Massensterben (also vor rund 33 Millionen Jahren) verstärkte sich die geologische Aktivität und verbreiterte den Abstand zwischen Australien und

Antarktika. Dadurch wurde die kalte Strömung stärker, und die tiefen Kaltwasserschichten, die nach Norden fließen und schließlich in den niedrigen Breitengraden emporströmen, bildeten sich schneller. Bohrkerne, die aus den Meeressedimenten jener Zeit stammen, liefern den Beweis dafür, daß es damals in den antarktischen Gewässern zur einer Blüte des Planktons kam, das an kaltes Wasser adaptiert war. Dies deckt sich mit den Befunden, daß sich damals dicke Eisschichten an Land bildeten. Seit 30 Millionen Jahren, genau am Ende der chaotischen Zustände des Oligozän, brach auch die letzte Landverbindung zwischen der Antarktis und Südamerika ab. Die Antarktis war gegenüber der Kontinentaldrift nicht immun, sie befand sich aber sowohl damals als auch heute in einer leichten Rotationsbewegung und drehte sich gegen den Uhrzeigersinn um den Pol. Zur selben Zeit bewegte sich Südamerika westwärts – wie auch heute noch. Aber die Rotation der Antarktis war nicht schnell genug, um mit der Drift Südamerikas Schritt zu halten. Daher wurde die verbliebene Landverbindung im Laufe der Jahrmillionen gestreckt und gebogen, bis sie schließlich wie ein «überdehnter Müesliriegel» auseinanderbrach. In jedem Atlas, der das Gebiet um die Südspitze der Anden und das Horn der Antarktis zeigt, können Sie noch die Spuren dieser Streck- und Torsionsvorgänge an den Felsen der Erdkruste erkennen. Die beiden nach Westen driftenden Kontinentteile haben beim Auseinanderbrechen einen Schwarm kleiner Inseln hinter sich gelassen, wobei aber das Horn der Antarktis hinter der Spitze von Südamerika zurückblieb.

Nachdem die Antarktis sich nun vom Rest der Welt gelöst hatte, war sie von Meer umgeben, und die an ihren Grenzen ostwärts fließende Strömung floß jetzt um den Südpol; d.h. sie bildete einen zirkumpolaren (den Pol umkreisenden) Strom, der die ganze Erde umrundete. Wenn man genau über dem Südpol steht, sieht man einen großen, im Uhrzeigersinn fließenden Strom, die sog. *Südpolardrift*. Aus der gleichen Perspektive erkennt man, daß die oberste Schicht dieses ozeanischen Strömungsnetzes nach Norden hin von drei Strömungen dominiert wird, die gegen den Uhrzeigersinn gerichtet sind. Diese liegen im südlichen Atlantik, im südlichen Pazifik und im Indischen Ozean. Die südlichen

Ausläufer dieser Strömungen mischen sich mit dem nördlichen Ausläufer der Südpolardrift. Man kann diesen Vorgang mit den Zähnen dreier großer linksdrehender Zahnräder vergleichen, die in die Zähne eines rechtsdrehenden rotierenden Gegenrads greifen. Nachdem sich dieses Strömungsmuster eingestellt hatte, wurde die Stärke der Südpolardrift durch die Gesamtzirkulation in den südlichen Ozeanen intensiviert. Gleichzeitig wurde die Barriere, die zwischen den Kaltgewässern der Antarktis und dem Rest der Welt liegt, in den oberen Meeresschichten verstärkt. Das Oberflächenwasser konnte nur noch in Form von Wasserwirbeln, die den Luftwirbeln eines Tiefdrucksystems entsprechen, an den Rand der Antarktis gelangen. Wenn diese Wassermassen erst einmal dort angekommen und ausgekühlt sind, können sie nur als Kaltwasserströmungen, die in tieferen Meeresschichten fließen, in die Tropen zurückkehren.

Die Auskühlung der südlichen Polregion hatte einen direkten Einfluß auf das Erdklima. Hierdurch wurden die Unterschiede zwischen Sommer und Winter verstärkt, und die Erde wurde generell kühler, da kalte Winde genau wie die kalten Meeresströmungen vom Pol weg nach Norden zogen. Tatsächlich wurde es primär deswegen kälter, weil ein Teil der Sonnenwärme, die früher von der Erde absorbiert wurde, nun von der Eisschicht am Pol reflektiert wurde. Höchstwahrscheinlich trug jedoch ein weiterer, vielleicht noch fundamentalerer Sachverhalt dazu bei, daß der Winter im Paradies einzog.

Das Temperaturniveau der damaligen Welt (d.h. in der ungefähr 20 Millionen Jahre dauernden Erholungsphase nach Verschwinden der Dinosaurier) ist wirklich erstaunlich, wenn man ihr Klima mit dem heutigen oder dem des Miozän vergleicht. Man würde sicherlich nicht erwarten, in England eine Dschungelvegetation wie in Malaysia anzutreffen, selbst wenn England einige Hundert Kilometer näher am Äquator läge und die polaren Eiskappen entfernt wären. Genausowenig erschiene der Gedanke plausibel, ein Kontinent, der den Südpol bedeckt und monatelange Winter ohne Sonnenlicht durchlebt, könne unabhängig vom Verlauf der Ozeanströmungen völlig eisfrei sein. Trotzdem belegt die Geologie, daß es so etwas mehr als 20 Millionen Jahre lang gegeben hat. Könnte es irgendeinen anderen Grund dafür gegeben haben, daß die Welt im ersten Teil des Paläogen wärmer wurde? Sicherlich, der Kandidat mit der besten Anwärterschaft ist der Treibhauseffekt. Dieser Prozeß ist durch atmosphärisches Kohlendioxid (CO_2) bedingt und bewirkt, daß in den unteren Schichten der Atmosphäre Wärme festgehalten wird, die ansonsten durch die warme Erdoberfläche ins All reflektiert würde. Wenn die Atmosphäre mehr Kohlendioxid enthält, ist die Welt unter sonst gleichbleibenden Bedingungen wärmer. Zudem ist der Erwärmungseffekt in Polnähe, wo weniger Sonnenenergie eingestrahlt wird, stärker. Die enorme Vegetationsvielfalt im frühen Paläogen läßt vermuten, daß damals mehr Kohlendioxid vorhanden war, da Pflanzen neben Sonnenlicht auch CO_2 für die Photosynthese benötigen. Außerdem gedeiht die Vegetation besonders gut, wenn mehr Kohlendioxid verfügbar ist. Die hohen Erdtemperaturen jener Tage machen es wahrscheinlich, daß damals eine dickere Kohlendioxidschicht existierte. Da dieses Gas durch vulkanische Aktivitäten freigesetzt wird, kann der vermehrte CO_2-Gehalt der Atmosphäre in jener Zeit problemlos erklärt werden. Wenn damals die Superkontinente entlang von Bruchlinien, die durch Tiefseegräben mit unzähligen aktiven Vulkanen führten, auseinanderbrachen, so kann man durchaus mit einem erhöhten Kohlendioxidgehalt rechnen.

Obwohl sich die geologische Front heute ziemlich beruhigt hat, produzieren vulkanische Quellen immer noch Kohlendioxid (genauso wie der Mensch; darauf werden wir aber erst in Kapitel 8 eingehen). Allerdings blieb die Menge dieses Gases in der Atmosphäre für Jahrmillionen ungefähr konstant, da Kohlendioxid aufgrund eines natürlichen Kreislaufs der Atmosphäre entnommen wird und in Form von karbonathaltigem Gestein sedimentiert. Diese natürlichen Prozesse werden von einer Art «Meerespumpe» angetrieben (die Biologie spielt bei diesem Vorgang eine wichtige Rolle). In den Kaltgewässern der hohen Breitengrade löst sich Kohlendioxid auf und wird in die Ozeane getragen, wo es vom Plankton absorbiert und zum Aufbau karbonathaltiger Kalkschalen benutzt wird. Wenn dieses Plankton stirbt, fallen die Schalen auf den Meeresgrund, wo sie sukzessive Lagen aus Karbonatgestein bilden. Kohlendioxid löst sich in kaltem Wasser sehr viel besser als in warmem, und diese kombinierte «ozeanisch-biologische Pumpe» kann äußerst effektiv Kohlendioxid aus der Luft entnehmen und anschließend in Gesteinen fixieren. Dies geschieht in den hohen Breitengraden, insbesondere in den kalten Gewässern der Antarktis, die reich an Nährstoffen sind und wo das Plankton daher gut gedeiht. Im frühen Paläogen gab es aber dieses Kaltwasser noch nicht. Bevor die kalten Gewässer in der Antarktis entstanden, arbeitete die «Kohlendioxidpumpe» weniger effizient; als sich aber die tiefgehende, aus der Antarktis kommende Kaltwasserströmung allmählich formte und auch die Entwicklung des kälteliebenden Planktons zunahm, muß es einen (nach geologischen Maßstäben) plötzlichen Entzug von Kohlendioxid aus der Atmosphäre gegeben haben, so daß der Treibhauseffekt viel schwächer wurde. Je mehr Sonnenstrahlung von der Erdoberfläche reflektiert wurde, desto weniger konnte von der zurückstrahlenden Wärme in der Atmosphäre zurückgehalten werden. Daher ist es also kein Wunder, daß die Welt im Oligozän auskühlte. Dieser Abkühlungstrend setzte sich, wenn auch langsamer, bis in die heutige Zeit fort. Obwohl die Säugetiere, die im Miozän auf der Erde so gut gediehen, es damals wohl nicht wissen konnten, ging es von da an «klimamäßig» nur noch bergab.

Der Große Tag des Menschenaffen

Der Höhepunkt der Säugetiere im Miozän stellte auch den der Menschenaffen dar. *Aegyptopithecus*, der Vorläufer der Menschenaffen, ging vor fast 30 Millionen Jahren aus den bahnbrechenden Geschehnissen des Oligozän hervor; die Fossilien jener Epoche enthüllen allerdings sehr wenig darüber, was in den folgenden 10 Millionen Jahren mit unseren nächsten Verwandten passierte. Vor etwa 25 Millionen Jahren jedoch scheint die *adaptive Radiation*[2] der Affen fast explosionsartig zugenommen zu haben. Zu diesem

2 Wenn sich aus einer oder wenigen Ausgangsarten viele verschiedene neue Arten unter Anpassung an die unterschiedlichen Habitate und Lebensweisen entwickeln, so spricht man von adaptiver Radiation (Anm. d. Übers.).

Zeitpunkt können wir auch von echten Menschenaffen sprechen, die alle wichtigen Merkmale besitzen, die bereits erwähnt wurden. Die erfolgreiche Verbreitung der Menschenaffen während der letzten 20 Millionen Jahre fällt zunächst mit einer Zeitspanne zusammen, in der sich die Erde, verglichen mit dem Oligozän, geringfügig erwärmte, jedoch trocken blieb. Dieses trockene Klima sowie ein gefallener Meeresspiegel hängen natürlich mit der Entstehung der großen Eiskappe über der Antarktis zusammen. Die Größe dieser Eiskappe schwankte vermutlich auch während des Miozän, aber offenbar hat schon seit dem Oligozän immer Eis auf dem Südpol gelegen.

Im Zusammenhang mit der Evolution der echten Menschenaffen haben wir eine passende Stelle erreicht, an der wir uns klarmachen wollen, was Evolution eigentlich bedeutet. Viele Menschen haben heute noch die vage Vorstellung, Evolution bedeute nichts anderes, als eine lange Leiter zu erklimmen, auf deren letzter Sprosse der Mensch steht. Der merkwürdige kleine *Aegyptopithecus*, der nur katzengroß war, und die Menschenaffen des Miozän könnten in diesem Kontext als unvollkommene Wesen angesehen werden, die nach der Vollkommenheit strebten, die durch die Menschheit repräsentiert wird. Auf derartige plumpe Schlagworte reduziert, erscheint das Bild ziemlich lächerlich, und das ist es auch. Obwohl die Lebewesen, deren Fossilien wir heute studieren, im Verlauf der Evolution verschwunden sind und vor Jahrmillionen ausstarben, waren sie doch zu ihrer Zeit sehr gut an ihre Umwelt angepaßt. Jedes Wesen unserer eigenen Ahnenreihe war per se ein Erfolg. Es war an eine bestimmte Lebensweise angepaßt und in seine persönliche ökologische Nische integriert. Abgesehen von einem gewissen selbstsüchtigen Interesse, an dieser Behauptung festzuhalten, gibt es in Wirklichkeit überhaupt keinen Grund, die menschliche Linie als etwas Besonderes anzusehen. Was die Evolution angeht, so waren die anderen Lebensformen des Miozän oder früherer Epochen zu ihrer Zeit genauso erfolgreich, wie es heute beispielsweise Termiten, Wellensittiche oder Salmonellen sind. Dies kann man an dem einzigen Kriterium der Evolution messen, das schließlich den Ausschlag gibt, an der Tatsache nämlich, daß sie leben und sich vermehren können. Wir können unmöglich behaupten, wir seien «besser» als *Aegyptopithecus* oder die miozänischen Menschenaffen – wir sind eben nur anders. Sie waren gut an *ihre* Welt angepaßt, und wir passen gut in die *unsrige*. Weswegen wir heute hier sind und nicht sie, liegt an den Veränderungen, die gegen Ende des Miozän einsetzten und neue Wege der Evolution schufen. Die Geschichte über das Wie und Warum dieser Veränderungen wird in den folgenden Kapiteln erzählt. Aber zunächst möchten wir die Geschichte bis zum Ende des Miozän vor fünf Millionen Jahren weiterverfolgen, und die Mannigfaltigkeit der Menschenaffen vorstellen, die das kühle, trockene Klima jener Epoche mit seinen weiten, lichten Wäldern und ausgedehnten Grassavannen genossen.

Je mehr wir uns in der Geschichte der Evolution jenem Datum nähern, an dem unsere eigene Art, *Homo sapiens*, auf der Erde erschien, desto intensiver streiten die Experten über die genaue Bedeutung und den exakten Verwandtschaftsgrad jedes einzelnen Fossils. Glücklicherweise sind es oft nur Diskussionen über Details, oder man streitet sich darüber, wem der Ruhm und die Ehre gebührt, Entdecker des *missing link* (des fehlenden Glieds in der Stammesgeschichte) oder des ältesten Vorfahren der Menschheit zu sein. Die Diskussionen verdecken nicht das zugrundeliegende Schema der menschlichen Evolution, und wir brauchen uns hier nicht über jedes Detail der Debatte den Kopf zu zerbrechen. Wenn Sie sich trotzdem für die Details der Evolution interessieren, empfehlen wir Roger Lewins unterhaltsames Buch *Bones of Contention.*[3] Aufgrund dieser Debatte hat sich etwa während der letzten zehn Jahre ein neues Verständnis entwickelt, wie die menschliche Linie erschienen ist. Die historische Entwicklung dieser neuen Vorstellungen wird detailliert in *The Monkey Puzzle*[4] von John Gribbin und Jeremy Cherfas beschrieben. Von nun an

3 Der Titel von Lewins Buch, das noch nicht ins Deutsche übersetzt ist, bedeutet frei übersetzt *Knochen im Brennpunkt*; wörtlich übersetzt heißt der Titel «Zankäpfel» und ist eine Anspielung auf die kontroversen Diskussionen um die unterschiedlichen Funde verschiedener frühmenschlicher Fossilien (Anm. d. Übers.).

4 Dieses Buch ist noch nicht übersetzt; der englische Titel bedeutet *Rätsel um die Affen* (Anm. d. Übers.).

werden wir uns an diese moderne Interpretation der menschlichen Abstammung halten, insbesondere werden wir uns an der Zusammenfassung orientieren, die Roger Lewin in *Human Evolution*[5] gibt. Einige der erwähnten Namen und Daten stimmen unter Umständen nicht mit der Version überein, die Ihnen als «Geschichte der menschlichen Evolution» in älteren Büchern, Schulbüchern oder im Fernsehen verkauft wurde. Aber das Gesamtbild, das wir hier präsentieren, ist die beste und umfassendste Skizze dessen, wie die Entwicklung der Menschen von der heutigen Wissenschaft verstanden wird.

Das Zeitalter des Menschenaffen begann vor 24 Millionen Jahren am Anfang des Miozän. Um 20 000 000 v.Chr. gab es in Afrika zahlreiche Menschenaffen, die zu verschiedenen Arten gehörten. Die Paläontologen fassen sie unter dem Sammelbegriff *Dryopithecinen* in einer Gruppe zusammen. *Pithekos* (oder latinisiert *Pithecus*) ist das altgriechische Wort für Affe, und mit der Vorsilbe *Dryo* (von altgriechisch *drys* = Baum) wird ausgedrückt, daß diese Affen Baumbewohner waren. Die große Ausbreitung der Menschenaffen erfolgte jedoch wenig später, als Afrika mit Eurasien zusammenstieß und eine Landbrücke gebildet wurde, die beide Kontinente verband. Über diesen Korridor wanderten neben anderen Arten auch Menschenaffen und Verwandte der heutigen Elefanten von Afrika nach Eurasien. Katzen und Pferde gingen neben vielen anderen Arten den umgekehrten Weg. Möglicherweise wurde die Lebensweise der Menschenaffen durch Klimaveränderungen begünstigt, es könnte aber auch sein, daß ihnen Eurasien einfach besser gefiel. Zwar nahmen auch die übrigen Affen nach dem Zusammenstoß der Kontinente vor 18 Millionen Jahren den Weg aus Afrika nach Eurasien und siedelten sich dort an; jedoch entwickelten sich die Menschenaffen wesentlich schneller und besetzten aus unerklärlichen Gründen mehr «ökologische Planstellen». In Zahlen drückt sich diese Entwicklung folgendermaßen aus: Geht man von den fossil belegten Arten aus, so übertrafen die Menschenaffen vor 15 Millionen Jahren die

5 Dieses Buch ist noch nicht übersetzt. Der englische Titel bedeutet *Die Evolution des Menschen* (Anm. d. Übers.).

übrigen Affen um den Faktor 20. Der Rahmen dieses Buches würde gesprengt, wenn man alle Arten oder alle Gebiete, wo sie gefunden wurden, an dieser Stelle aufzählen wollte. Vielmehr reicht das Resümee, die Menschenaffen hätten eines der erfolgreichsten Kapitel des Miozän gebildet. Hingegen repräsentieren die Arten, die heute noch auf der Erde leben (den Menschen eingeschlossen) nur den kläglichen Rest einer ehemals riesigen Sippschaft.

Unter den Menschenaffen dieser Zeit befinden sich nur drei Gruppen, die für die Paläoanthropologen von Interesse sind. Eine Gruppe ist unter dem Namen *Gigantopithecus* bekannt, erklärbar aus der Größe seiner Fossilien. Die beiden anderen sind *Ramapithecus* und *Sivapithecus*, die nach Hindugottheiten benannt sind. Sie werden zusammen manchmal als *Ramamorphe* bezeichnet und waren den modernen Menschenaffen recht ähnlich, besonders *Ramapithecus*. Eine Zeitlang wurde er für den eigentlichen Vorfahren des Menschen gehalten, wobei *Ramapithecus* die ersten Schritte auf der Straße machte, die vom Menschenaffen bis zum modernen Menschen führt. Die ältesten Fossilien von *Ramapithecus* stammen aus 14 Millionen Jahre alten Schichten, sie wurden aber auch noch in 7 Millionen Jahre alten Ablagerungen gefunden. Sicherlich handelte es sich um eine erfolgreiche Variante des Menschenaffen. (Zum Vergleich: *Homo sapiens* gibt es seit weniger als 100 000 Jahren, und die eigentliche Gattung *Homo* ist nach neuerem Wissen ungefähr drei Millionen Jahre alt; bezüglich der Langlebigkeit sind wir also nicht mal halb so erfolgreich wie *Ramapithecus*.) Heute wird allerdings die These verworfen, *Ramapithecus* sei der alleinige Vorfahre des Menschen und nicht auch der der übrigen modernen Menschenaffen gewesen. Durch die Kombination jüngerer Fossilfunde mit modernen Analyseverfahren zur Bestimmung von Verwandtschaftsverhältnissen[6] stellte sich heraus, daß die Trennung zwi-

6 Bei dieser neuen Technik wird die Erbsubstanz DNS verschiedener rezenter (d.h. heute noch existierender) Primatenarten analysiert, um beispielsweise die Verwandtschaftsverhältnisse zwischen Menschen und anderer Menschenaffen aufzuklären.

schen dem Menschen und den anderen afrikanischen Menschenaffen erst vor weniger als fünf Millionen Jahren – also in noch jüngerer Zeit – erfolgte. *Ramapithecus* wird heute als Vorfahre der modernen asiatischen Menschenaffen betrachtet, wie z.B. des Orang-Utan. Vom Gang der Evolution aus sind diese unsere Vettern, mit den afrikanischen Menschenaffen (dem Gorilla und den beiden Schimpansenarten) sind wir jedoch noch enger verwandt. In Wirklichkeit sind wir entsprechend der üblichen Systematik afrikanische Menschenaffen, obwohl wir dazu neigen, uns selbst als etwas Besonderes darzustellen, eben als Hominiden. [7]

Unglücklicherweise findet sich unter den vielfältigen Arten, die von den Menschenaffen des Miozän gebildet wurden, kein Kandidat, der einwandfrei als Vorfahre der afrikanischen Menschenaffen identifiziert werden kann. Einige Ramapithecinen wanderten von Afrika aus durch die miozänischen Wälder nach Asien, die sich über die (damals gerade frisch miteinander verbundenen) nördlichen Landmassen erstreckten. Nach den heutigen Erkenntnissen der Paläoanthropologen ist jedoch der afrikanische Zweig der Familie wahrscheinlich ausgestorben. Andere unbekannte Formen unter den Menschenaffen gediehen hingegen ausgezeichnet; zumindest starben sie nicht aus, sondern hinterließen Nachkommen, unter denen auch die Vorfahren des Menschen waren. Die Fossilien, die aus jener Zeit stammen, werden ziemlich kontrovers diskutiert. Zumindest können wir unter ihnen mehrere Wesen (die Dryopithecinen) erkennen, die vor 20 Millionen Jahren sowohl unsere Vorfahren als auch die der Ramapithecinen waren. Weiterhin gibt es auch gute Beweise für verwandte Arten (die Ramapithecinen), die zwar nicht unsere direkten Ahnen waren, aber von 14 000 000 bis 7 000 000 v. Chr. lebten. Bei der Betrachtung dieses üblichen Bildes fällt auf, daß es zwischen dem Zeitraum von 18 000 000 bis 3 600 000 v.Chr. keinen

7 Der Begriff *Hominiden* ist für den Menschen und alle seine direkten Vorfahren reserviert, die nach der Trennung von den Menschenaffen gelebt haben; *Hominoidea* ist hingegen ein weit gefaßter Begriff, der neben Gibbons (*Hylobatiden*) auch andere rezente Menschenaffen (*Pongiden*) und deren unmittelbare Vorfahren umfaßt.

fossilen Fund eines direkten menschlichen Vorfahren gibt. Bezüglich dieser Standardinterpretation hegen wir allerdings unsere Zweifel, die wir in Kapitel 4 genauer erläutern werden. Nachdem *Ramapithecus* die Bühne verlassen hat, wird das Bild jedoch viel klarer. Den eindeutigen Beweis liefert ein 3,6 Millionen Jahre alter Menschenaffe, der eindeutig hominider – und nicht nur hominoider (!) – Natur ist. Somit handelt es sich bei diesem Fund um den frühesten direkten Vorfahren der Menschen, der bekannt ist, und er läßt sich eindeutig von den anderen afrikanischen Affen trennen. Viele Anzeichen sprechen dafür, daß die Abspaltung von den Schimpansen und Gorillas genau zu dieser Zeit stattfand und durch eine weitere dramatische Veränderung des Erdklimas ausgelöst wurde.

Das Ende des Affenzeitalters

Als sich Afrika und Europa vor ungefähr 18 Millionen Jahren zusammenschlossen, markierte dieser Prozeß den Zeitpunkt, an dem der vorübergehende Stillstand der Klimaverschlechterung zu Ende ging. Durch diese Pause war der erste Teil des Miozän für alle terrestrischen Lebensformen sehr viel angenehmer gewesen als das vorausgehende Oligozän. Die Meeresströmungen, die zwischen den beiden Landmassen geflossen waren, hatten für konstante Klimabedingungen gesorgt. Als der Durchfluß plötzlich abbrach, wurde das Klima im Herzen Eurasiens und im nördlichen und östlichen Afrika trockener, und es entstanden ausgeprägtere Jahreszeiten. Dies mag der frühen Ausbreitung der Menschenaffen über Afrika hinaus Vorschub geleistet haben, indem ihnen ein lichter Waldtyp (im Gegensatz zum tropischen Dschungel) geboten wurde, der ihrer Lebensweise entsprach. Als der Trend jedoch auf lange Sicht anhielt und viele regionale Standorte für Bäume zu trocken wurden, bedingten diese Veränderungen, daß viele Menschenaffen, die im Miozän gedeihen konnten, und viele andere Säugerarten zugrundegingen.

Auch die Lebensformen im Ozean waren vor 14 Millionen Jahren einschneidenden Veränderungen unterworfen. Obwohl Eisschichten in Meereshöhe bereits seit 35 Millionen Jahren (oder sogar schon länger) irgendwo auf dem Südkontinent bestanden hatten, war die Ausdehnung der Eisdecke unterschiedlich gewesen. Vor 14 Millionen Jahren dehnte sich die antarktische Eisdecke aus, und stärkere Meeresströmungen schoben enorme Kaltwassermassen nach Norden. Seitdem ist die Antarktis immer völlig vereist gewesen. Weil die großen Eisschichten ständig an Umfang zunahmen, wurde dem Meer noch mehr Wasser entzogen und als Eis in den Gletschern gespeichert. Infolge dieser Vereisung wurde die Welt noch trockener, und die Gräser konnten sich in den halbtrockenen (semi-ariden) Zonen der Erde ansiedeln. Zur gleichen Zeit nahm der Vulkanismus zu – möglicherweise deshalb, weil verschiedene Teile der Erdkruste miteinander kollidierten. Ferner gibt es Anzeichen dafür, daß ein mittelgroßer Meteor in Europa einschlug. Ungefähr zu dieser Zeit verschwanden unter den Säugetieren viele Arten und sogar Ordnungen, und auch die meisten Menschenaffen aus der Gruppe der Dryopithecinen starben aus. Wie jedoch immer zu Zeiten entwicklungsgeschichtlicher Umwälzungen, überlebten auch hier einige Arten und paßten sich an. Deshalb ist es wohl kein Zufall, daß der älteste bekannte Ramapithecine aus jener Zeit vor 14 Millionen Jahren stammt.

In den nächsten zehn Millionen Jahren gab es wenige dramatische Klimaveränderungen, und auch die (eher geringfügigen) Massensterben konnten den bereits besprochenen Katastrophen nicht das Wasser reichen. Allerdings kennzeichnen mehrere relativ unbedeutende Ereignisse die Verschlechterung des Klimas. Vor ungefähr neun Millionen Jahren bildeten sich Berggletscher in Alaska, deren Kratzspuren noch heute als Furchen und Rillen im Gestein zu erkennen sind. Vor etwas weniger als sieben Millionen Jahren dehnten sich die Gletscher bis zu den Bergen Südamerikas, und vor 6,5 Millionen Jahren war soviel Wasser in den antarktischen Eismassen gebunden, daß der Meeresspiegel unter die Höhe des kleinen Landkorridors sank, der Europa und Afrika in der Höhe der heutigen Straße von Gibraltar verband. Über einen Zeitraum von mehr als einer Million Jahre trocknete das gesamte Mittelmeerbecken wiederholt aus, füllte sich aber immer wieder. Momentan verdunsten jährlich ungefähr 3300 Kubikkilometer Wasser aus dem Mittelmeer, das sich nur durch zufließendes Wasser aus dem Atlantik erhalten kann. Ohne diesen ständigen Zufluß würde es nur noch 1000 Jahre dauern, bis es völlig ausgetrocknet wäre. Das Ergebnis wäre eine meterdicke Salzschicht; gleichzeitig würde sich der Meeresspiegel auf der ganzen Welt um durchschnittlich 12 Meter erhöhen, da das verdunstete Wasser an irgendeinem Ort ja herabregnen muß. Bohrkerne vom Grund des Mittelmeers zeigen mehrere Salzlagen, die auf die eben beschriebene Weise entstanden. Damit ist der Beweis geliefert, daß das Mittelmeer mehrmals ausgetrocknet ist. Immer wenn sich der Meeresspiegel genügend gehoben hat, um wieder Wasser durchzulassen (sehr wahrscheinlich passierte das, als sich Antarktisgletscher leicht zurückzogen), müssen pro Jahr 40 000 Kubikkilometern Wasser in das Becken zurückgedonnert sein, d.h. zehntausendmal mehr als die jährlichen Wassermassen der heutigen Niagarafälle, damit das Mittelmeerbecken in hundert Jahren wieder vollgelaufen ist. Geologische Veränderungen, wie die Entstehung bzw. Sperrung des Durchbruchs zwischen Afrika und Spanien, waren sicher auch an diesem Kreislauf beteiligt, der das Mittelmeer immer wieder austrocknen ließ.

Ganz gleich, was das Austrocknen des Mittelmeers verursachte, diese Veränderungen haben auf jeden Fall das Leben in dieser Region stark beeinflußt. Als das Meer austrocknete, nahm die erforderliche Feuchtigkeit ab, die zur Erzeugung der Regenfälle für die Länder östlich des Mittelmeers nötig war. Diese Ereigniskette mag dafür verantwortlich gewesen sein, daß die Verbindung zwischen afrikanischen und asiatischen Menschenaffen durchschnitten wurde. Zwischen ihren Heimatländern lagen nun große Wüstenflächen, und die Verbindung wurde durch die Auffaltung großer Gebirgsketten erschwert. Beispielsweise entstand vor fünf Millionen Jahren das Himalayagebirge, weil die afrikanische Landscholle weiterhin nach Norden drückte und Indien ebenfalls mit Eurasien kollidierte. Weil sich ihre Heimat, das offene Waldland, in ein Kerngebiet weiter südwärts zurückzog, müssen auch die Menschenaffen und andere Tierarten in Nordafrika von diesen Veränderungen betroffen gewesen sein. Zur gleichen Zeit, als das Mittelmeer vor ca. 5,3 Millionen Jahren seine heutige Form annahm, lebte eine Urform von Menschenaffen, die diese Wirrungen durchlebt hatte, und deren eigene Evolution zweifellos durch die begleitenden Klimaverschiebungen beeinflußt wurde. Sie war der Ausgangspunkt der drei Linien, die schließlich zu den Menschen, Gorillas und Schimpansen führten. Was die genaue Natur dieses «Ur-Menschenaffen» betrifft, so können wir nur Vermutungen anstellen, da bisher keine aussagekräftigen Fossilien gefunden wurden. Während der folgenden fünf Millionen Jahre existieren aber vielfältige Hinweise, wie und wo die Entwicklung der Menschenaffen zum Menschen stattgefunden hat. Das gleiche gilt auch für die Klimaschwankungen und andere Umweltveränderungen, die diese Adaption hervorbrachten und unsere Vorfahren aus den Wäldern in die Savannen trieben. Das vorige Kapitel schloß mit dem Tod der Dinosaurier gegen Ende des Mesozoikum und der Kreidezeit. Jetzt haben wir einen anderen Punkt erreicht, an dem unsere Geschichte enden könnte. Sie endet natürlich nicht mit dem Tod aller Menschenaffen, sondern mit dem Miozän, dem Ende ihrer Epoche. Von nun an dreht sich unsere Geschichte nur noch um die Hominiden selbst.

4

Der Schritt aus den Wäldern

Vor fünf Millionen Jahren hatte sich die Erde wieder so gewaltig verändert, daß sich die Geologen veranlaßt sahen, diesen Termin als den Endpunkt einer Epoche (des Miozän) zu definieren. Die daran anschließende neue Epoche wird Pliozän genannt, und unter allen geologischen Epochen ist sie für die Menschheit von ganz besonderer Bedeutung. Während des Pliozän erschienen die ersten echten Hominiden auf dem Schauplatz der Evolution, und am Ende dieser Epoche hatten unsere Vorfahren schon so menschliche Züge, daß der Name *Homo* gerechtfertigt ist. Insgesamt handelt es sich aber um einen wesentlich kürzeren Zeitraum als das Miozän, da das Pliozän nur bis etwa 1 800 000 v.Chr. andauerte. (Da man die Erkenntnisse aus jüngeren geologischen Zeitabschnitten leichter finden und einfacher interpretieren kann, wird jeder Teilabschnitt, der von den Experten anerkannt wird, umso kleiner gewählt, je näher er der Jetztzeit ist. Dieser Trend soll nicht etwa eine Beschleunigung geologischer Entwicklungen oder gar der Evolution ausdrücken, sondern ist gewissermaßen vergleichbar mit der Betrachtung einer weiten Landschaft; je näher wir an diese herankommen, desto schärfer können wir ihre Details erkennen.) Nach der alten geologischen Zeiteinteilung bildet das Pliozän auch die letzte Epoche des Tertiär, während es nach neuer Systematik einfach die zweite von vier Epochen des Neogen ist. Unabhängig von der Betrachtungsweise ist es jedenfalls *unsere* Epoche.

Das Menschengeschlecht tauchte während (und eventuell auch aufgrund) einer weiteren Klimaveränderung auf. Jedoch verlief diese eher unterschwellig und in längeren Zeiträumen als jene gravierenden klimatischen Umbrüche, die meist von Massensterben begleitet waren und die Grenzen zwischen einzelnen geologischen Zeitabschnitten markieren. Besonders signifikant war für das Pliozän die seltsam anmutende Eigenart, daß eine Klimaverschlechterung zunächst eine Entfaltung der Säuger hervorzurufen schien. Um diesen offensichtlichen Widerspruch zu verstehen, müssen wir kurz innehalten und auf die breite Palette der geologischen Veränderungen innerhalb der letzten zehn Millionen Jahre zurückschauen. Dabei wollen wir besonders die Art und Weise berücksichtigen, in der die Landmassen langsam auf ihre heutigen Positionen drifteten.

Die Auswirkungen der Trockenheit

Während dieser Zeit veränderte sich im tiefen Süden unseres Planeten nur wenig; lediglich die Antarktis wurde zunehmend isolierter, da Australien und Südamerika sich von ihr fortbewegten. Dies könnte erklären, warum sich vor sechs Millionen Jahren die zirkumpolare Wasserströmung verstärkte und die extremen Kältewellen auslöste, in deren Verlauf riesige Eismassen – mehr als heute – in der Antarktis entstanden und das Mittelmeer wiederholt austrocknete. Zu dieser Zeit war die Eisschicht über der Antarktis mehrere hundert Meter dicker als heute. Infolgedessen lag der Meeresspiegel etwa 50 Meter tiefer, und Österreich wurde zur Wüste. Aber während sich die Antarktis infolge ihrer zunehmenden Abkapselung in eine abgeschlossene Welt aus Eis, Wind und Meeresströmungen umwandelte, die mit minimalen Änderungen Jahrmillionen anhielt, veränderte sich auch die Situation am Nordpol, wo das Meer schon seit Beginn des Dinosaurierzeitalters verhältnismäßig warm und eisfrei war.

Während wir uns immer stärker auf die Evolution der Menschheit konzentrieren, stellen wir nun fest, daß die Änderungen um den Nordpol – nicht am Südpol – für den Verlauf der Geschichte ausschlaggebend sind; sie allein bestimmen, wie sich die Umwelt verändert und wie unsere Vorfahren davon beeinflußt werden. Während sich die Kontinente nach Norden in die arktische Zone schoben, änderte sich das Klima in einigen Regionen Zug um Zug. So waren die Berge des heutigen Alaska nachweislich schon vor zehn Millionen Jahren vergletschert. Das ist wohl eher eine Ausnahme, die durch die charakteristische Auffaltung dieser Berge hervorgerufen wurde, und bis zum Ende des Pliozän gibt es keine Anzeichen einer generellen Vergletscherung im Norden. Auf jeden Fall werden wir durch dieses Faktum daran erinnert, daß es nicht nur im hohen Norden kälter wurde, sondern daß auch die Gebirgsentstehung eine wichtige Rolle bei der Veränderung des Erdklimas spielte.

Zu der Zeit, als das Mittelmeer trocken fiel, erfreute sich die Arktis eines kühlen, ausgeglichenen Klimas, und endlose Nadelwälder wuchsen bis zur nördlichen Grenze des Festlandes. Das Land erstreckte sich tatsächlich weiter nordwärts als heute, da durch das Absinken des Meeresspiegels nicht nur das Mittelmeer austrocknete, sondern auch ein breiter Streifen des Festlandsockels nördlich von Alaska und Asien trocken fiel. Zu dieser Zeit lagen die Kontinente genauso weit im Norden wie heute, jedoch verlief die Grenze zwischen Land und Meer mehrere hundert Kilometer weiter nördlich, da ja der kontinentale Festlandsockel trocken gefallen war. In den höheren Breitengraden mag es jahreszeitlich bedingt geschneit haben, geologisch jedoch finden wir keinerlei Anzeichen, daß zu dieser Zeit bzw. während der nächsten paar Millionen Jahre ausgedehnter Dauerfrost herrschte.

Dem Norden hat möglicherweise ein anderer Faktor geholfen, für längere Zeiten größtenteils eisfrei zu bleiben: Der Golfstrom war kräftiger geworden. Dabei handelt es sich um eine warme Meeresströmung, die an der Ostküste Nordamerikas entlang nach Norden fließt und Wärme in hohe Breiten transportiert. Der Golfstrom ist Bestandteil einer Kreisbewegung, die den gesamten Nordatlantik einbezieht. Die Zirkulation im Nordatlantik selbst könnte verstärkt worden sein, weil sich die Erde geographisch stark veränderte. Besonders drastisch wirkte sich wohl aus, daß vor drei Millionen Jahren Südamerika schließlich an Nordamerika gestoßen war und der Durchbruch zwischen ihnen auf Dauer geschlossen wurde. Während sich der Durchbruch vor etwa fünf Millionen Jahren langsam zu schließen begann, wurden die Wassermassen, die bisher vom Atlantik zwischen beiden Kontinenten hindurch in den Pazifik geströmt waren, zunehmend nach Norden in den Golfstrom geleitet.

Etwa zur gleichen Zeit, in der das Mittelmeer mehrfach austrocknete[1], wurde das Antlitz der Erde durch eine neue Phase der Gebirgsbildung verändert. Wir haben bereits erwähnt, daß vor fünf Millionen Jahren die Kollision zwischen Indien und Asien dazu führte, daß sich das Himalayagebirge zu seiner heutigen Pracht auftürmte. Wenig später richteten sich die südamerikanischen Anden von knapp 2000 Meter Höhe zu ihrer gegenwärtigen Höhe von 4000 Metern auf. Während die Anden aufstiegen, hielten sie die regenbringenden Winde (vorherrschend westliche) von den Wäldern des Amazonas fern und ließen das Klima dort trockener werden. Ein ähnlicher Klimawechsel erfolgte auch auf der Leeseite des Himalayas und verstärkte dort ebenfalls die geographischen Witterungsunterschiede. Mittlerweile wurde überall auf den nördlichen Kontinenten das Klima trockener, jedoch nahmen auch die jahreszeitlich bedingten Wetterunterschiede zu. Der Rhythmus der nördlichen Jahreszeiten wurde sogar so ausgeprägt, daß sein Einfluß bis nach Afrika reichte; derweil begannen die Zirkulationen in der Atmosphäre der Nordhalbkugel, sich ebenfalls rhythmisch im Jahresverlauf zu verlagern.

Weil die Klimaschwankungen insgesamt größer als in den vorangegangenen -zig Millionen Jahren waren, bot sich den terrestrischen Lebensformen auch eine weitaus größere Bandbreite an Zufluchtsorten. Als das Festland noch von dichter Dschungelvegetation bedeckt war, besaßen die tropischen Arten genügend Platz zum Leben. Für diejenigen Tiere, die den modernen Arten der gemäßigten Zonen entsprachen, gab es jedoch keinen Entwicklungsraum, weil als Lebensraum eben nur der tropische Urwald vorhanden war. Als auf der Erde neben den tropischen auch

1 Der konstante mediterrane Meeresspiegel beruhte damals teilweise auf einem leichten Rückgang des Antarktiseises, zum Teil kam er aber auch dadurch zustande, daß die Straße von Gibraltar (zwischen Spanien und Afrika) aufgrund geologischer Vorgänge ständig, wenn auch nur geringfügig, breiter wurde und dadurch das Austrocknen des Mittelmeers unterband.

gemäßigte Klimazonen (und noch andere) entstanden, war das für die tropischen Arten eine Hiobsbotschaft, da sie nun mit einer starken Einschränkung ihres Lebensraums konfrontiert waren. Andererseits konnten sich jetzt neue Arten in unterschiedlichen Teilen der Welt entwickeln, indem sie sich aus den Wäldern hinaus begaben und den verschiedensten Konditionen anpaßten. Während also tropische Lebensformen abnahmen, stieg die Vielfalt des Lebens auf der Erde in Wirklichkeit an. So erschienen beispielsweise vor ungefähr sechs Millionen Jahren die modernen Hunde, dicht gefolgt von Bären, Kamelen und Schweinen, die infolge einer nahezu galoppierenden adaptiven Radiation der Säugetiere während der kommenden Millionen Jahren entstanden waren. Während der afrikanische Dschungel immer kleiner wurde, spaltete sich zur gleichen Zeit die Linie der afrikanischen Menschenaffen Afrikas in drei Teile. Dies passierte in Ostafrika; dort wurde infolge einer lokalen Gebirgsbildung eine große Platte der Erdkruste emporgehoben und aufgebrochen, wodurch ein großer Graben entstand. Anstelle des tropischen Dschungels mit einem ganzjährig konstanten Klima entstand eine trockene Region. Die Größe des Regenwaldes war fortan begrenzt. Während die Regenmenge in bestimmten Regionen von den neuen geographischen Gegebenheiten abhing (unabhängig davon, ob sich die Region auf der Luv- oder Leeseite eines neuen Berges befand), geriet die Wetterlage infolge der globalen Klimaveränderungen insgesamt geringfügig unter den Einfluß der Jahreszeiten. Von nun ab gab es Inseln aus tropischem Dschungel, die von Grasland und lichten Wäldern umgeben waren.

Die «sprechenden» Moleküle

Weil die Molekularbiologen heutzutage die Unterschiede zwischen der menschlichen Erbsubstanz (DNS) und der DNS anderer Menschenaffen erkennen können[2], wissen wir auch, wann

2 Die verwendete Technik läuft prinzipiell so ähnlich ab wie das *genetic fingerprinting*, also wie die genetische Abnahme von «Fingerabdrücken», mit deren Hilfe heutzutage über Vaterschaftsklagen entschieden wird oder Vergewaltiger und andere Kriminelle identifiziert werden können.

sich die Linie der Hominiden von der Linie abspaltete, die zu den anderen afrikanischen Menschenaffen führt. Mit diesem Verfahren konnte u.a. bewiesen werden, daß *Ramapithecus* kein Hominide war, sondern bereits vor der Auftrennung zwischen Mensch und Menschenaffe lebte. Leider stellen viele populäre Darstellungen der menschlichen Evolutionsgeschichte, sogar einige Lehrbücher, nicht klar genug heraus, daß diese Tatsache nicht zwangsläufig bedeutet, *Ramapithecus* oder zumindest ein Vertreter der Ramapithecinen hätte nicht gleichzeitig Vorfahre der Menschen und auch der übrigen afrikanischen Menschenaffen sein können.

Bei den biochemischen Techniken, mit denen die sog. «genetischen Abstände» gemessen werden, ist entscheidend, daß die Evolution voranschreitet, weil immer mehr Änderungen (Mutationen) in der DNS einer Art zusammenkommen – d.h. die Gene verändern sich selbst.[3] Diese Mutationen treten mit einer mehr oder weniger konstanten Häufigkeit auf, zumindest in vergleichbaren Molekülen eng verwandter Arten. Das würde man auf den ersten Blick nicht unbedingt erwarten; Menschen leben z.B. länger als Schimpansen, und zwischen den jeweiligen Generationen liegen größere Abstände. Deshalb könnte man denken, die «mole-

3 Wir sind uns natürlich darüber im klaren, daß sich einige Leute mit der Idee der Evolution – insbesondere der menschlichen – noch immer nicht so recht anfreunden können. Als beste und kürzeste Antwort für diese Leute können wir nur das zusammenzufassen, was Stephen Jay Gould von der Universität Harvard in einem Interview sagte, das am 29. März 1982 in der amerikanischen Wochenzeitschrift *Newsweek* veröffentlichtet wurde. Evolution ist genauso ein Faktum, wie Äpfel, die von Bäumen fallen. (Daß Evolution real ist, beweisen die unzähligen Fossilien, auf die in diesem Buch kurz hingewiesen wird.) Darwin stellte seine Theorie der natürlichen Selektion auf, um die Existenz der Evolution zu erklären, genauso wie Newtons Gravitationstheorie aufgestellt wurde, um die Tatsache zu erklären, daß Äpfel von Bäumen fallen. Newtons Gravitationstheorie wurde mittlerweile von Einstein durch eine bessere Theorie über die Schwerkraft ersetzt. Die Äpfel hörten jedoch trotzdem nicht auf, weiterhin von den Bäumen zu fallen, auch als die Wissenschaftler eine neue Diskussion darüber entfachten, ob Einsteins Theorie besser sei als Newtons. Analog dazu diskutieren heute einige Wissenschaftler darüber, ob Darwins Theorie der natürlichen Selektion verbessert werden könnte, jedoch hören die Arten wegen dieser Debatte nicht etwa mit ihrer Evolution auf. Darüber hinaus sollte die Bereitwilligkeit der Wissenschaftler, den Mechanismus des Evolutionsprozesses zu diskutieren, nicht so verstanden werden, daß sie die Evolution an sich in Frage stellen.

kulare Uhr» beider Arten ticke mit unterschiedlicher Geschwindigkeit. Eine ganze Reihe biochemischer Tests konnte dies jedoch widerlegen. Die Summe aller Mutationen, die sich in der DNS des Menschen (seinem Genpool) etwa innerhalb der letzten Million Jahre ansammelte, entspricht demnach ungefähr der Summe der Mutationen im Genpool der Schimpansen während des gleichen Zeitraums.

Diese Änderungen sind alle relativ. Sie zeigen z.B., daß zwischen dem Genmaterial der Menschen und dem der beiden afrikanischen Menschenaffen (Schimpansen und Gorillas) nur eine Abweichung von etwa einem Prozent besteht, während der Abstand zwischen Mensch und Orang-Utan – in molekularen Maßeinheiten – ungefähr zweimal so groß ist. Das läßt folgenden Schluß zu: Der Zeitpunkt, als sich der Orang-Utan entwicklungsgeschichtlich von den übrigen Menschenaffen trennte, liegt ungefähr doppelt so lange zurück wie die Aufspaltung der afrikanischen Menschenaffen in drei Linien (d.h. Mensch, Gorilla und Schimpanse). Wenn wir nur ein genaues Datum – oder das genaue Datum – für eine Spaltung in der Primatenlinie belegen könnten, dann würden sich alle anderen Datierungen der nachfolgenden Ereignisse in das Puzzle einfügen.

Als Richtwert wird der Zeitpunkt der Aufspaltung zwischen Altweltaffen und Menschenaffen benutzt, also das erstmalige Erscheinen von *Aegyptopithecus* vor weniger als 30 Millionen Jahren. Genetisch gesehen sind alle rezenten Menschenaffen und Altweltaffen ungefähr dreimal so weit voneinander «entfernt» – eventuell sogar noch etwas mehr – als die afrikanischen Menschenaffen vom Orang-Utan. Wenn also der «Abstand» zwischen Menschenaffen und Affen einer Zeitspanne von knapp 20 Millionen Jahren entspricht, in der sich beide Zweige getrennt voneinander entwickelten, müßten zwischen afrikanischem Menschenaffen und Orang-Utan dementsprechend ungefähr neun Millionen Jahre «liegen». Nach demselben Maßstab kommt der Unterschied zwischen dem Menschen und den beiden anderen afrikanischen Menschenaffen der Hälfte dieser Zeit gleich; d.h. die Evolution ist ca. vier bis fünf Millionen Jahre getrennt verlaufen. Laut «Aussage» der Moleküle in unserem Blut liegt das Datum, an dem sich Mensch und Menschenaffe getrennt haben, genau mitten in der Epoche, in der die ostafrikanischen Wälder zurückgingen und in kleinere Waldgebiete zerfielen. Die Region trocknete aus, und dadurch entstanden neue Lebensräume: offenes Waldland und dichte, grasbedeckte Savannen. Die Zeit, in der die Hominiden erstmalig erschienen sind, können wir innerhalb der Spanne von einer Million Jahren genau festlegen – sogar obwohl es keine Fossilien unserer Ahnen aus dieser Epoche gibt.

Die große Trennung zwischen asiatischen und afrikanischen Menschenaffen erfolgte vor acht bis neun Millionen Jahren, als sich das Klima des Miozän verschlechterte und die Wälder verschwanden, die beide Gruppen räumlich miteinander verbanden. Zu dieser Zeit lebte *Ramapithecus* natürlich noch in beiden Erdteilen, wie schon seit mindestens 14 Millionen Jahren. Daher können wir völlig problemlos anhand der gefundenen Fossilien akzeptieren, daß *Ramapithecus* der Vorfahre der asiatischen Menschenaffen wie z. B. des Orang-Utans gewesen ist. Aber starb der afrikanische Zweig der *Ramapithecus*-Familie wirklich aus? Laut DNS-Analyse hatten Menschen und asiatische Menschenaffen um etwa 10 000 000 v.Chr. einen gemeinsamen Ahnen. Der Stammvater der asiatischen Menschenaffen (vor zehn Millionen Jahren) war *Ramapithecus* bzw. ein anderer Ramapithecine. So erscheint es äußerst wahrscheinlich, daß *Ramapithecus* um 10 000 000 v.Chr. ebenfalls ein Vorfahre des Menschen war. Eine andere Interpretation, die sowohl mit den Fossilien als auch mit den molekularbiologischen Befunden vereinbar ist, läßt sich tatsächlich nur sehr schwer vorstellen.

Um 7 000 000 v.Chr. (also unmittelbar vor der Spaltung zwischen Mensch und Menschenaffe) verschwand *Ramapithecus* aus Afrika. Da sich in den vergangenen Jahren die molekularbiologischen Techniken verfeinert haben, wurde auch der Zeitpunkt neu bestimmt, von dem an die drei Linien getrennte Wege gingen. Einige Forscher behaupten immer noch, daß aufgrund einer gleichzeitigen Verästelung irgendeiner Ahnenlinie (der Ramapithecinen?) drei neue Linien entstanden, aus denen Menschen, Schimpansen und Gorillas hervorgingen. Doch lassen die Befunde aus anderen Testverfahren, in denen nicht nur die DNS rezenter Arten, sondern auch Proteine aus deren Gewebe analysiert werden, etwas anderes vermuten. Demnach haben sich die Gorillas vor acht Millionen Jahren als erste abgespalten, während der Bruch zwischen Mensch und Schimpansen erst später (vor fünf Millionen Jahren) zustande kam.

Zeitlich passen das Aussterben von *Ramapithecus* und das Erscheinen der Gorillas fast schon zu gut zusammen, als daß es wahr sein könnte, jedoch ist diese Kongruenz deshalb nicht weniger imposant. Vielleicht bedeutet es wirklich, daß wir einen mehr oder weniger lückenlosen Fossilienbestand unserer Altvordern besitzen, der von den 20 Millionen Jahre alten Dryopithecinen bis zur letzten Trennung von den Schimpansen vor fünf Millionen Jahren reicht. Leider gibt es aus der Zeit zwischen 5 000 000 Mio. bis 4 000 000 Mio. v.Chr. keine Fossilien, die diese Interpretation unserer Ahnengalerie bestätigen. Aber die molekular ermittelten Datierungen entsprechen genau dem zeitlichen Ablauf der Umwälzungen, die durch eine Klimaveränderung bedingt wurden. Und wir wissen, wo die Linie der Hominiden begann, da es viele aussagekräftige Fossilfunde aus der Gegend des ostafrikanischen Grabens gibt, die auf den unmittelbar folgenden Zeitraum (4 000 000 Mio. bis 3 000 000 Mio. v.Chr.) datiert wurden. Sie zeigen, daß sich die Region (geologisch gesehen) sehr rasch mit mehreren unterschiedlichen Affenmenschen[4] füllte, d.h. mit unseren eigenen Vorfahren und deren nahen Verwandten. Die adaptive Radiation der Menschenaffen geschah daher wohl als Folge der sich verändernden Umweltbedingungen. Aber bevor wir genauer untersuchen, wie diese Klimaschwankungen unsere Vorfahren aus dem Urwald verjagten, sollten wir uns die fast verwirrende Vielfalt der hominoiden Formen vergegenwärtigen, die damals in dieser Ecke Afrikas vorkamen.

4 Eine Schlüsselrolle spielen übrigens die fossilen Reste eines weiblichen Skeletts.

Die Hominiden betreten die Bühne

Die allgemeine Verwirrung, die angesichts der Namensvielfalt für die verschiedenen Fossilien herrscht, wird zusätzlich noch durch die permanente Diskussion der Paläoanthropologen erhöht, die sich wegen der passenden Nomenklatur in den Haaren liegen. Die Regeln, nach denen systematisiert wird, unterliegen zwar keinen Forscherschrullen, erscheinen jedoch esoterisch genug, um die meisten Laien an den Rand der Verzweiflung zu bringen. Wir werden versuchen, uns auf eine einzige Nomenklatur zu beschränken, und dabei die historischen Gründe vernachlässigen, warum sie so und nicht anders gewählt wurde. Wenn Sie in anderen Büchern darauf stoßen sollten, daß die gleichen Arten anders bezeichnet werden, brauchen Sie deswegen keine Kopfschmerzen zu bekommen. Aus mehreren unterschiedlichen Meinungen, wie diese Arten miteinander verwandt sind, wollen wir die Lesart nehmen, die unserer Meinung nach sowohl die Entstehung der ersten Hominiden (bis zum modernen Menschen) als auch der ersten Schimpansen und Gorillas am einfachsten erklärt.

Der erste Hominide, der den Gattungsnamen *Homo* erhielt, lebte vor 2,5 Millionen Jahren in Ostafrika. Dieser auch als *Homo habilis* bezeichnete Affenmensch ging aufrecht und war etwa 1,2 m hoch. Er besaß eine recht schmächtige Statur und einen großen Kopf mit einem Gehirnvolumen von durchschnittlich 675 Kubikzentimetern (also ungefähr die Hälfte der Gehirngröße des modernen *Homo sapiens*). Vor 1,5 Millionen Jahren hatte sich *Homo habilis* zum *Homo erectus* weiter entwickelt. Dieser Hominide mit einem größeren Gehirn (925 Kubikzentimeter) war größer (1,6 Meter) und wurde als erster Vertreter der Gattung *Homo*, die ja ursprünglich aus Afrika kam, in Asien heimisch. Beide Arten benutzten bereits Werkzeuge. Vor 500 000 Jahren entwickelte sich *Homo erectus* zu *Homo sapiens* weiter, also zum modernen Menschen, der sich über die ganze Welt ausbreitete. Was jedoch weiter mit der Gattung *Homo* passierte, soll im Rest des Buches erzählt werden.

Homo habilis teilte sich das Gebiet des ostafrikanischen Grabenbruchs mit zwei sehr engen Verwandten, die Mitglieder der Gattung *Australopithecus* waren. Als erster erschien *Australopithecus africanus,* und seine ältesten Fossilien wurden in 3,5 Millionen Jahre alten Schichten gefunden. Die jüngsten bekannten Funde von *Australopithecus africanus* werden hingegen auf eine Million Jahre datiert. *Australopithecus africanus* ging ebenfalls aufrecht, er war von schlanker Gestalt und etwa so groß wie *Homo habilis*. Sein Gehirn war mit einem Volumen von nur 440 Kubikzentimetern jedoch kleiner, und ähnelt mit diesem Wert dem Gehirnvolumen eines durchschnittlichen modernen Gorillas (ca. 500 Kubikzentimeter). Es existieren zwar einzelne Hinweise darauf, daß *Australopithecus africanus* Werkzeuge benutzte; im Vergleich zu den Steinwerkzeugen, die *Homo habilis* benutzte, waren diese jedoch nur sehr primitive Hilfsmittel. Der andere Australopithecine, der als Zeitgenosse des *Homo habilis* lebte, war größer und schwerer gebaut und wird nach seinem Erscheinungsbild *Australopithecus robustus* genannt. Beide Arten lebten zwischen 2 000 000 und 1 000 000 v.Chr., aus jüngeren Zeiten wurden keine Fossilien mehr gefunden. Einige Exemplare von *Australopithecus robustus* waren 1,6 Meter groß, und ihr Gehirn fiel mit 520 Kubikzentimetern ein wenig größer aus als das eines modernen Gorillas.[5] Doch gibt es keine Anzeichen dafür, daß *Australopithecus robustus* Werkzeuge benutzte.

Die Gattungen *Homo* und *Australopithecus* erschienen beide vor drei Millionen Jahren. Beide stammen eindeutig von einem gemeinsamen Ahnen ab. Genauso klar ist jedoch, daß sie zwei getrennte Zweige der Evolution darstellen. Woher kamen nun all diese Geschöpfe, und wie waren sie miteinander verwandt? Der Streit über diese Fragen beschäftigte die Experten jahrzehntelang, und auch heute dauert die Debatte noch an. Vielleicht wurde die endgültige Antwort darauf bereits in der zweiten Hälfte der 70er Jahre in Äthiopien gefunden. Dort entdeckten Donald Johanson und seine Kollegen während einer längeren Suche nach Fossilien das wohl vollständigste Skelett eines menschlichen Vorfahren, das jemals gefunden wurde und älter als 3,3 Millionen Jahre ist.

5 Die größten Gorillahirne haben übrigens ein Volumen von 700 Kubikzentimetern.

Inoffiziell unter dem Namen Lucy[6] bekannt, ist das Skelett zu gut 40 Prozent erhalten. Dabei handelt es sich um einen weiblichen Affenmenschen, der gut 3,3 Millionen Jahre alt ist und zu einer Art gehört, die 1978 offiziell *Australopithecus afarensis* getauft wurde. Diesen Namen erhielt sie erst, nachdem ihre Entdecker lange hin und her überlegt hatten, da sie Lucy am liebsten der Gattung *Homo* zugeordnet hätten. Die Überlegung ist müßig, ob *Australopithecus afarensis* oder *Homo afarensis* der bessere Name ist. Am einfachsten läßt sich der Fund dahingehend interpretieren, daß die Art, der Lucy angehörte, ein Vorfahr beider Gattungen (*Homo* und *Australopithecus*) war. Wie ihr Skelettaufbau zeigt, besaß sie einen aufrechten Gang – zumindest konnte sie jedenfalls besser aufrecht gehen als die heutigen Schimpansen. Lucy war gerade mal einen Meter groß, während man bei anderen Individuen (vermutlich) derselben Art, die am gleichen Fundort ausgegraben wurden, Größen von teilweise 1,7 m gemessen hat – was einige Forscher vermuten ließ, die Männchen dieser Art seien viel größer als die Weibchen gewesen. Jedoch besaß Lucy nur ein kleines Gehirn, und am besten stellt man sich Lucy mit einem fast menschlichen Körper vor, der einen Affenkopf trägt. Offenbar war der aufrechte Gang buchstäblich der erste Schritt in der Evolution des «eigentlichen» Menschen. Das große Gehirn, auf das wir so stolz sind, wurde erst später entwickelt. Vielleicht machte es der aufrechte Gang überhaupt erst möglich, die Hände frei zu bewegen und mit ihnen komplexe Aufgaben zu erledigen (z.B. Werkzeug herstellen), und aufgrund dieser neuen Anforderungen wurde ein besser funktionierendes Großhirn gebraucht.

Manchmal gibt es schon erstaunliche Zufälle. Als Johansons Team nämlich Lucys Reste in Äthiopien entdeckte, machte zur gleichen Zeit Mary Leakey in Ostafrika, tausend Meilen davon entfernt, einen interessanten Fund. Sie entdeckte fossile Fußabdrücke eines ähnlichen Individuums, das aufrecht über eine Schicht vulkanischer Asche gegangen war, die sich vor 3,7 Millionen Jahren gebildet hatte. Die Abdrücke wurden durch eine er-

6 Das weibliche Skelett erhielt seinen Namen nach dem berühmten Hit der Beatles, *Lucy in the Sky with Diamonds*.

staunliche Serie von Zufällen konserviert. Zuerst entstand infolge einer Vulkaneruption ein karbonatitreicher Ascheteppich. (Karbonatit ist eine Art natürlicher Zement, der, wenn er zuerst naß wird und dann antrocknet, schließlich fest wird.) Anschließend befeuchtete wohl ein Regenschauer die Ascheschicht, und während sie noch naß war, trampelte eine «ansehnliche Tiermenagerie» (so Roger Lewin) darüber, die möglicherweise vor der Eruption Reißaus nahm. Hasen, Paviane, Antilopen, zwei unterschiedliche Giraffenarten und eine Elefantenart waren unter den mindestens zwanzig verschiedenen Tierarten, die ihre Spuren im «Zement» hinterließen, bevor dieser abband. Unter ihnen waren auch zwei Hominide, die ebenfalls flohen. Später bedeckten weitere Ascheschichten, aber auch Staub und Erde, die vom Wind herbeigetragen wurden, die verhärtende Asche. Die Spuren blieben lange Zeit versteckt und kamen erst 1976 durch Witterungseinflüsse ans Tageslicht. Die gefundenen Fußabdrücke der Hominiden stammen vermutlich von (anthropologisch) sehr nahe mit Lucy verwandten Individuen und wurden von einem großen und einem kleinem Hominiden hinterlassen, die Seite an Seite gingen. Angesichts von Johansons Funden möchte man vermuten, es habe sich bei ihnen um ein männliches und weibliches Mitglied derselben Art, *Australopithecus afarensis*, gehandelt. Dies bleibt jedoch eine reine Vermutung.

In der Tat gibt es über die Bedeutung dieser Funde unzählige Mutmaßungen und Erörterungen. Wir wollen hier jedoch nicht ins Detail gehen. Für uns ist an dieser Stelle lediglich folgendes interessant: Sowohl die fossilen Reste von Lucy als auch die fossilen Fußabdrücke zeigen, daß unsere Vorfahren in der ersten Etappe der Menschwerdung damit begannen (oder dazu gezwungen wurden), aufrecht gehen zu lernen. Während einige Nachkommen von *Australopithecus afarensis* ihre Gehfähigkeit verbesserten und größere Gehirne entwickelten, sind offenbar zwei andere Nachkommen, *Australopithecus robustus* und *Australopithecus africanus*, zur selben Zeit ausgestorben. Zumindest ist das die herkömmliche Meinung der Wissenschaft. Wie wir in unserem Buch *The One Per Cent Advantage* diskutiert haben, besteht aber zumindest die Möglichkeit, daß diese beiden Australopithecinen in Wirklichkeit überlebten und sich weiter zu den modernen Gorillas und Schimpansen entwickelten. Um die Puzzleteile so zusammenzufügen, daß sie diese Hypothese bestätigen, kann man nach zwei Methoden verfahren: Entweder korrigiert man den molekularbiologisch ermittelten Zeitmaßstab (was zwar nicht einfach, jedoch machbar ist), oder man akzeptiert, daß die Trennung zwischen Mensch und den beiden Australopithecinen, die Zeitgenossen von *Homo habilis* waren, in Wirklichkeit vor Lucys Zeit stattfand; demnach wäre Lucy tatsächlich ein Mitglied der Art *Homo afarensis*. Wenn man von den molekularbiologischen Ergebnissen ausgeht, wonach die Trennung von Menschen und Menschenaffen auf 5 000 000 v. Chr. datiert, dann besitzt die zweite Möglichkeit eine höhere Wahrscheinlichkeit. Allerdings bleibt dann weiterhin rätselhaft, warum es keine Fossilien von *Australopithecus robustus* und *Australopithecus africanus* aus Lucys Epoche gibt.

Auf jeden Fall sind wir momentan an den offiziellen Namen *Australopithecus afarensis* gebunden, und wenn man ihn wirklich so interpretiert, wie die Experten beschlossen haben, scheint es nur logisch, die Aufspaltung (mit dem üblichen Wenn und Aber) in der Zeit nach Lucy anzusiedeln. Glücklicherweise ist dies jedoch nur ein Nebenaspekt unserer eigentlichen Geschichte. Im wesentlichen ist es uns ganz egal, was mit Australopithecinen passierte oder wie Lucy nun offiziell heißt. Wir wissen jedenfalls aufgrund der nachgewiesenen Klimaumwälzungen, die vor rund vier Millionen Jahren in Ostafrika stattfanden, warum unsere Vorfahren das Leben als Baumbewohner aufgaben und ihr Glück in den Ebenen versuchten. Um es ganz einfach auszudrücken: Nicht Lucy und ihre Artgenossen ließen die Wälder im Stich, sondern umgekehrt: *sie* wurden von den Wäldern im Stich gelassen.

Ein zweibeiniger Schwinghangler

Der ostafrikanische Graben bildet ein System aus Bruchstufen und Grabenbrüchen, das sich von der südlichen Türkei durch Israel, das Rote Meer und die ostafrikanische Seenplatte bis zur Mündung des Sambesi erstreckt. An einigen Stellen sind die mit diesem System verbundenen Täler 80 Kilometer breit und 300 Meter tief und von aktiven Vulkanen gesäumt. Der Graben verdankt seine Entstehung der gleichen Plattentektonik, die Kontinentalschollen miteinander kollidieren läßt und dabei große Gebirgsketten aufwirft – nur daß die Ergebnisse dieser tektonischen Aktivität in diesem Fall anders aussehen. Entlang des gezackten Randes des großen Grabens wird die Erdkruste durch seitliche Kräfte permanent auseinandergerissen, während gleichzeitig Magmaschichten tief im heißen Erdinnern verschoben und verwirbelt werden. Dabei handelt es sich um dieselben Kräfte, die Laurasia und Gondwana auseinandergerissen haben und die heutige Phase der Kontinentaldrift in Gang setzten. In ein paar hundert Millionen Jahren könnte das Horn von Äthiopien und Arabien durch einen großen Ozean vom Hauptteil Afrikas getrennt sein. Die Geschwindigkeit, mit der dieser Meeresboden wächst, entspricht der Abbaurate der alten Ozeankruste, die am Westrand des Pazifiks besonders stark ist. Für die Menschheit ist der ostafrikanische Grabenbruch gegenwärtig jedoch von besonderem Interesse, weil er eine enorme Zahl unterschiedlicher Lebensräume bietet. Dieser Aspekt galt auch in der unmittelbaren (geologischen) Vergangenheit, die für die Geschichte der menschlichen Abstammung von Bedeutung war. Auf eng begrenztem Raum verändert sich die Geographie ständig und oft auch schlagartig. Infolge der unterschiedlichen Höhenlagen, schwankenden Niederschlagsmengen und der sich stetig ändernden Wasserabflußwege entsteht auf diese Weise ein buntes Gemisch ökologischer Nischen. Anstelle eines monoton wuchernden Dschungels wird der Wald stellenweise von lichtem Gehölz und Grassavannen durchsetzt.

Wie kann ein baumbewohnender Primat, dessen Lebensraum Wald plötzlich zu schwinden beginnt, seine Lebensweise der neuen Situation anpassen? Prinzipiell sind zwei Lösungen denkbar. Zum einen kann man sich ins Waldinnere zurückziehen und wie bisher sein Futter und einen sicheren Schlafplatz suchen. Oder man wagt den Schritt in die neue Umgebung und versucht, sein Leben auf eine neue Art und Weise zu führen, die der Umweltveränderung angepaßt ist. Sehr wahrscheinlich waren sich die betroffenen Individuen ihres Vorgehens überhaupt nicht bewußt, aber genauso wirkt sich der Selektionsdruck aus, und so entstehen in Zeiten gravierender Umweltveränderungen neue Formen aus einer bereits existierenden Art.

Dieser Punkt muß nicht unbedingt besonders betont werden, da Sie sicherlich verstehen, worauf wir hinauswollen. Als die Wälder zurückgingen, wurden einige Menschenaffen wieder mehr zu Affen. Sie verharrten auf dem Biotop Baumwipfel und steigerten vor allem die Effizienz ihrer bisherigen Ernährungsweisen (sofern das überhaupt möglich war), um angesichts der vermehrten Konkurrenz um die schwindenden Ressourcen überleben zu können. Aus ihren Nachkommen sind die Gorillas hervorgegangen. Andere Menschenaffen, die ursprünglich Mitglieder dergleichen Art waren, wurden in den anliegenden lichten Wäldern zu Nahrungskonkurrenten. Zwar lebten sie immer noch in Baumnähe, (jedoch nicht mehr in dichten Wäldern), waren aber zusätzlich gezwungen, auch auf dem Boden nach Nahrung zu suchen. Während die Evolution sie immer besser für diese Lebensweise ausrüstete, wurden sie zu Schimpansen. Ein dritter Zweig der Familie stammte vielleicht von solchen Individuen ab, die am wenigsten für den alten Lebensstil geeignet waren, und seine Vertreter wurden durch die Konkurrenz mit ihren Vettern in die Savanne gedrängt. Sie mußten einen völlig neuen Lebensstil entwickeln oder aber zugrunde gehen. Diese «Menschenaffen» lernten den aufrechten Gang und waren gezwungen, fast alles zu essen, was ihnen in die Hände fiel. Dabei begriffen sie, daß es Vorteile bietet, die Nahrung unter den Mitgliedern einer Familie oder größeren Gruppe aufzuteilen. Nach und nach entwickelten sie große Gehirne und wurden zu Menschen.

Insgesamt handelt es sich um einen Prozeß, der in Etappen verlief. Wenn man ihn derart knapp formuliert, klingt dies nach einer Verwandlung, die über Nacht passierte: Mit einem Satz hüpfte der Menschenaffe aus dem Wald, richtete sich auf und wurde zum Menschen. In Wirklichkeit lief die Anpassung stufenweise ab. Zwar kann man Adaptationen von einer Generation zur nächsten nicht feststellen, aber im Verlauf von Jahrmillionen wurden sie während unzähliger Generationen immer vollkommener.

Die Menschenaffen, die solche blieben, müssen sich nicht wirklich in den kleiner werdenden Dschungel zurückgezogen haben. Vermutlich waren es bloß diejenigen Primaten, die zufällig im Urwald lebten, und nach den Umweltveränderungen immer noch dort waren. Das Klima veränderte sich dieses Mal nur sehr langsam, und die Menschenaffen, aus denen Menschen wurden, haben in Wahrheit den Dschungel gar nicht verlassen: das Klima wurde in den Tälern, in denen sie lebten, über einen langen Zeitraum hinweg immer trockener, und die Bäume wurden immer weniger. In jeder Generation erging es denjenigen Individuen besser, die mit den veränderten Bedingungen geschickter umgehen konnten. Sie fanden mehr Nahrung und hatten die besseren Chancen, Nachwuchs großzuziehen. Wenn beispielsweise der aufrechte Gang es einem Individuum einfacher machte, Nahrung zu finden und diese seiner Familie zu bringen, würde die natürliche Auslese Lebewesen bevorzugen, die aufrecht gehen. Auf diese Weise konnte sich die charakteristische Zweibeinigkeit des Affenmenschen entwickeln.

Eine interessante Bestätigung, daß aus den Menschenaffen klimabedingt Menschen wurden, stammt von den Tieraffen selbst, von deren Zweig sich der Mensch vor fast 30 Millionen Jahren löste. Seitdem die Menschenaffen in der ersten Hälfte des Miozän ihren Höhepunkt hatten, waren die Tieraffen weit erfolgreicher als die Menschenaffen, zumindest was die weltweite Artenzahl betrifft. Heute stehen folglich unzählige Tieraffenarten einer kläglichen Handvoll Menschenaffen gegenüber. Aber auch niedere Affen sind in erster Linie Baumbewohner, und als die Waldgebiete gegen Ende des Miozän weniger wurden, mußten sich auch einige Affen regional an die neuen Verhältnisse anpassen oder schlichtweg aussterben. Zur gleichen Zeit, als sich vor vier bis fünf Millionen Jahren die Hominiden, Schimpansen und Gorillas trennten, spaltete sich der moderne Pavianzweig von den gemeinsamen Affenvorfahren ab. Paviane sind Affen, die an das Leben in den offenen Ebenen angepaßt sind, und klettern nur auf einen Baum, um dort Zuflucht zu suchen. Menschen und Schimpansen stellen die Lösung dar, wie die Menschenaffen auf das Problem der kleiner werdenden pliozänischen Wälder reagierten, während

Paviane sozusagen die entsprechende Reaktion der niederen Affen auf das gleiche Problem sind. Paviane können jedoch im Gegensatz zum Menschen (und zu Lucy) nicht aufrecht gehen. Die Erde wird daher möglicherweise nur aufgrund eines einzigen wichtigen Faktums von einer Lebensform beherrscht, die von Menschenaffen statt von Affen abstammt: Das Leben in den Baumwipfeln hatte diesen Individuen eine Statur verliehen, die zufällig viele Züge enthielt, die auch für aufrechtes Stehen und Gehen gebraucht werden.

Als entscheidenden Punkt muß man beachten, daß Tieraffen relativ kleine, leichte Wesen sind, die auf den Zweigen herumlaufen und von Baum zu Baum springen können. Menschenaffen hingegen sind relativ große, schwere Lebewesen, die sich Hand für Hand unter den Zweigen entlanghangeln und eher von einem Ast zum nächsten schaukeln, anstatt dorthin zu springen. Diese Art der Fortbewegung wird Brachiation oder Schwinghangeln genannt. Selbstverständlich können sich auch Affen mit ihren Händen von einem Ast herabhängen lassen (obwohl sie sich in dieser Haltung niemals im Geäst fortbewegen). Und auch ein Menschenaffe kann über einen Ast laufen, sofern dieser nur stabil genug ist. Jedoch ist die Lebensweise der beiden Primatengruppen generell unterschiedlich, und ihr Äußeres spiegelt die entwicklungsgeschichtliche Anpassung an diese unterschiedlichen Fortbewegungsarten wider. Schon nach kurzer Überlegung wird man einsehen, daß die Entwicklung einer senkrecht orientierten Anatomie durch Schwingen und Herumhangeln in den Bäumen gefördert wird. Denn die Grundstellung des Körpers bleibt gleich, ob man nun an seinen Händen irgendwo herabhängt oder auf beiden Füßen steht. Unseren hangelnden Vorfahren fehlen einige Eigenschaften der menschlichen Anatomie – d.h. Charakteristika, die wir nicht mit den Affen gemein haben. Z.B. können wir unser Handgelenk in einem rechten Winkel in Richtung des kleinen Fingers biegen; dieser Winkel ist offensichtlich optimal, wenn man durch die Bäume hangelt. Weiterhin haben wir einen (theoretisch) stark entwickelten Bizepsmuskel, mit dem wir uns – bei ausreichendem Training – zu einer Stange hochziehen können, die sich über unserem Kopf befindet, und außerdem erlauben uns unsere Schultergelenke eine größere Bewegungsfreiheit als die entsprechenden Gelenke der Affen. Knien Sie sich einmal auf alle Viere, und versuchen Sie dann, Ihr Gesichtsfeld zu beschreiben. Sie werden schnell feststellen, daß man ohne schmerzhaftes Zurücklegen des Kopfes nur den Boden überblicken kann. Bei einer aufrechten Stellung kann sich der Kopf hingegen ideal nach allen Seiten umschauen. Mit dieser Kopfstellung (oben auf der Wirbelsäule) kann aber auch ein Menschenaffe, der an den Armen von einem Ast herabhängt, genauso gut sehen. Logischerweise folgt daraus, daß wir von einer schwinghangelnden Gruppe abstammen. In vieler Hinsicht erleichterten bereits die anatomischen Anpassungen, die durch das Hangeln bedingt sind und sich während des Miozän über Jahrmillionen hinweg entwickelten, daß sich der Körper der Menschenaffen aufrecht halten konnte. Da Lucy schon sehr gut zu Fuß war, liegt die Vermutung nahe, bereits ihre Vorfahren (vermutlich Ramapithecinen oder weitläufig diesen zugehörige Arten) hätten sich aus den Wäldern in die Ebenen begeben. Wir haben gesehen, warum diese samt ihren Nachkommen gezwungen waren, in einer Welt voller Veränderungen eine neue Lebensweise anzunehmen. Aber wie konnte der aufrechte Gang, der sich bei ihnen mit rasender Geschwindigkeit entwickelte, sie in dieser neuen Umgebung so erfolgreich machen, lange bevor aus ihnen einige Millionen Jahre später der *Homo habilis* mit dem großen Gehirn hervorging?

Wenn man in einer ebenen Landschaft lebt, bietet eine aufrechte Haltung viele Vorteile. Man hat z.B. den optimalen Überblick über seine Umgebung. Dies ist bei der Nahrungssuche sinnvoll und warnt rechtzeitig vor herannahenden Räubern. Wenn die zweibeinige Fortbewegung allerdings erst einmal entwickelt ist, stellt sie auf dem Boden eine bessere Fortbewegungsart dar als die kletternde Bewegungsweise der Schimpansen und verbraucht obendrein weniger Energie. Der wichtigste Aspekt, in dem sich viele Paläoanthropologen einig sind, bleibt jedoch, daß man die Hände frei hat, um damit Gegenstände tragen zu können. Dies können beispielsweise Waffen sein, auch wenn es sich dabei nur um Wurfsteine handelt, mit denen man Beutetiere erlegen oder Angreifer abwehren kann. Am plausibelsten läßt sich der Erfolg unserer aufrecht gehenden Vorfahren vielleicht aber damit erklären, daß sie nun wesentlich mehr Nahrung, die sie hier und da sammelten, aufheben, wegtragen und gemeinsam mit der Familiengruppe verzehren konnten. Aus Ostafrika stammen zwei Millionen Jahre alte archäologische Hinweise, die bezeugen, daß unsere Vorfahren über längere Zeit an einem bestimmten Ort blieben. Dort hinterließen sie weggeworfene Steinwerkzeuge und abgenagte Knochen unterschiedlicher Tierarten. Da diese Tiere sicherlich nicht einfach ins Lager spaziert und dort tot zusammengebrochen sind, wurden ihre Knochen (zusammen mit ihnen anhaftendem Fleisch) vermutlich von Menschen dorthin geschleppt. Sehr wahrscheinlich machten diese Fleischbrocken jedoch nur einen geringeren Bestandteil in der Ernährung dieser Gruppen aus. Unglücklicherweise gibt es von den Samen und Nahrungspflanzen, die zum Verzehr ins Lager getragen wurden, keine Fossilien; wir besitzen jedoch noch andere Mittel und Wege, um die Details der damaligen Lebensweise herauszufinden.

Bis ins 20. Jahrhundert hinein haben in einigen Erdteilen Stämme überlebt, die seit Urzeiten ähnlich wie unsere Vorfahren lebten: Ein Teil des Stammes, der an einem festen Platz kampiert, geht auf die Jagd, während die übrigen Stammesmitglieder Pflanzen sammeln. Ihre Lebensweise wurde von den Anthropologen studiert, um Anhaltspunkte für die Lebensgewohnheiten unserer Vorfahren zu finden. Unter diesen Jägern und Sammlern herrschte eine typische Arbeitsteilung zwischen den Geschlechtern. Während die männlichen Mitglieder auf die Jagd gingen, kümmerten sich die Frauen um die Kinder und sammelten eßbare Pflanzen. Um nicht gleich als zügellose Sexisten beschuldigt zu werden, weil wir eine fundamentale Tatsache des menschlichen Miteinanders darlegen, wollen wir nachdrücklich betonen, daß die Männer nicht automatisch auch sehr gute Versorger waren. Zum Überleben war die Gruppe im allgemeinen auf ihre Frauen und auf die Pflanzen angewiesen, die diese sammelten. Die Fleischportionen, die gelegentlich durch die Männer beigetragen wurden, waren ein willkommenes Extra. Mit einer Spur von Ironie frotzeln einige Spaßvögel, die Männer seien hauptsächlich deswegen auf die Jagd geschickt worden, damit die Frauen zu Hause freies Feld hatten, um die richtige Arbeit zu erledigen. Diese augenzwinkernde Bemerkung verbirgt jedoch folgende wichtige Tatsache: Durch die verschiedenen Einzelanstrengungen, unterschiedliche Nahrungsquellen zu erschließen, hatte die Gruppe als Ganzes (und somit auch die Individuen als Teil dieser Gruppe) größere Überlebenschancen. Aus diesem Grunde war das einzelne Gruppenmitglied nicht mehr von einer einzigen Nahrungsquelle abhängig, die aus irgendeinem Grund an einem bestimmten Tag oder während einer bestimmten Jahreszeit nicht genutzt werden konnte. Die eigentliche Jagd entstand vermutlich aus dem Sammeln von Aas, das von den geschlagenen Beutetieren der wirklichen Jäger, wie z.B. Großkatzen, übriggeblieben war.

Die ersten Menschen hatten vermutlich außer ihrem aufrechten Gang überhaupt nichts, was sie «sehr gut» konnten, jedoch schafften sie es gerade aufgrund dieser aufrechten Haltung, eine Menge verschiedener Dinge «recht gut» zu erledigen. Daher wurden sie nicht zu Spezialisten, sondern zu Generalisten. Unabhängig von den unterschiedlichen Nahrungsquellen, die diese unspezialisierte kooperative Lebensweise erfolgreich machen, muß auf jeden Fall die Möglichkeit gegeben sein, Gegenstände zurück ins Lager tragen zu können, um sie gemeinsam zu nutzen. Folglich werden Hände benötigt, um diese Gegenstände zu tragen, und so bleiben nur zwei Gliedmaßen zum Gehen übrig.

So wurden die Menschen zu zweibeinigen Schwinghanglern, lange bevor sie überhaupt intelligent wurden. Der Übergang in eine Lebensweise auf zwei Beinen erfolgte als Reaktion auf die Veränderungen von Klima und Umwelt im ostafrikanischen Graben. Mehrere Millionen Jahre lang machte diese Art zu leben den ehemaligen Schwinghangler erfolgreich, ohne daß bei ihm Intelligenz zwingend erforderlich wurde. Was veranlaßte ihn also, nach ungefähr zwei Millionen Jahren, intelligent zu werden? Mit ziemlicher Wahrscheinlichkeit wurde wieder einmal das Wetter schlechter. Vor drei Millionen Jahren hatte nämlich das Eis begonnen, sich im Norden auszubreiten. Zuerst beeinflußte der Einbruch der nördlichen Eiszeit Ostafrika nur wenig. Auf ungewöhnliche Weise wurden aber ihre Folgen genau zu der Zeit spürbarer, als *Homo habilis* erschien. Gegen Ende des Pliozän und zu Anfang des Pleistozän – d.h. vor 1,8 Millionen Jahren bzw. zu Beginn des

Quartär – nach alter Zeiteinteilung – ließen die Regenfälle in der Region dramatisch nach, während sich gleichzeitig die Gletscher in den höheren Breitengraden ausdehnten. Auf diese Weise kündigte sich eine neue Serie von Eiszeiten an, die auf unseren zweibeinigen Schwinghangler einen außergewöhnlichen Umweltdruck ausübte. Die *Kinder der Eiszeit* machten sich daran, auf der afrikanischen Bühne ihr Debüt zu geben.

5

Ein Mensch für alle Jahreszeiten

Hätte sich nicht die Umwelt klimabedingt verändert, so würden wir noch heute wie die Affen des Miozän auf den Bäumen hocken. Die erste Phase, in der sich die Nordhalbkugel abkühlte und Afrika zum Trockenland wurde, reichte aus, um unsere Vorfahren aus den Wäldern zu treiben und ihnen einen aufrechten Gang anzugewöhnen. Die daran anschließenden Klimaveränderungen, die ihnen ein Höchstmaß an Intelligenz abverlangten und unsere Vorfahren allmählich zu Menschen werden ließen, können jedoch nicht lapidar als globale Abkühlung abgetan werden, da sie wesentlich subtiler und komplexer verliefen. Diese Veränderungen verwandelten einen (wenn auch bereits aufrecht schreitenden) Menschenaffen in weniger als drei Millionen Jahren in die Gattung *Homo sapiens* – für einen Evolutionsvorgang war das atemberaubend schnell! Das alles geschah als Reaktion auf eine klimatische Situation, die in der langen Geschichte unseres Planeten nur sehr selten vorkommt, wenn nicht sogar einmalig ist. Jedoch bemerkte dieser intelligente Affe erst innerhalb der letzten Jahrhunderte, daß das Erdklima in der Neuzeit eine Reihe von starken Schwankungen durchmachte, die heute als Eiszeiten (Glazial) bekannt sind. Und auch erst in diesem Jahrhundert stellte man fest, daß diese Glazialperiode vor einigen Millionen Jahren einsetzte.

Der Gedanke, riesige Gletscher hätten vor langer Zeit große Flächen Europas bedeckt, die heute eisfrei sind, tauchte erstmals gegen Ende des 19. Jahrhunderts auf. Vor dieser Zeit waren den

Naturbeobachtern zwar schon manchmal sog. Findlinge aufgefallen, große Felsbrocken, die an Orten lagen, wo sie nicht hingehören, und keiner passenden Felsformation zugeordnet werden konnten. Weiterhin war ihnen auch aufgefallen, daß bestimmte Gebiete Europas mit Geröllansammlungen und Sedimenthaufen übersät waren. Für die meisten Geologen des 17. Jahrhunderts war es jedoch völlig eindeutig, daß dies das Werk der biblischen, alles Leben verschlingenden Sintflut war. Ironischerweise war es gerade ein Schweizer Geistlicher, Bernhard Kuhn, der im Jahre 1787 nicht große Wassermassen, sondern riesige Eisdecken für diese Phänomene verantwortlich machte. Unabhängig von seinen Beobachtungen kamen auch andere Wissenschaftler zu ähnlichen Schlüssen. Zu diesen gehörte der Schotte James Hutton, der um 1790 die Berge des Schweizer und des französischen Jura besuchte. Von den Bergmassen tief beeindruckt, untersuchte er dort die Furchen, die das Gletschereis in den Fels gegraben hatte. Huttons Engagement für die Idee einer Eiszeit entbehrt nicht einer gewissen Komik. Schließlich war es Hutton selbst, der als erster den Gedanken verkündete, die Erdoberfläche sei nicht durch biblische Katastrophen wie die Sintflut, sondern durch dieselben langsamen geologischen Prozesse gestaltet worden, wie sie auch noch in der Gegenwart ablaufen.

Diese Idee, das Prinzip des Aktualismus (*uniformitarianism*), umfaßte eine wesentlich größere Spanne der Erdgeschichte als die Zeiteinteilung, wie sie sich durch die wörtliche Auslegung der Bibel ergab, und sie löste am Ende des 18. und zu Beginn des 19. Jahrhunderts einige Kontroversen aus. Neben dem hohen Alter der Erde bildet heute eine abgewandelte Version des Aktualismus einen Eckpfeiler der modernen Geologie. Unabhängig davon ereignen sich in angemessenen zeitlichen Abständen immer wieder Katastrophen auf der Erde, wie wir ja schon gesehen haben. Und eine dieser Katastrophen war die Epoche der Eiszeiten, deren Bedeutung Hutton als einer der ersten erkannte. Selbstverständlich kollidiert dies nicht mit seiner Theorie vom Aktualismus, da der entscheidende Punkt in den «angemessenen zeitlichen Abständen» steckt. Wenn man den zeitlichen Maßstab groß genug wählt, sind Katastrophen auch wieder normal. Gemessen an der

Länge der Erdgeschichte ist eine Eiszeit eine der vielen natürlichen Veränderungen, die das Gesicht der Erde gestalten, ähnlich wie die Erosion durch Fließgewässer und Gezeiten oder wie Vulkanausbrüche (Vulkaneruptionen). Nebenbei bemerkt, kann dies zu einer ziemlich persönlichen Katastrophe ausarten, wenn der Vulkan direkt nebenan ausbricht! Jedoch unternahmen weder Kuhn noch Hutton oder einer ihrer Zeitgenossen große Anstrengungen, die damalige Wissenschaft von der tatsächlichen Existenz einer Eiszeit zu überzeugen. Erst 1837 griff Louis Agassiz, der damals dreißigjährige Präsident der Schweizer Gesellschaft für Naturwissenschaften, den Fall wieder auf. Agassiz vertrat ihn mit solcher Vehemenz gegenüber der fast ebenso energischen Opposition, die sich aus Verfechtern der biblischen Katastrophentheorie zusammensetzte, daß um 1865 die Theorie der Eiszeit bereits in weiten Kreisen akzeptiert war.

Das Zeugnis der Gletscher

In seiner Schweizer Heimat hatte Agassiz die überzeugenden Beweise, daß die europäische Landschaft von Eismassen zerfurcht worden war, ständig vor Augen. Die wahre Bedeutung der Gletscherspuren auf den Bergen wurde ihm aber erst durch Johann von Charpentier nahegebracht, einem Pionier der Glaziologie (Gletscherkunde), der 1786 im sächsischen Freiberg geboren wurde. Von Charpentier zog in die Schweiz und ließ seinen Namen ins Französische übertragen (Jean de Charpentier). Er arbeitete als Bergbauingenieur und wurde schließlich Direktor der Salzminen im Kanton Waadt. Die Gletscher der Alpenwelt faszinierten ihn, und ihre Stärke imponierte ihm. In Zusammenarbeit mit anderen Amateurgeologen (u.a. auch dem Bauingenieur Ignace Venetz-Sitten, der ihn in das Problem einführte) untersuchte de Charpentier in einer Sonderstudie die Vorkommen großer Felsbrocken, die dem Gestein nach wohl aus den Schweizer Alpen stammten, sich heute jedoch weiter unten im Rhônetal befinden. Im Jahre 1834 kam er dann – wie schon andere vor ihm – zu dem Schluß, daß diese riesigen «unbeweglichen» Felsen nur vom Eis der Gletscher eingeschlossen an ihre heutige Position gelangt sein konnten und sich während einer lang zurückliegenden Eiszeit von den Bergen talabwärts geschoben hatten. Im gleichen Jahr präsentierte er seine Ergebnisse auf einer Versammlung der Gesellschaft für Naturwissenschaften, schien aber keinen seiner Zuhörer überzeugt zu haben, nicht einmal Agassiz. Im Jahre 1855 starb de Charpentier.

Tatsächlich war es sogar so, daß der junge Agassiz nicht nur kein Wort von de Charpentiers Werk glauben wollte, sondern auch noch versuchte, die ganze Idee als unsinnig zu widerlegen. Aufgrund seiner Position schien er hierfür der ideale Mann, da er seit 1832 als Professor für Naturgeschichte an der Universität Neuchâtel lehrte und außerdem einen immer größer werdenden Ruf als Experte für fossile Fische genoß. Als gebürtiger Schweizer wußte er aus täglicher Erfahrung, daß Gletscher nicht weit wandern bzw. sich nicht so schnell bewegen können, um Felsbrocken bis ins Rhônetal transportieren zu können. Als gewissenhafter Wissenschaftler wollte er seinen Gegenbeweis natürlich sehr genau führen und richtete dazu eine Untersuchungsstation in einer Hütte am Fuß des Aargletschers ein. Die Wanderungen dieses (und anderer) Gletscher untersuchte er, indem er Stöcke in das Eis trieb und ihre Bewegung maß. Die Entdeckung, daß die Eismassen doch wesentlich schneller wanderten, als er vermutet hatte, bestürzte ihn, und er kam zu der Überzeugung, daß Gletscher doch in der Lage sind, große Felsbrocken zu transportieren. Auf diese Weise wurde Agassiz vom Saulus zum Paulus und wie die meisten Konvertiten zum enthusiastischen Prediger seines neuen Evangeliums.

Seine «Bekehrungstournee» begann er 1837, als er seine zögernden Kollegen der Gesellschaft für Naturwissenschaften aus dem Hörsaal zerrte und die Berge hinaufschleppte, damit sie die Beweise selbst sehen konnten. Sie waren allerdings nicht sofort überzeugt; manche zogen sogar den Schluß, bei den Rillen und Furchen im Gestein handele es sich möglicherweise um Abdrücke von Wagenrädern und nicht um die Schleifspuren von Felsbrokken, die von wandernden Gletschern mitgeschleppt wurden. Agassiz ließ sich dadurch aber nicht von seiner Meinung abbringen, sondern suchte zusammen mit Venetz und de Charpentier nach weiteren Beweisen. Bald jedoch eilte er ihnen in seinem Enthusiasmus weit voraus und schlug die umfassende Theorie einer vom Eis bedeckten Welt vor, die er 1840 veröffentlichte. De Charpentier wurde nicht mehr mit diesem jungen Wirbelwind fertig, den er selbst entfacht hatte, und veröffentlichte seine eigene Version im Jahre 1841. Sehr wahrscheinlich war er wohl auch ziemlich über die Art und Weise verschnupft, in der Agassiz ihm so einfach den Ball abgejagt und sich seine Thesen zu eigen gemacht hatte. Aber selbst wenn seine Arbeit vor der Agassiz' gedruckt worden wäre, bleibt kein Zweifel daran, wessen Version mit größerem Erfolg eingeschlagen hätte. Bei seiner Schilderung der Eiszeiten war Agassiz' dramatischer Stil so unnachahmlich, daß selbst moderne Journalisten der Regenbogenpresse noch einiges von ihm hätten lernen können:

«Die Entstehung dieser kolossalen Eisdecken muß dazu geführt haben, daß alles organische Leben auf der Erdoberfläche vernichtet wurde. Die Landfläche Europas, vormals von tropischer Vegetation überwuchert, in der sich Herden riesiger Elefanten, gewaltiger Flußpferde und furchteinflößender Raubtiere tummelten, wurde plötzlich unter einer ausgedehnten Eishülle begraben, die Ebenen, Seen, Meere und Hochebenen gleichermaßen bedeckte. Dieser folgte die Stille des Todes ... Quellen versiegten, Ströme hielten in ihrem Lauf inne, und den Strahlen der Sonne, die sich über dem vereisten Gestade erhob, ... bot sich nichts als das Pfeifen des Nordwinds und das Krachen der Gletscherspalten, die sich in diesem gigantischen Ozean aus Eis öffneten und schlossen.» (aus *Ice Ages*)

Nun, heutzutage werden keine wissenschaftlichen Arbeiten mehr in diesem Stil verfaßt, und sehr wahrscheinlich pflegten auch um 1840 nur wenige Wissenschaftler einen derart plastischen Schreibstil. Vermutlich geriet Agassiz ob seiner eigenen Worte in Ekstase, zudem – wie wir noch sehen werden – nicht sämtliche Lebensformen während der Eiszeit vom Erdboden verschwanden. Dennoch halfen ihm seine bildhafte Sprache und sein Gespür für Publicity, seine Kollegen letzten Endes doch zu überzeugen, so daß sie die Beweise für seine Eiszeittheorie ernst nahmen. Selbstverständlich wäre er niemals so erfolgreich gewesen, hätten nicht Pioniere wie de Charpentier in mühsamer Kleinarbeit die Findlinge entdeckt und genauestens untersucht. Selbst dann bedurfte es noch weiterer 30 Jahre und unzähliger anderer Beweise, um die letzten Zweifler zu überzeugen.

Dieses Beweismaterial kam aus der ganzen Welt zusammen. 1852 wurde erstmalig der gesamte, ziemlich beeindruckende Umfang der Eisdecke auf Grönland kartographiert, und im weiteren Verlauf des 19. Jahrhunderts wurde auch die Größe der antarktischen Eiskappe bekannt. In der Zwischenzeit fanden sich nicht nur in Europa weitere Spuren einer Aktivität längst geschmolzener Gletscher, sondern auch in Nordamerika. Heute wissen wir, daß sich eine ganze Bergkette aus glazialem Geröll von Long Island im Osten der USA bis zum Staat Washington im Westen zieht. Diese Moräne ist an manchen Stellen bis zu 50 Meter hoch und markiert den südlichen Grenzverlauf, bis zu dem die Gletscher während der letzten Eiszeit vorgedrungen sind. 1846 besuchte Agassiz persönlich die Vereinigten Staaten, um solche Überbleibsel der Glazialtätigkeit zu untersuchen. Er verlängerte seinen Amerikaaufenthalt, nahm den Ruf als Professor der Zoologie an der Harvard-Universität an, heiratete dann im Jahre 1850 Elizabeth Cabot Carey und blieb bis zu seinem Tode (1873), im Alter von 66 Jahren, eine Säule der amerikanischen Wissenschaft.

Und Eis bedeckt die Welt ...

Mit Beginn der zweiten Hälfte des 19. Jahrhunderts und bis hinein ins 20. Jahrhundert wurde die volle Ausdehnung der urzeitlichen Eisdecken nach und nach publik. Über einen Zeitraum von mehreren Millionen Jahren wurden große Landflächen, die den Nordpol der Erde umgeben, von Eisfeldern zerkratzt. Es gab jedoch niemals eine einzige zusammenhängende Eisdecke, die einheitlich um den Pol herum konzentriert war. Das Nordpolarmeer war wie in der Gegenwart mit einer Eiskruste bedeckt, deren südliche Ausläufer viel weiter in den Atlantik hineinragten, als dies heute der Fall ist. Grönland und Island waren von allen Seiten in einem Meer aus Eis eingeschlossen, das sich sogar noch weiter nach Süden hinzog. Die Landmassen beider Inseln waren wirklich vollständig von ihren eigenen Gletschern überzogen. In gewissem Sinne war diese Vergletscherung sogar stärker als heute, hatte sich doch der Meeresspiegel abgesenkt (weil viel Wasser zu Eis gefroren war), so daß die Ränder der Inseln und Kontinente wesentlich breiter waren und den Gletscherdecken noch mehr Ausdehnungsraum boten.

Die alpinen Gletscher, deren Kratz- und Schleifspuren die Wissenschaftler überhaupt erst dazu brachten, die Existenz von Eiszeiten anzuerkennen, waren eigentlich ziemliche Winzlinge, wenn man sie an den Maßstäben der Eiszeit mißt. Zu jener Zeit erstreckten sich einzelne, allerdings riesige Berggletscher bis in die südlichen Regionen der eurasischen Teile der Nordpoleiskappe. Diese Gletscherbildungszone, die auch unter der Bezeichnung Skandinavische Eisdecke bekannt ist, bedeckte von den britischen Inseln im Westen über das Baltikum bis nach Rußland hinein etwa 6,6 Millionen Quadratkilometer des heutigen Europa. Gleichzeitig schob sie sich über den arktischen Meeresboden Richtung Norden, wo sie sich mit den Gletschern Spitzbergens vereinigte und auf diese Weise ihre Fläche um eine weitere halbe Million Quadratkilometer ausdehnte. Weiterhin bestanden im Osten Verbindungen mit sibirischen Gletschern. In den östlichsten Teilen der Regionen, die die ehemalige Sowjetunion bildeten, gab es jedoch keine Eiskappe, weil das Land zu trocken war und keine feuchtigkeitsbeladenen Winde bis hierhin durchdringen konnten, um ihre weiße Fracht abzuladen.

Diese Trockenzone setzte sich auf einer Landbrücke zwischen Asien und Nordamerika fort, die sich gebildet hatte, als die Beringstraße infolge einer Absenkung des Meeresspiegels trockengefallen war. Alaska war in weiten Bereichen eisfrei. Die größte aller eiszeitlichen Vergletscherungen, der Laurentische Eisschild, bedeckte ganz Kanada und einen großen Teil Nordamerikas. Die Südgrenze des Eises verlief ungefähr in der Höhe New Yorks bis zu den Rocky Mountains in Montana und bedeckte dabei eine Fläche von mehr als 13 Millionen Quadratkilometern. Dies ist für sich genommen eine größere Fläche, als es die heutige Eiskappe der Antarktis darstellt, obgleich diese nicht so dick war wie das heutige Antarktiseis. Die Rocky Mountains selbst ragten zwar aus dem Eis heraus, jedoch verlief zwischen ihnen und dem Pazifik ein weiteres Gletschersystem: 2,3 Millionen Quadratkilometer Eis zogen sich bandartig von Alaska bis Washington, Idaho und Montana. Der südliche Rand dieser Gletscher lief ungefähr durch das heutige Cincinnati in Ohio, über St. Louis (Missouri) und an Kansas City (Missouri) vorbei bis nach St. Pierre in South Dakota. Auf der anderen Seite des Globus waren die Gebiete, auf denen sich heute Dublin, London, Amsterdam, Berlin, Warschau, Moskau und St. Petersburg befinden, ebenfalls eisbedeckt.

Auch in der südlichen Hemisphäre nahm die Eisdecke zu, wenn auch in geringerem Ausmaß. Wie wir bereits gehört haben, war die Antarktis selbst ja schon seit langem völlig eisbedeckt gewesen und konnte kaum noch weiter vergletschern. Allerdings dehnten sich Berggletscher in Südamerika und Neuseeland – hier besonders auf der Südinsel – zu verschiedenen Zeiten innerhalb der vergangenen Millionen Jahre ganz beträchtlich aus. Mehrere kleinere Gletscher setzten sich in Gebieten wie Tasmanien und Japan fest, aber auch in den Gebirgsregionen Europas sowie in den Rocky Mountains südlich des Laurentischen Eisschildes.

Die Flächen Nordamerikas und Europas, die südlich der Eismassen lagen, waren kaltem und gleichzeitig trockenem Klima ausgesetzt. Ähnlich wie die Indizien dafür, daß sich seit dem Ende des Pliozäns auf der Südhalbkugel vermehrt Gletscher gebildet haben, ist auch dieser Punkt für unsere Geschichte nur am Rande interessant. Der entscheidende Faktor ist, daß das Klima parallel zur Ausbreitung des Eises in den nördlichen Zonen in Ostafrika ebenfalls trocken (und etwas kälter) wurde. Während das Eis im Norden zunahm, hatten diese Klimaveränderungen hier einen unmittelbaren Einfluß auf unsere Vorfahren, die zweifüßigen Schwinghangler. Um die Ereignisse in Ostafrika mit den klimatischen Veränderungen im Norden überhaupt in Bezug setzen zu können, müssen wir uns unbedingt den zeitlichen Ablauf der Eiszeit vor Augen halten. Dies gilt nicht nur, um den Beginn der Eiszeit mit den Veränderungen weiter südlich in Verbindung zu bringen, die dazu beitrugen, unsere Vorfahren aus den Wäldern zu vertreiben. Vielmehr sollten wir uns auch klarmachen, daß das Eis nicht an irgendeinem Tag vor zwei oder drei Millionen Jahren plötzlich da war und dann bis vor 10 000 Jahren bewegungslos auf der gleichen Stelle verharrte. Vielmehr wanderte es in rhythmischen Vereisungswellen vor und wieder zurück und erzeugte auf diese Weise einen steten Klimawechsel, der uns ein hohes Maß an Intelligenz abverlangte und uns – quasi als Belohnung – schließlich zu Menschen machte.

Die Rhythmen der Eiszeiten

Das Pliozän ging zu Ende, und das Pleistozän begann, als sich das Eis erstmalig über große Landmassen der Nordhalbkugel ausdehnte. Niemand kann den exakten Zeitpunkt dieses Ereignisses festlegen, jedoch können wir sagen, warum es geschah. Dieser Prozeß setzte ein, weil die nördlichen Kontinente, während sie über den Globus in höhere Breitengrade drifteten, schließlich den Fluß der warmen Wasserströmungen in das Nordpolarmeer soweit blockierten, daß die Oberfläche dieses Meeres zufrieren konnte. Nachdem es einmal gefroren war, reflektierte das Eis die während des Sommers einfallende Sonnenwärme und verursachte so eine starke Abkühlung, die sich auf das umliegende Land ausbreitete.

Zwar gibt es selbst im Miozän Spuren für eine Vergletscherung Alaskas, im Norden kam es aber bis ins späte Pliozän – also vor etwas weniger als drei Millionen Jahren – kaum zu einer bedeutenden Ausdehnung des Eises. Dann jedoch finden sich Anzeichen für Gletscherwanderungen in Island, und es gibt noch andere Beweise dafür, daß das Eis weiter wuchs. Vor etwa drei Millionen Jahren war die Arktis vermutlich fast so kalt wie heute, und obwohl sich Schnee und Eis noch weiter ausdehnten, setzte zu jener Zeit in der Äquatorgegend eine Periode ein, in der das Klima deutlich kühler und trockener wurde.

Auf dem europäischen Kontinent tauchte das Eis erstmals vor etwa 2,5 Millionen Jahren auf, und ungefähr zur gleichen Zeit bildeten sich lokale Gletscher in den Bergen Kaliforniens. Einen direkten Hinweis, wann die Vergletscherung Grönlands einsetzte, gibt es nicht – wenn es überhaupt irgendwelche Belege gibt, so sind diese heute unter einer dicken Eisschicht begraben. Sehr wahrscheinlich begannen die Gletscher hier zur gleichen Zeit zu wachsen wie im nahe gelegenen Island. Während der gesamten Periode (5 000 000 bis 2 000 000 v. Chr.) war die antarktische Eisdecke größer als heute, und die Eisschichten des Ozeans, insbesondere das Ross-Schelfeis, erstreckten sich viel weiter ins Meer hinaus. Die Temperaturen in Europa lagen aber noch etwas höher als in der Gegenwart, und weil die Berge noch nicht so hoch wie heute waren, reichte der Einfluß der Regenfälle viel weiter ins Innere des Kontinentes, so daß die Ausbreitung von Wäldern stark begünstigt war. Irgendwann jedoch, vor zwei bis drei Millionen Jahren, zeigt uns die Absenkung des Meeresspiegels, daß in den Eisdecken Grönlands und der Antarktis zusammen wesentlich mehr Wasser in Form von Eis gebunden war, als dies bei den Eisflächen der heutigen Polargebiete der Fall ist. Gegenwärtig beträgt die Fläche, die von Eis bedeckt ist, etwa 15 Millionen Quadratkilometer. Auf dem Höhepunkt der pleistozänen Vergletscherung waren 45 Millionen Quadratkilometer von Eis bedeckt, dessen Volumen 56 Millionen Kubikkilometer erreichte. Manche Wissenschaftler legen als Beginn der gegenwärtigen Eiszeit denjenigen Zeitpunkt fest, an dem die Eisdecke die Ausdehnung des heutigen Festlandeises erstmalig überschritt. Die Geologen definieren jedoch den Anfang des Pleistozän, das aus sehr praktischen Gründen als Synonym für die Epoche der Eiszeiten verwendet wird, durch eine ihnen sehr gelegen kommende Umkehrung des Erdmagnetfeldes. Diese ereignete sich vor 1,8 Millionen Jahren und hinterließ auf der ganzen Welt ihre Spuren im Gestein.

Wie durch einen glücklichen Zufall ereignete sich dies genau zu der Zeit, aus der die ältesten bekannten fossilen Reste von *Homo erectus* stammen, der als erster Vertreter der Gattung *Homo* Afrika verließ. Will man sich ausdrücklich nur auf die Evolution des Menschen beziehen, so liefert das Auftauchen von *Homo erectus* einen guten Vorwand, das Pleistozän vor weniger als zwei Millionen Jahren anfangen zu lassen. Mit eindeutig menschlicheren Zügen als sein Vorgänger *Homo habilis* ausgestattet, besaß ein typischer früher Vertreter von *Homo erectus* ein Gehirnvolumen von 800 bis 900 Kubikzentimetern, während spätere Exemplare bereits Hirnvolumina von bis zu 1100 Kubikzentimetern hatten. Dieser Wert nähert sich schon beträchtlich dem durchschnittlichen Gehirninhalt eines modernen Menschen (1360 Kubikzentimeter). *Homo erectus* hatte ein moderneres Gebiß als *Homo habilis*, sein Kiefer stand weniger vor als bei diesem, und «vom Hals an abwärts», so Roger Lewin, «war *Homo erectus* im wesentlichen ein Mensch, wenn man von der grundsätzlichen Robustheit seiner Gliedmaßen und Muskelansatzstellen sowie einer leicht gedrungeneren Gestalt absieht.» (Aus: Roger Lewin, *Human Evolution*.) Jedenfalls durchstreifte *Homo erectus*, auf beiden Füßen völlig aufgerichtet gehend[1], von nun an Afrika, Asien und Europa.

Die menschliche Linie tauchte in der frühen Phase der Abkühlung der nördlichen Hemisphäre auf, noch ehe das Eis vollständig die Herrschaft über Europa und Nordamerika übernommen hatte. Jedoch hatten die Gletscher bereits vor etwa zwei Millionen Jahren die mittleren Breiten erreicht, d.h. also kurz vor dem etwas umstrittenen Zeitpunkt, an dem das Pleistozän begann. *Homo habilis*, der Vorfahre von *Homo erectus* und der Nachkomme von Lucy, lebte zu jener Zeit schon am Ort des Geschehens und war in gewissem Sinne das Produkt eines sich ändernden Klimas, das für waldbewohnende Menschenaffen ungeeignete Lebensbedingungen mit sich brachte. Und so wie die frühe Phase, in der es kälter und trockener wurde, nur eine Etappe innerhalb der fast vollständigen Vergletscherung der bisher eisfreien Nordhalbkugel darstellte, bildete *Homo habilis* ebenfalls nur ein Übergangsstadium zwischen den Australopithecinen, wie beispielsweise Lucy, und den modernen Vertretern der Gattung *Homo*. Die natürliche Auswahl (Selektion) braucht Zeit, um mit einer bestimmten evolutionsbiologischen Antwort auf bestimmte Umweltveränderungen reagieren zu können. Daher überrascht es auch kaum, daß die Änderungen bei der *Homo*-Linie mit einer leichten zeitlichen Verzögerung nach größeren Klimaveränderungen auftauchen – wenn auch nur mit geringer Verspätung.

Fossilien von *Homo habilis* werden in Schichten gefunden, die zwei bis 1,6 Millionen Jahre alt sind. Die menschliche Linie veränderte sich nicht nur aufgrund des ständigen Klimawechsels so

1 Daher der Name *Homo erectus* – von lateinisch *erectus* = aufrecht.

rasch, wobei sich aus Nachfahren von *Homo habilis* die Art *Homo erectus* bildete, sondern auch, weil das Wetter nach 1,8 Millionen Jahren auf ganz andere Weise umschlug. Über einen Zeitraum von mindestens drei Millionen Jahren hatte sich die Witterung der nördlichen Hemisphäre langsam verschlechtert, bis schließlich eine Eiszeit herrschte, deren klimatische Einflüsse auch weiter südlich wirkten und Ostafrika immer mehr austrocknen ließen. Während der Zeitspanne aber, als *Homo habilis* sein kurzes Gastspiel auf der Bühne der Evolution gab, war die erste heftige Welle der Gletscherbildung bereits verebbt. Ihr folgte ein neues, rhythmisch wechselndes Klima, währenddessen sich die Gletscher mehrfach ausdehnten und zurückzogen. Im Verlauf des Pleistozän wanderten die nördlichen Gletscher mehrere Male so weit, daß mehr als 30 Prozent der gesamten Erdoberfläche (die Antarktis eingeschlossen) unter einer Decke aus Eis begraben lagen. Genauso oft zog sich das Nordeis in seinen arktischen Schlupfwinkel zurück, wo es heute noch liegt. Dieser regelmäßige Rhythmus ist erst in den 70er Jahren dieses Jahrhunderts völlig verstanden worden. Dies lag zum Teil daran, daß über mehr als hundert Jahre, nachdem Agassiz seine Kollegen schließlich von der Existenz einer Eiszeit überzeugt hatte, niemand voll und ganz erkannte, wieviele einzelne Eiszeiten sich tatsächlich während der Glazialepoche der letzten 1,8 Millionen Jahre ereignet hatten.

Anfangs war es schon schwer genug gewesen, die wissenschaftliche Gemeinschaft davon zu überzeugen, daß es überhaupt eine Eiszeit gegeben habe. Als die Geologen anschließend begannen, Moränen und andere Glazialrelikte in Europa und Amerika zu untersuchen, stellten sie fest, daß die Eismassen nicht nur einmal, sondern mehrere Male vorgedrungen waren. Zu Beginn des 20. Jahrhunderts galt allgemein als sicher, daß es während der vergangenen 500 000 Jahre vier größere Eiszeiten gegeben hat. Jede dauerte etwa ein paar tausend Jahre, und zwischen den einzelnen Eiszeiten gab es weitaus länger anhaltende Wärmeperioden. Da die jüngste Eiszeit vor knapp 10 000 Jahren endete, war diese Vorstellung recht beruhigend. Allerdings wurden bald bessere Techniken zur Datierung geologischer Proben sowie neue Verfahren entwickelt, um die Erdtemperaturen vergangener Epochen zu messen; diese machten das beschauliche Bild schließlich zunichte. Heute scheint uns – geologisch gesehen – jedenfalls eine neue Eiszeit bevorzustehen.

Eine der wichtigsten technischen Entwicklungen, die zu dieser Erkenntnis führten, war das Isotopen-Thermometer. Die Funktionsweise des Isotopen-Thermometers beruht auf der Erkenntnis, daß die Atome häufiger Elemente in der Umwelt – wie beispielsweise Wasserstoff (H) und Sauerstoff (O), die zusammen ein Wassermolekül (H_2O) ergeben – in unterschiedlichen Formen existieren, die als Isotope bezeichnet werden. Nehmen wir beispielsweise Sauerstoff. Der Sauerstoff, den wir atmen oder der im Wasser auf der Erdoberfläche vorkommt, liegt überwiegend in der atomaren Form ^{16}O (Sauerstoff-16) vor; die hochgestellte Zahl, die Massenzahl, gibt das Gewicht an.[2] Ein kleiner, jedoch nicht unwichtiger Teil kommt als ^{18}O (Sauerstoff-18) vor. Beide Formen haben das gleiche chemische Verhalten, jedoch ist ^{18}O zwei Einheiten[3] schwerer. Ein Wassermolekül, das ein ^{18}O-Atom statt eines ^{16}O-Atoms enthält, ist dementsprechend schwerer und wird größere Schwierigkeiten haben, aus dem Meer zu verdampfen, als sein leichtes Gegenstück. Hingegen kondensiert es leichter als Regen oder Schnee. Zur gleichen Zeit verwenden winzige marine Lebewesen (planktonische Foraminiferen) neben anderen Elementen den Sauerstoff aus ihrer Umgebung, um Kalziumkarbonat ($CaCO_3$) für den Kalk in ihren Schalen und Skeletten zu bilden. Da die Temperatur des Wassers, in dem sie leben, ihren Stoffwechsel beeinflußt, hängt der Anteil an ^{18}O, den die Foraminiferen aufnehmen, von der Wassertemperatur ab. Wenn diese Lebewesen sterben, sinken ihre Kalziumkarbonatskelette auf den Meeresboden, wo sie Kalkschichten bilden. Die Geologen können aus dem Meeresboden längliche Bohrkerne herausholen, aus denen sie Proben unterschiedlichen Alters (d.h. unterschiedlicher Schichten) entnehmen und analysieren. Die unterschiedlichen

2 Die Massenzahl ist *per definitionem* die Summe aus den Protonen und Neutronen eines Atomkerns (Anm. des Übersetzers).

3 Eine Einheit entspricht dem Gewicht eines Wasserstoffatoms (H), des leichtesten Elements.

^{18}O-Gehalte in diesen Sedimentproben zeigen uns mit Hilfe des Isotopen-Thermometers, wie die Wassertemperaturen der oberen Ozeanschichten, in denen die Tiere, die diese Schalen und Skelette bildeten, in der Vergangenheit geschwankt haben.

Diese Methode ist natürlich alles andere als einfach. Um allein schon die großen Kalksedimentkerne vom Meeresboden heraufzuholen, bedarf es eines ausgeklügelten Bohrverfahrens, und auch die Analyse der Bohrkerne durch Messung der Isotopenverhältnisse ist sehr aufwendig. Die Sorgfalt und der Aufwand, die zur genauen Datierung der Kerne nötig sind (beispielsweise über ihren Paläomagnetismus oder andere geologische Eigenschaften), sollen an dieser Stelle erst gar nicht erwähnt werden. Obwohl diese Theorie erstmalig bereits 1947 durch Harold Urey von der Universität Chicago formuliert wurde, sollte es noch gut dreißig Jahre dauern, bis eine plausible und genaue chronologische Aufstellung der jüngsten Eiszeiten zustande kam. Seit dieser Zeit wurde die Technik weiterentwickelt, und sie bestätigt und erweitert zunehmend das Bild, das seit 1970 existiert. Das Verfahren selbst wird, sowohl was die Meßergebnisse als auch die exakten Temperaturen betrifft, immer mit einer leichten Ungenauigkeit behaftet bleiben. Allerdings läßt sich damit sicherlich der Unterschied zwischen einer Eiszeit und der Erwärmung der heutigen Welt feststellen. Wir wissen nun, daß innerhalb der letzten hunderttausend Jahre nicht vier Eiszeiten, die von wesentlich längeren Wärmeperioden unterbrochen wurden, sondern sicherlich sechs stattfanden – und im Laufe der vergangenen zwei Millionen Jahre gab es mehr als ein Dutzend ausgeprägter Eiszeiten. Hinzu kommt, daß diese nicht nur häufiger vorgekommen sind, als man generell vermutet hatte, sondern auch jeweils länger dauerten als die vorherigen. Jede große Eiszeit, bei der Schnee und Eis mehr als 30 Prozent der globalen Festlandsmasse bedeckten, dauerte ungefähr 100 000 Jahre – grob abgerundet, da einige Glazialperioden «nur» 70 000 bis 80 000 Jahre anhielten. Die Wärmeperioden zwischen den einzelnen Eiszeiten – in einer solchen leben wir gerade – werden Zwischeneiszeiten oder Interglaziale genannt und halten im Schnitt nur 10 000 Jahre an. Dieser Wert ist ebenfalls grob gerundet; manche Interglaziale dauern auch bis zu 15 000 Jahre. Wir befinden uns momentan in einem Interglazial, das vor 15 000 Jahren begann, und in dem sich das Eis vor etwa 10 000 Jahren vollständig aus den mittleren Breitengraden zurückgezogen hat. Daher rühren die düsteren Prophezeiungen, die nächste Eiszeit stünde kurz bevor. Weil innerhalb einer Spanne von etwa zwei Millionen Jahren derartige Klimawechsel gehäuft aufgetreten sind, sollte man bei dieser langen Kälteperiode besser von einem Eiszeitalter sprechen, auch wenn sich die Gletscher während dieser Zeit mehrfach ausgedehnt und zurückgezogen haben.

Die Vorstellung, daß es eine Eiszeit gegeben habe, konnte sich erst um 1860 etablieren, während sich die Idee, es habe mehrere gegeben, fast ein Jahrhundert danach, in den 70er Jahren dieses Jahrhunderts durchsetzte. Die Entdeckung rhythmischer Klimaschwankungen während der letzten Jahrmillionen brauchte um 1970 nicht durch eine neue Theorie erläutert zu werden. Eine detaillierte Erklärung, warum es alle 100 000 Jahre schwankte und kurze Interglaziale zwischen länger anhaltenden Eiszeiten auftraten, war nämlich bereits vorhanden. Diese Theorie konnte bis zu ihrer ersten detaillierten Formulierung durch einen schottischen Denker namens James Croll zurückverfolgt werden. Croll hatte 1864 seine Ideen zu diesem Thema veröffentlicht, also zur selben Zeit, als die Eiszeittheorie Fuß faßte. Seine Arbeit über die Eiszeiten und auch die Veröffentlichungen eines weiteren Mannes der ersten Stunde, Milutin Milanković [4], wurden zunächst ignoriert. Jedermann wußte nämlich, daß es nur vier Eiszeiten gegeben hatte, und daß die Eiszeiten viel kürzer als die dazwischen liegenden Wärmeperioden waren. Als dann plötzlich alles, was jedermann zu wissen glaubte, durch das Isotopen-Thermometer über den Haufen geworfen wurde, war die Theorie von Croll und Milanković schon vorhanden und konnte blitzartig «aus der Kälte heraus» zuschlagen.

4 Milanković griff Crolls Ideen zu einem anderen Zeitpunkt auf. Nach ihm wurde diese Theorie später benannt

Die Theorie, die aus der Kälte kam

Wie Agassiz trat auch Croll in die Fußstapfen früherer Pioniere. Daß Veränderungen in der Umlaufbahn der Erde, während diese die Sonne umkreist, eventuell Klimaschwankungen hervorrufen, hat schon Johannes Kepler bedacht, jener bekannte Astronom des 17. Jahrhunderts (siehe Anhang). Jedoch war es Croll, der ab 1860 als erster die vollständige Version der Astronomischen Theorie zur Erklärung der Eiszeiten entwickelte. In der ersten Hälfte des 20. Jahrhundert verfeinerte und vervollständigte Milanković diese Theorie, indem er alle relevanten astronomischen Punkte ergänzte. Beide Männer hatten kein sehr einfaches Leben, wenn auch aus unterschiedlichen Gründen. Obwohl beide es nicht mehr erlebt haben, wurden ihre Bemühungen letzten Endes durch das Isotopen-Thermometer bestätigt.

James Croll wurde 1821 geboren und verbrachte seine frühen Lebensjahre in einem kleinen schottischen Dorf. Seine Familie bewirtschaftete ein kleines Stück Land, das jedoch nicht ausreichte, alle zu ernähren. Crolls Vater arbeitete hauptsächlich als Steinmetz, der überall dorthin wanderte, wo sich Arbeit bot, so daß der kleine James ihn nur selten zu Gesicht bekam. Mit 13 Jahren mußte James die Schule verlassen und auf dem Hof arbeiten; seine offizielle Ausbildung endete zu dieser Zeit. Er war jedoch ein begeisterter Leser, und studierte, von seiner Mutter ermutigt, viele Bücher über Philosophie und Naturwissenschaften. In seinem Buch *Climate and Time* (alle weiteren Zitate stammen aus dieser Quelle), das 1875 erschien, erinnerte sich Croll später, daß er trotz seines Selbststudiums als Sechzehnjähriger von sich behaupten konnte, «ein recht akzeptables Wissen über die Grundlagen von Pneumatik, Hydrostatik, Licht, Wärme, Elektrizität und Magnetismus» zu besitzen. Der Hof seiner Eltern konnte ihn aber nicht ernähren, und er mußte einen geeigneten Beruf finden. Croll wurde Mühlenbauer, weil er hoffte, die Arbeit könne jemandem gefallen, der sich gerne mit theoretischer Mechanik auseinandersetzt. Das erwies sich jedoch als Fehler, denn, wie er sagte, «das ausgeprägte natürliche Bestreben meines Verstandes, abstrakt denken zu wollen, machte mich auf irgendeine Weise für die praktischen Details meiner täglichen Arbeit untauglich.»

Dieser Kommentar faßt Crolls gesamtes Leben zusammen. Im Alter von 21 Jahren kehrte er in sein Elternhaus zurück, gab den Beruf als Mühlenbauer auf und widmete sich nur noch dem Studium der Algebra. Um neben dieser Tätigkeit noch etwas Geld zu verdienen, wurde er Schreiner und entdeckte, daß ihm die Tätigkeit lag. Leider wurde er bald schon wieder gezwungen, diese Arbeit aufzugeben, weil eine schlecht verheilte Ellbogenverletzung, die er sich als Junge zugezogen hatte, wieder aufbrach und durch seinen Beruf noch verschlimmert wurde. Später erinnerte er sich daran, daß ihn genau diese Verletzung auf den Weg brachte, in der Wissenschaft erfolgreich zu sein; denn wäre da nicht sein steifer Arm gewesen, so «wäre ich aller Wahrscheinlichkeit nach ein einfacher Tischler geblieben.» Statt dessen suchte er sich nacheinander verschiedene Tätigkeiten, die seinen Ellbogen weniger beanspruchten und ihm zusätzlich mehr Zeit zum Lesen und Nachdenken ließen. Er arbeitete in einem Teesalon, eröffnete schließlich einen eigenen und fand neben seiner Leserei auch noch Zeit zu heiraten. Als er sein Geschäft aufgeben mußte, was wenigstens teilweise auf seiner Leidenschaft für die falsche Art von Büchern beruhte, versuchte er sich als Hotelbesitzer. Als klaren Hinweis für seinen mangelnden Geschäftssinn ist wohl die Tatsache zu werten, daß er sich ein Hotel in einer Ortschaft von 3 500 Seelen aussuchte, in der es bereits 16 andere Herbergen gab. Hinzu kam, daß er sich als überzeugter Abstinenzler weigerte, Whisky an seine Gäste auszuschenken.

Ab 1853 arbeitete Croll als Versicherungsvertreter, eine Tätigkeit, die er zutiefst verabscheute. Aber vier Jahre später endete auch diese Betätigung, als die Crolls gezwungen waren, nach Glasgow zu ziehen, damit James' kranke Frau von ihren Schwestern versorgt werden konnte. Nun folgte eine Zeit von offensichtlich glückseliger Arbeitslosigkeit, in der Croll ein Buch zu Ende schrieb, *The Philosophy of Theism* und es sogar fertigbrachte, hierfür einen Verleger in London zu finden. Zu seiner Überraschung war das Buch ein bescheidener akademischer Erfolg, und Croll schlug sogar etwas Gewinn dabei heraus. 1859 fand er endlich seine wahre Berufung in dieser Welt.

Croll wurde Hausmeister im Andersonian College and Museum in Glasgow. «In meinem ganzen Leben,» meinte er, «hatte ich noch keine Position, die mir so angenehm war.» Die Bezahlung war dürftig und die Stelle eine Dienertätigkeit. Jedoch bot ihm seine Tätigkeit zwei Dinge, die er über alles schätzte, nämlich Zeit zum Nachdenken und Zugang zu einer erstklassigen wissenschaftlichen Bibliothek. Croll begann, wissenschaftlich zu publizieren, zunächst über Elektrizität und andere physikalische Probleme. Als sich um 1865 die Geologen nach und nach davon überzeugt hatten, daß es tatsächlich eine Eiszeit gegeben hatte, entstand eine hitzige Debatte, was wohl die Ursachen für diese Abkühlung der Erde gewesen sein könnten. Dies erregte Crolls Interesse, und er las sich in astronomische Theorien ein; hierbei handelte es sich um Gedanken, die auf Schwankungen in der Erdumlaufbahn beruhten. Er verbesserte und erweiterte diese Berechnungen und veröffentlichte seine erste Arbeit über Eiszeiten 1864 im *Philosophical Magazine*. Croll war damals 43 Jahre alt. Seine Abhandlung erregte einige Aufmerksamkeit, und Croll wurde gedrängt, seine Studien fortzusetzen. Er machte dies mit solchem Erfolg, daß ihm 1867 eine Stellung beim Geologischen Vermessungsamt von Schottland (Geological Survey of Scotland) angeboten wurde, die er annahm. 1867 wurde er zum Mitglied der Royal Society berufen.

In der Arbeit, die den Hausmeister eines Museums an die Spitze der Wissenschaft katapultierte, wird folgender Gedanke entwickelt: Während die Erde die Sonne umkreist, verändert sich langsam, aber stetig die Neigung der Erdachse, wodurch sich auch die gesamte Wärmemenge ändert, die zu bestimmten Jahreszeiten in den unterschiedlichen Breiten einfällt. Derartige Effekte können wir jedes Jahr beobachten. Die Erde «steht» schräg im All und liegt in einem Winkel[5] von 23,5° senkrecht zu einer

5 Der angegebene Winkel (Ekliptik) verändert sich ebenfalls; diese Tatsache ist einer der Beweise der Astronomischen Theorie zur Begründung der Eiszeiten.

Linie, die die Mittelpunkte von Erde und Sonne verbindet. Wenn sich die eine Halbkugel gegen die Sonne neigt, ist dort Sommer; zur selben Zeit muß die andere Hemisphäre von der Sonne weggedreht sein, so daß dort Winter herrscht. Der Unterschied zwischen Sommer und Winter ist fast so wie der zwischen einem Interglazial und einer Eiszeit. Könnten daher nicht auch Schwankungen in der Umlaufbahn für einen solchen Wechsel verantwortlich sein?

Croll berechnete, wie die sommerlichen und winterlichen Wärmemengen im Verlauf der vergangenen Jahrtausende schwankten, während die Erde, fast wie ein Kreisel, auf ihrer Umlaufbahn um die Sonne eierte. Er entdeckte ein regelmäßiges Muster, wie sich die Temperaturen jahreszeitlich ändern, und folgerte daraus, auf der Nordhalbkugel entwickle sich immer dann eine Eiszeit, wenn diese Faktoren derart zusammenwirken, daß kalte Winter entstehen. Tatsächlich ist dieser Schluß falsch. Grimmige nördliche Winter lösen keine Ausdehnung der Eisdecke aus. So paradox es auch scheinen mag, kalte Sommer sind weitaus entscheidender für das Wachstum des Eises. Dies konnte durch den genaueren chronologischen Verlauf der Eiszeiten (der anhand des Isotopen-Thermometers ermittelt wurde) als auch aufgrund moderner Berechnungen (mit Hilfe von Hochleistungscomputern) gezeigt werden. Die Logik dieser Behauptung ist ziemlich simpel.

Aufgrund der gegenwärtigen Geographie unserer Erde gibt es im Winter auf der Nordhalbkugel immer Schnee, der aber im Sommer wieder schmilzt. Falls die Sommer nun etwas kälter werden, bleibt ein Teil des Schnees ganzjährig auf der Erde liegen und wächst Jahr für Jahr etwas mehr, bis eine gewaltige Eisdecke entstanden ist. Je mehr sich Schnee und Eis ausbreiten, desto stärker kühlt sich die Erde ab, weil die glitzernde Oberfläche die Wärme reflektiert, die von der Sonne kommt. Als Resultat entsteht wieder eine neue Eiszeit.

Nachdem man anfänglich Crolls Arbeit mit Interesse verfolgt und seine Leistungen, die Astronomische Theorie zu formulieren, entsprechend gewürdigt hatte, fiel seine Idee jedoch später in Ungnade. Teilweise lag dies daran, daß Croll sich in den Faktoren geirrt hatte, die eine Eiszeit auslösen. Außerdem war sein Modell nicht vollständig, da seine Version der Astronomischen Theorie implizierte, die augenblickliche Zwischeneiszeit habe vor schätzungsweise 80 000 Jahren begonnen. Jedoch mehrten sich die Beweise, daß die jüngste Eiszeit tatsächlich erst vor etwa 10 000 Jahren zu Ende gegangen war. Crolls Theorie – die das Einsetzen einer starken Vergletscherung vor 80 000 Jahren (richtig) vorausgesagt hätte, wenn ihm nur die Bedeutung der kalten Sommer klar gewesen wäre – geriet nach seinem Tod, im Jahre 1890, in Vergessenheit. Wenn irgend jemand zu Beginn des 20. Jahrhunderts auf diese Idee gestoßen wäre, hätte man sie allenfalls als historische Kuriosität abgetan – besonders deshalb, weil sich die astronomischen Veränderungen in einer zeitlichen Größenordnung von einigen zehntausend bis etwa hunderttausend Jahren abspielen. Und das, so meinte jedermann im frühen 20. Jahrhundert zu «wissen», stimme nicht mit dem geologischen Muster der Eiszeiten überein.

Offensichtlich war entweder die Astronomische Theorie falsch, oder die gängige chronologische Einteilung der Eiszeiten war fehlerhaft. Lediglich eine einzige Person zog die zweite Möglichkeit ernsthaft in Erwägung, nämlich der Astronom Milan Milanković. Er wurde 1879 im damaligen Serbien geboren und durchlief im Gegensatz zu Croll die gewöhnliche akademische Ausbildung, die er 1904 mit einem Doktortitel des Technologischen Instituts in Wien abschloß. Dennoch gibt es Parallelen in der Laufbahn dieser beiden Pioniere. Milanković arbeitete zwar fünf Jahre lang als Ingenieur, sehnte sich aber mehr danach, kosmologische Berechnungen anzustellen als Baupläne für Häuser oder Brücken zu entwerfen. In seinem Buch *Durch ferne Welten und Zeiten* (1936) ist er nach eigenen Worten «ständig auf der Suche nach kosmologischen Problemen». 1909 folgte er einem Ruf an die Universität Belgrad, wo er Physik, Mechanik und Astronomie lehrte. Gemessen am damaligen Stand der europäischen Wissenschaft wurde er zwar zum Hinterwäldler degradiert, jedoch verschaffte ihm diese Tätigkeit, ähnlich wie Crolls Hausmeisterposten, ausreichend Zeit zum Nachdenken. Innerhalb von zwei Jahren hatte er seine kosmologische Fragestellung gefunden: Er wollte seine ganze Aufmerksamkeit der Entwicklung eines mathematischen Modells widmen, das nicht nur die klimatischen Schwankungen auf der Erde beschreibt, sondern auch die auf dem Mars und der Venus.

Seine Überlegungen waren an sich einfach. Zunächst berechnete er die Wärmemenge, die von der Sonne aus in verschiedenen Monaten auf unterschiedliche Erdbreitengrade einfällt. Anschließend konnte er die Klimastrukturen weit entfernter Welten berechnen, ohne persönlich zur Venus oder zum Mars reisen zu müssen, um die Temperaturen dort zu messen. Schließlich war er dann in der Lage, sein Modell auch auf ferne Epochen anzuwenden und zu berechnen, wie sich das Erdklima in der Vergangenheit verändert hatte. Auch wenn diese Idee so einfach klingt – sie in die Tat umzusetzen, kam den Taten des Herakles gleich. In den 20er Jahren dieses Jahrhunderts gab es noch keine Computer, und Milanković mußte all seine Zahlenkolonnen mit Papier und Bleistift zusammenrechnen. Seine Berechnungen waren schier endlos, und er brauchte mehr als dreißig Jahre, um sein Lebenswerk zu vollenden. Er nahm seine Aufzeichnungen überallhin mit, selbst in den Urlaub, und arbeitete jeden Tag daran. Wir haben nicht die Absicht, jeden einzelnen Schritt dieser liebevollen Sisyphusarbeit nachzuvollziehen. Statt dessen machen wir einen gewaltigen Satz nach vorne und präsentieren Ihnen die vollständig ausgereifte moderne Fassung der Milanković-Theorie. Diese fügt sich nahtlos in das Schema der fluktuierenden Eiszeiten und Zwischeneiszeiten ein, das das Isotopen-Thermometer an den Tag brachte.

Diese Variationen kommen durch unterschiedliche Zerrkräfte zustande, die von Sonne, Mond und anderen Himmelskörpern auf die Erde ausgeübt werden, derweil sie auf ihren Bahnen durch das All kreisen. Während die Erde bei ihrer Umkreisung der Sonne bestimmte Neigungen und Kreisbewegungen vollführt, ändert sich auch die Beschaffenheit der Umlaufbahn geringfügig: Manchmal verläuft sie eher kreisförmig, manchmal eher ellipsoid. Auf diese Weise kommen drei miteinander verbundene rhythmische Varianten zustande, welche die Wärmemenge[6] bestimmen,

6 Die Gesamtwärmemenge, welche die ganze Hemisphäre im Verlauf eines einzigen Jahres erreicht, ist immer gleichbleibend; lediglich die Art und Weise, wie die Wärme während des Jahres verteilt wird, ändert sich.

die zu jeder Jahreszeit auf die Nordhalbkugel fällt. Einer dieser Zyklen dauert etwa 100 000 Jahre, ein anderer setzt alle 40 000 Jahre ein, während der dritte Zyklus aus einer komplizierten Mischung unterschiedlicher Varianten besteht und 23 000 Jahre lang ist. Moderne Computerberechnungen zeigen, daß diese drei unterschiedlichen Zyklen zusammen ein Variationsmuster ergeben. Daraus ergeben sich Zahlenwerte, die gut mit den Daten übereinstimmen, die das Isotopen-Thermometer ermittelt hat: etwa 100 000 Jahre für die Dauer einer Eiszeit und 10 000 Jahre für die eines Interglazials. Mathematische Untersuchungen der Temperaturfluktuationen, die über Isotope bestimmt wurden, ergaben ebenfalls drei Zyklen, die 100 000, 40 000 und 23 000 Jahre andauern und (im Gleichtakt) zusammenwirken. Wäre die Milanković-Theorie nicht bereits vollständig ausgearbeitet gewesen, als man diese Entdeckung machte, so hätte sie hierfür ganz rasch erfunden werden müssen. Keine zwei Eiszeiten-Interglaziale verlaufen exakt gleich; aber zwei Millionen Jahre lang ist die Erde wirklich nach diesem astronomischen Takt marschiert. Das Milanković-Modell ist heute als beste Erklärung für den Rhythmus der Eiszeiten voll akzeptiert worden.

Obwohl es bereits in früheren Zeiten, als eine oder beide Pole von Landmassen bedeckt waren, Vereisungsperioden auf der Erde gegeben hat, bildet die Epoche, während der die Menschen entstanden sind, möglicherweise eine Ausnahme. Es scheint das einzige Mal gewesen zu sein, daß ein gefrorener Südkontinent durch ein fast gänzlich von Land umschlossenes Polarmeer im Norden ausgeglichen wurde. Die von Milanković festgestellten Rhythmen können ihren Einfluß so stark ausüben, weil das vorhandene Festland in der Nordpolregion eine Plattform bildet, auf der sich Schnee und Eis während der kalten Sommer auftürmen können. Möglicherweise sind diese Zyklen ein einmaliger Charakterzug des gegenwärtigen Eiszeitalters, und dies mag auch erklären, warum eine weitere Eigenart unseres heutigen Planeten, nämlich intelligente Lebensformen, ebenfalls während dieser Epoche entstanden ist.

Die Menschen der Eiszeit

Ganz gleich, was den Rhythmus der Eiszeiten steuert, für unsere Geschichte ist wichtig, daß die Erde während des Pleistozän – das gegenwärtig andauernde Holozän ist ein Teil dieser Epoche – tatsächlich in eine Folge von Eiszeiten gestürzt wurde, die sich mit kurzen Interglazialperioden abwechselten. So etwas war vorher noch nie geschehen. Das Klima veränderte sich nicht etwa langsam und stetig innerhalb eines größeren Zeitraums, so daß alle anpassungsfähigen Arten sich gut an die neue Entwicklung adaptieren konnten. Desgleichen trat auch kein abrupter Klimawechsel ein, bei dem viele Arten schlagartig ausstarben und die Überlebenden sich so entwickelten, daß sie die frei gewordenen ökologischen Nischen besetzen konnten. Statt dessen haben beide Vorgänge – sozusagen im kleineren Maßstab – mehrfach stattgefunden. Im Verlauf der jüngsten Klimaentwicklung haben sich rauhere Lebensbedingungen mehrmals wieder durchgesetzt und wurden nur von kurzen Atempausen unterbrochen, in denen das Klima angenehmer war. Im Herzen Afrikas, auf das sich unsere Geschichte immer noch konzentriert, äußerten sich diese rauhen Lebensbedingungen nicht als Eiszeiten, sondern in Form von Dürreperioden, in denen die Wälder verschwanden und Fauna wie Flora noch erbitterter als sonst ums Überleben kämpfen mußten. Als Pendant zu den Interglazialen gab es Regenzeiten, in denen Bäume und andere Pflanzen vorübergehend gediehen und das Leben für die Tierwelt leichter war. Wir nehmen an, daß durch dieses wiederholte Anziehen und Loslassen der «Evolutionsschraube» die Evolution der menschlichen Linie beschleunigt wurde. Anpassungsfähigkeit und ein scharfer Verstand waren Eigenschaften, die damals hoch im Kurs standen und einem intelligenten, aufrecht schreitenden Primaten die Gelegenheit gaben, in einer sich ständig wandelnden Welt erfolgreich zu sein.

Bei jedem Rückgang der Wälder ging es den Affenarten, die optimal an das Waldleben adaptiert waren, weiterhin gut, sofern sie sich tief im Innern der verbleibenden Wälder aufhielten. Draußen auf der Ebene führten die Tiere, die an das Leben in der Savanne angepaßt waren, ebenfalls ein gutes Leben. Am schlimmsten erging es aber den Lebewesen, die an den Waldrändern wohnten. Hierzu gehörten auch diejenigen Menschenaffen, die ihre alte Lebensweise als Baumbewohner und Schwinghangler noch nicht völlig aufgegeben hatten. Beim Zurückweichen der Wälder erhöhte sich der Wettstreit um einen Platz in den Bäumen, und die weniger erfolgreichen Waldaffen wurden weit nach draußen in die Savanne verjagt. Dort mußten sie überleben oder zugrunde gehen. Sehr viele werden wohl gestorben sein, und nur die cleversten und geschicktesten Individuen haben überlebt. Wenn die Trockenzeit eine Million Jahre angedauert hätte, wären vielleicht all diese unfreiwilligen Bewohner der Ebene ausgestorben. Nach einigen hunderttausend Jahren kehrte der Regen aber zurück, und die Wälder gediehen vorübergehend wieder. Für unsere aufrecht gehenden Affen gab es jetzt ausreichend Platz, um sich zu erholen: Sowohl im buchstäblichen Sinne, falls sie den Schutz der Wälder wieder aufsuchten, als auch in übertragener Bedeutung, da das reichhaltigere Nahrungsangebot und der geringere Druck durch die Umwelt eine Atempause darstellten. Just in dem Moment, als die Zahl ihrer Artgenossen wieder langsam anstieg, kehrte die Dürre zurück und siebte die weniger anpassungsfähigen Individuen aus. Wieder einmal waren Intelligenz und Adaptionsvermögen besonders gefragt. Dieser Zyklus hat sich mehrere Dutzend Male im Verlauf einiger Millionen Jahre wiederholt, während gleichzeitig die natürliche Selektion auch unter den minderbemittelten Individuen ihren Tribut forderte. Von daher wundert es kaum, daß diejenigen Affen, die die Vertreibung aus den Wäldern überlebt hatten, ganz schön helle Kerlchen wurden.

Während jeder Eiszeit bzw. Dürreperiode sterben viele Individuen. Manche Arten reagieren auf diesen Umweltfaktor, indem sie bessere Waldaffen oder effizientere Steppenraubtiere werden. Hingegen überleben unter den auf der Ebene lebenden Affen nur die intelligentesten und anpassungsfähigsten Individuen. Diese vererben ihre erfolgreichen Gene an ihre Nachkommen. Während des folgenden Interglazials breitet sich diese Nachkommenschaft aus. Das Leben ist einfach, und diesen Urmenschen, die aufgrund von Anpassungsvermögen und Klugheit selektiert wurden, geht es gut. Doch auch in der folgenden Dürrezeit können nur die Individuen mit dem größten Anpassungsvermögen überleben, die am besten mit den rauhen, ständig wechselnden Bedingungen fertig werden. Wenn sich die Eismassen vier oder auch nur drei Millionen Jahre behauptet hätten, wäre Ostafrika möglicherweise gänzlich zur Wüste geworden und alle afrikanischen Primaten wären ausgestorben. Unsere Vorfahren haben jedoch überlebt, und wir existieren heute in dieser Welt, weil sie damals eine einzigartige Abfolge von Klimaänderungen erlebten. Daher können wir uns durchaus als Kinder der Eiszeit bezeichnen.

Von rhythmischen Klimaänderungen getrieben, verließ *Homo erectus* Afrika während des Pleistozän und breitete sich auf dem überwiegenden Teil der Welt aus. Innerhalb der nächsten Million Jahre blieb die Art fast unverändert, abgesehen von einem steten Zuwachs des Hirnvolumens, was man als ein Zeichen zunehmender Intelligenz bei diesem aufrecht gehenden Primaten interpretieren kann. Aber irgendwann vor 400 000 bis 200 000 Jahren begann die Hirngröße in viel stärkerem Maße zuzunehmen, während die Schädelknochen unserer Vorfahren gleichzeitig feiner wurden. Aus ihnen war *Homo sapiens* geworden, und sie sahen – abgesehen von geringfügigen anatomischen Unterschieden – so aus wie ein moderner Mensch. Kurze Zeit später teilte sich die *Homo sapiens*-Linie, und etwa 100 000 Jahre später existierten zwei Unterarten, wenn auch nicht notgedrungen nebeneinander. Die eine war von größerem Wuchs und besaß auch ein größeres Gehirn; ihr Lebensraum zog sich von Westeuropa (südlich der Gletscher) bis in den Nahen Osten und nach Zentralasien hinein. Die Blütezeit dieser Menschen lag vor etwa 400 000 Jahren, in der Mitte der letzten Eiszeit. Anschließend findet man von ihnen keine Fossilien mehr. Sie gehörten der Art *Homo sapiens neanderthalis* an und sind auch als Neandertaler bekannt.

Die Bezeichnung «Neandertaler» beschwört bei den meisten Zeitgenossen das Bild eines stumpfsinnigen Affenmenschen mit schlurfendem Gang herauf. Dies ist aber nichts als ein unglückliches Mißverständnis und eine gemeine Verleumdung eines unserer nächsten Verwandten, der sowohl einen aufrechten Gang als auch Intelligenz besaß und unter den verschiedensten

Umweltbedingungen gedeihen konnte – von den Randgebieten der europäischen Eisdecke bis nach Zentralasien. Von den Neandertalern weiß man, daß sie als erste Menschen ihre Toten bestatteten. Ihren liebevoll zur letzten Ruhe gebetteten Körpern wurden manchmal Feuersteine und wertvolle Steinwerkzeuge, aber auch Wegzehrung für das Leben im Jenseits mitgegeben. In einer berühmten Grabstätte in den Bergen des heutigen Irak wurde ein Mann beigesetzt, dessen Grab voller Frühlingsblumen war. Neandertaler waren keine daherschlurfenden Affenmenschen, sondern empfindsame und fürsorgliche Menschen, die offenbar im Rahmen der Evolution von der Erdoberfläche verschwunden sind, weil ihr nächster Verwandter, *Homo sapiens sapiens,* noch erfolgreicher war. Das Verwandschaftsverhältnis ist tatsächlich so eng, daß man durchaus annehmen kann, die Neandertaler seien nicht etwa deswegen verschwunden, weil sie ausgestorben sind, sondern weil sie sich mit unseren Vorfahren vermischt haben. Der Gedanke wäre doch sehr angenehm, wenn die Genlinie, die vor 60 000 Jahren für das Blumengrab im irakischen Sagrosgebirge verantwortlich war, heute in uns weiterbestehen würde.

Vor ca. 100 000 Jahren, also mehr oder weniger zu Beginn der letzten Eiszeit der gegenwärtigen Epoche, trifft man schon auf einen voll entwickelten neuzeitlichen Menschen, den *Homo sapiens sapiens.* Mit einer gewissen Wahrscheinlichkeit stammten die ersten Vertreter unserer Art (sozusagen als neue Variante eines aufrecht schreitenden Primaten) ähnlich wie schon *Homo erectus* aus Afrika. Diese Behauptung wird durch den Fund von Resten eines 115 000 Jahre alten menschlichen Schädels in einer südafrikanischen Höhle erhärtet. Sollte dieser Gedanke sich bewahrheiten, so hätte *Homo sapiens sapiens* seinerseits Afrika verlassen und sich mit anderen Nachfahren von *Homo erectus,* unter anderem auch mit dem Neandertaler, gepaart und sie später verdrängt. Möglicherweise gab es zwei Hauptwanderungen von *Homo sapiens;* zuerst kamen die Neandertaler, denen aber schon die Neuzeitmenschen auf den Fersen waren. Niemand weiß ganz genau, wie unsere Linie aus *Homo erectus* entstanden ist. Aber auch wenn wir niemals die genauen Details der Geburt von *Homo sapiens*

sapiens kennenlernen werden, so wissen wir zumindest, was anschließend passierte.

Die Neandertaler verschwanden vor etwa 40 000 Jahren aus dem Vorderen Orient und vor 35 000 Jahren aus Europa. Während der nächsten 25 000 Jahre, in denen die Welt immer noch unter dem Regime einer Eiszeit stand, repräsentierte *Homo sapiens sapiens* als einziger die menschliche Linie. Er behauptete sich während der letzten, extrem harten Phasen dieser Eiszeit sehr gut, wie fossile Überreste, Schnitzereien und Höhlengemälde (insbesondere in Spanien und Frankreich) beweisen. Die Menschen der Eiszeit schlossen die Besiedlung der Erde ab, die *Homo erectus* eine Million Jahre zuvor begonnen hatte. Sie wanderten durch Asien bis nach Australien hinab und zogen im Norden über die Landbrücke bis nach Amerika. Auf diese Weise gelangten sie in Kontinente, die *Homo erectus* niemals erreichte. Es gibt einige Anzeichen dafür, daß zwischen dem Laurentischen Eisschild und den Küstengletschern westlich der Rocky Mountains eine breite Spalte im Eis bestand, durch welche die Menschen Richtung Süden wandern konnten. Auf diese Weise sind vor 25 000 Jahren zuerst Nordamerika und anschließend Südamerika besiedelt worden. Nachdem das Eis geschmolzen und die Beringstraße im Meer versunken war, wurden sie bis zur Ankunft seefahrender Wikinger tausend Jahre später von ihrer restlichen Verwandtschaft getrennt. Wie diese Wikinger hierherkamen, ist eine eigene Geschichte, auf die wir näher in Kapitel 6 eingehen werden. Sie ist u.a. mit der Entwicklung der Kultur im Mittleren Orient und in Europa verknüpft, nachdem die Eiszeit einem neuen Interglazial gewichen war.

Diese Zwischeneiszeit unterschied sich – abgesehen von ein paar Details – nicht von dem knappen Dutzend Interglaziale, die sich seit den Zeiten von *Homo habilis* ereignet haben. Zufällig war dies jedoch die erste Zwischeneiszeit, nachdem sich infolge des Selektionsprozesses der rhythmisch wiederkehrenden Eiszeiten ein besonders intelligenter «Menschenaffe» auf diesem Globus entwickelt hatte. Die ersten Menschen hatten sich bereits an die Lebensbedingungen auf den einzelnen Erdteilen angepaßt, und auch die schlimmsten klimatischen Exzesse der Eiszeit hatten sie recht gut überstanden, als sich die Gletscher plötzlich zurückzogen. Daher benötigten sie angesichts des nun einsetzenden ausgeglichenen Interglazialklimas keine zusätzliche Pause, um sich von ihren Verlusten zu erholen. Statt dessen rückten sie rasch auf Platz Eins unter allen Arten dieser Welt vor und begründeten die ersten Zivilisationen, immer gedrängt von einer unersättlichen Neugierde, alles (also auch die eigenen Ursprünge) zu erfahren. Von nun an befaßt sich unsere Geschichte statt mit Evolution ausschließlich mit Historie. Jedoch hat die Geschichte (und auch die Frühgeschichte) von *Homo sapiens sapiens* eine wichtige Rolle in der Evolution und beim Aussterben vieler anderer Arten gespielt.

6

Warum Grönland nicht mehr grün ist

Wenn die Schlußfolgerung stichhaltig ist, daß der rhythmische Verlauf der Eiszeiten im Pleistozän die Evolution der menschlichen Linie beschleunigt hat, so sollte man ähnliche Ergebnisse auch für andere Arten erwarten. Demnach hätten dieselben eiszeitlichen Rhythmen – quasi als Schrittmacher der Evolution – auch die Entwicklung vieler anderer Arten «vorangetrieben», und als Konsequenz hätte damals eine große Zahl Säugetiere unzählige ökologische Nischen besetzen müssen. Und genau das ist der Fall. Beispielsweise gab es von den 119 Säugerarten, die heute in Europa und Asien leben, im Pliozän gerade einmal sechs. Der Rest entwickelte sich während des Pleistozän – zusammen mit vielen anderen Arten, die während der Eiszeit ihren Entwicklungshöhepunkt hatten und heute ausgestorben sind. Selbst diese 119 Arten repräsentieren nur einen Bruchteil der Säugerarten, die sich damals in Eurasien tummelten. Im frühen Pleistozän tauchten neue Säugergruppen in Europa auf, unter ihnen Elefanten, frühe Zebraformen und Rinder. Kurze Zeit darauf entwickelten sich Arten, die schon deutlich an das arktische Klima adaptiert waren: Wollhaarmammuts, Rentiere, Lemminge, Moschusochsen, Wollhaarnashörner und Elche. Wenn man die Vielzahl unterschiedlicher Säugergattungen betrachtet, die gleichzeitig auf der Erde lebten, so hatte die Evolution der Säuger vor etwa einer Million Jahren ihren Höhepunkt.

Die eiszeitlichen Rhythmen des Pleistozän unterstützten nicht nur die Evolution, so daß sich mehr und mannigfaltigere Säugerformen als je zuvor entwickeln konnten, sie förderten gleichzeitig auch deren Verbreitung über den Globus. Wenn die Gletscher sich ausdehnten, zogen Arten aus höheren Breiten im allgemeinen nach Süden und paßten sich während dieser Wanderung den leicht veränderten Umweltbedingungen an. Während einer Zwischeneiszeit wanderten sie wieder nordwärts, fächerten sich auf und besiedelten neue ökologische Nischen. Das soll nicht heißen, sie seien wieder in die Stapfen (oder Huftritte) ihrer Vorfahren getreten. Für eine bestimmte Tiergruppe verlief die Wanderroute gen Süden vielleicht ein bißchen mehr nach Westen, entlang eines Gebirgszuges. Einige hunderttausend Jahre später zogen Nachkommen dieser Gruppe nach Nordosten, jedoch auf der anderen Seite der Berge. Der Rhythmus des Klimas unterstützte Tierwanderungen sowohl in Ost-West-Richtung als auch von Norden nach Süden.

Obwohl die Artenvielfalt der Säuger vor etwa einer Million Jahre leicht abnahm, lebten selbst auf dem Höhepunkt der letzten Eiszeit u.a. Rentiere, Mammuts und Kragenlemminge in den gletschernahen Zonen. Etwas weiter südlich gehörten Mastodons, Riesenfaultiere, Elche, Pferde, Bisons, Schneehasen, Moschusochsen und eine Vielzahl von Kleinsäugern zur gewohnten Säugerpopulation. Aber vor etwa 15 000 Jahren, zur selben Zeit, als die letzte Eiszeit einem Interglazial wich, starben sehr viele dieser Tierarten aus, insbesondere die Riesensäuger. Der Höhepunkt dieses Massensterbens fand vor ca. 11 000 Jahren statt. Etwa 39 Gattungen verschwanden zu jener Zeit, davon knapp 70 Prozent aller größeren Säugerarten Nordamerikas sowie eine kleinere, jedoch immer noch beträchtliche Zahl in Afrika und Eurasien. Kurze Zeit darauf nahm auch die Anzahl vieler kleiner Säuger und flugunfähiger Vögel auf den Pazifischen Inseln und in Neuseeland ab.

Abgesehen von der Anzahl betroffener Arten, fielen diesem Massensterben ausschließlich große Säugetiere anheim. Dies ist ungewöhnlich, wenn nicht sogar einmalig. Zu den Opfern gehörten Biber, so groß wie Bären, Bisons mit Hörnern von zwei Metern Spannweite und sechs Meter große Faultiere. Sie gehörten einer Biozönose an, die während der Eiszeit ihren Höhepunkt hatte, und verschwanden allesamt vor etwa 11 000 Jahren, zusammen mit Elefanten, Löwen und anderen bekannten Säugetierarten, deren (damalige) Größe nach heutigem Maßstab riesig war.

Möglicherweise hängt dieses Artensterben mit einem Klimawechsel zusammen. Schließlich passierte dies alles, als die Erde gerade von einer Eiszeit in ein Interglazial übertrat. Aus zwei Gründen scheint das aber unwahrscheinlich. Zum einen sollte eine Klimaverbesserung für Riesensäuger eine Lebenserleichterung und keine Verschlechterung darstellen. Und zum anderen waren noch nie derartige Artensterben am Ende einer der vorausgegangenen Vergletscherungsphasen aufgetreten. Zu Beginn des augenblicklichen Interglazials gab es allerdings einen neuen wirksamen Faktor: Die ersten Menschen hatten sich damals rund um den Globus verteilt. Der clevere Zweibeiner muß ein geschickter Jäger gewesen sein, und große Säugetiere waren offenbar die ersten Opfer, an denen er seine neuen Fähigkeiten ausprobieren konnte. Gleichzeitig hat der Mensch durch seine Tätigkeiten gravierend in dic Umwelt dieser riesigen Tiere eingegriffen. Möglicherweise hat er ihre Wanderrouten durch seine Lagerstätten versperrt oder ihnen den Zutritt zu den Wasserstellen verweigert, die er für sich selbst beanspruchte. Auch wäre es verwunderlich gewesen, wenn die immer stärker werdenden menschlichen Eingriffe zu Beginn der Zwischeneiszeit nicht die anderen Säugerpopulationen in Mitleidenschaft gezogen hätten. Der überzeugendste Beweis, daß dieses Massensterben durch den Menschen verursacht wurde, stammt aus Nordamerika, wo besonders viele Arten verschwanden. Dort vollzog sich die Evolution der Säuger während des gesamten Pleistozän weitgehend ohne jeden menschlichen Einfluß. Als die Menschen jedoch mit der Besiedlung Amerikas begannen, verschwanden die Arten, die noch keine Erfahrung mit diesen schlauen Zweibeinern gemacht hatten, mit einem Schlag von der Bildfläche.

Die ersten Siedler Amerikas

Keine Eiszeit (Glazial) verläuft wie die andere. Das Glazial, in dem sich der *Homo sapiens* auf der Welt ausbreitete, begann vor etwa 115 000 Jahren mit einer ausgedehnten Periode kalter Witterung, die einige Jahrtausende andauerte, dann aber vor 108 000 Jahren nachließ. Statt einer vollen Eiszeit gab es daher «nur» ein eiszeitliches Kälteintervall, das laut Nigel Calders anschaulicher Beschreibung etwa so lang wie der Zeitraum war, der zwischen uns und den Erbauern der ägyptischen Pyramiden liegt. Vor etwa 95 000 Jahren wagte die Eiszeit einen erneuten erfolglosen Vorstoß, der knapp 7000 Jahre andauerte. Aber auch hier erholte sich das Klima wieder und wurde fast so wie das heutige. Niemand weiß die genauen Ursachen dieser Klimakatastrophen, und möglicherweise entstanden sie infolge vermehrter Vulkantätigkeit. Auf jeden Fall ist aber interessant, daß sie das erste Erscheinen des *Homo sapiens sapiens* in fossilhaltigen Schichten markieren. Im Zeitraum von 80 000 bis 70 000 v. Chr. sanken die Temperaturen erneut, stiegen dann teilweise leicht an und purzelten wieder. Diesmal hielt die Kälte mehr als 50 000 Jahre an.

Ähnlich wie es in der momentanen Zwischeneiszeit immer wieder zu Temperatureinbrüchen (nach unten) kommt, gab es selbst in der letzten Eiszeit Jahrtausende, in denen es relativ warm war. Vor 70 000 bis 60 000 Jahren war die Kälte besonders grimmig, während die Temperaturen in der folgenden Zeit (bis vor etwa 20 000 Jahren) noch nicht ganz so tief lagen. Ab 50 000 v. Chr. gab es einige Jahrtausende mit weniger harten Bedingungen, und vor etwa 30 000 Jahren folgten einige Jahrhunderte, in denen die Witterung für kurze Zeit noch milder war. Es ist sehr interessant, daß diese besseren Klimabedingungen mit der plötzlichen Verbreitung des modernen Menschen (*Homo sapiens sapiens*) und dem gleichzeitigen Verschwinden des Neandertalers (*Homo sapiens neanderthalis*) zusammenfallen. Allerdings gibt es keine sicheren Beweise, ob das Klima eine Schlüsselrolle bei diesem Prozeß gespielt hat, oder ob einfach nur die Zeit dafür reif war, daß der moderne Mensch die Weltherrschaft übernehmen konnte. Die größte Ausdehnung der nördlichen Eismassen (das letzte glaziale Maximum) ereignete sich vor noch gar nicht langer Zeit, etwa vor 18 000 Jahren. Damit begann eine Periode der grimmigsten eiszeitlichen Witterung, die etwa 4000 Jahre andauerte, bis das große Tauen einsetzte. Irgendwann zwischen 12 000 und 10 000 v.Chr. endete die letzte Eiszeit, und das derzeitige Interglazial brach an.

Ihrem eigenen Gutdünken bleibt es nun überlassen, das exakte Datum zu bestimmen, wann genau die Zwischeneiszeit begann bzw. das Glazial aufhörte. Mehrere Jahrtausende lang schmolz das Eis; daher können Sie argumentieren, die Eiszeit sei zu Ende gewesen, als sich die Gletscher zurückzogen, oder aber das Interglazial habe eingesetzt, als der Schmelzprozeß abgeschlossen war.[1] Da man mit runden Zahlen bequemer rechnen kann, lassen wir die gegenwärtige Zwischeneiszeit vorzugsweise vor 10 000 Jahren beginnen.

In etwas menschlich-überheblicher Weise benutzen die Geologen das Ende des letzten Glazials, um eine Grenze zwischen zwei Epochen zu ziehen, nämlich zwischen dem Ende des Pleistozän und dem Beginn des Holozän (Jetztzeit), in dem die Zwischeneiszeit beginnt. Physikalisch gibt es hierfür keine Rechtfertigung. Wenn man vom Klima und von den Prozessen ausgeht, die die Erde formen, so ist die derzeitige Zwischeneiszeit nur eine von vielen in der langen Folge der eiszeitlichen Rhythmen des Pleistozän. Der einzige Unterschied besteht darin, daß die Menschen diese Rhythmen erkannt haben. Und nun will man ein (für uns) so wichtiges Ereignis als den Beginn der Zivilisation festlegen, indem behauptet wird, es sei zu Anfang eines neuen geologischen Zeitalters eingetreten. Vielleicht werden heute in einer Million Jahren einige Geologen Fossilien aus der Anfangszeit unseres jetzigen Interglazials untersuchen und dort Spuren eines Massensterbens der Großsäuger feststellen; sicherlich werden sie diese Zeit zu Recht als eine geologische Markierung festlegen. Zu Beginn des Holozän wurden die Menschen zu einem wichtigen Faktor für die Ausprägung geologischer Schichten – und wie wir noch in Kapitel 8 sehen werden, kann sich der menschliche Einfluß sogar auf den heutigen Klimaverlauf ausdehnen. Vielleicht war es doch keine so schlechte Überlegung, das Ende des Pleistozän auf die Geburtstunde der menschlichen Zivilisation zu datieren.

1 Ausgehend von den Milanković-Zyklen können Sie das Datum des Übergangs auf einen Zeitpunkt vor 15 000 Jahren legen, als die astronomischen Faktoren zugunsten wärmerer Sommer auf der Nordhalbkugel ausschlugen.

Ein Zusammenspiel von Klimawechsel und menschlichen Aktivitäten ist wahrscheinlich die beste Erklärung für das nordamerikanische Artensterben gegen Ende der letzten Eiszeit. Vielleicht sollten wir uns an dieser Stelle klarmachen, daß wir nun nicht mehr von Affenmenschen oder stumpfsinnigen Wilden sprechen. 40 000 Jahre alte Höhlenmalereien zeigen uns die Welt intelligenter europäischer Jäger und ihrer Beutetiere. In einem Grab in der Nähe des heutigen Moskau, dessen Alter mit etwa 30 000 Jahre angegeben wird, fand man die Überreste zugeschnittener Kleidung, darunter Hosen, mokassinartige Schuhe, Westen und Hüte, die allesamt mit Perlen verziert waren. Pfeil und Bogen wurden schon um 20 000 v.Chr. erfunden, und 19 000 Jahre alte Mühlsteine verweisen auf die Anfänge des Getreideanbaus im Niltal. Während sich diese Entwicklungen in Europa und im Vorderen Orient vollzogen, wanderten die Verwandten jener Jäger und Bauern nach Nordamerika. Sie benutzten dazu den trockenen Landkorridor der heutigen Beringstraße und zogen südlich von Alaska zwischen den Gletschern durch.[2] Die Menschen der Eiszeit waren ebenso menschlich und intelligent wie wir heute, und vielleicht verfügten sie sogar aufgrund des permanenten Gebrauchs ihrer Hände über eine größere manuelle Geschicklichkeit als wir. Sie konnten sprechen, bildeten vielschichtige Gesellschaften und hatten religiöse Gefühle und Vorstellungen, wie man aus ihren Grabstätten schließen kann. Wir haben uns die Welt nach unseren Maßstäben zurechtgebogen und daher mehr erreicht als diese Menschen; in erster Linie war dies aber nur möglich, weil wir auf die Anstrengungen hunderter Generationen von Menschen zurückgreifen und von ihren Erfahrungen profitieren konnten. Weiterhin verdanken wir unseren heutigen Status aber auch der weitaus milderen Witterung eines Interglazials. Wenn jeder direkte Vorfahr der heutigen Amerikaner sich bis zum 20. Lebensjahr fortgepflanzt hätte (bis zum 20. Jahrhundert war dieses Fort-

2 Andere Völker wandten sich von Eurasien nach Süden und fuhren von einer Insel zur nächsten, bis sie Australien erreichten. Der älteste Fundort einer menschlichen Besiedlung in Australien ist übrigens – was eindeutig belegt werden kann – knapp 33 000 Jahre alt.

pflanzungsalter durchaus realistisch), wäre der heutige US-Bürger durch nur knapp 1000 Generationen von den Menschen getrennt, die als erste die amerikanischen Kontinente besiedelten. In der heutigen Zivilisation stößt man öfter auf eine derart lange Schlange, z.B. um Karten für ein Konzert oder ein Fußballspiel zu bekommen. Zum Vergleich: Stellen Sie sich eine Autoschlange mit 1000 völlig entnervten Autofahrern von ca. 4,5 Kilometern vor. Eine entsprechende Reihe von nur 1000 Menschen, schön hintereinander in der Zeit, nicht im Raum aufgestellt, verbindet uns mit den amerikanischen Pionieren.

Selbstverständlich haben die Menschen damals nicht ihre Siebensachen geschultert und sind über den Landkorridor marschiert, um dann schnurstracks gen Süden zu wandern. In jeder einzelnen Phase dieses Prozesses verweilten die Menschen dort, wo sie gerade waren, und ernährten sich von dem, was ihnen die Gegend bot. Wachsende Bevölkerungszahlen, aber vielleicht auch nur Abenteuerlust, führten dazu, gleich hinter dem nächsten Hügel oder vielleicht weiter unten im Nachbartal neue Siedlungen anzulegen. Kein Mensch hatte vor, Amerika zu besiedeln. Dies geschah einfach, und der Prozeß verlief genauso wie tausende Jahre später bei den ersten europäischen Siedlern in Nordamerika. Diese Pioniere zogen von der Ostküste aus immer weiter westwärts, um irgendwo in Frieden leben und ihre Kinder aufziehen zu können. Der Ärger war nur, daß die Kinder, wenn sie dann groß waren, selbst eigenes Land benötigten, und so ging die Wanderschaft wieder von vorne los. Die ersten Amerikaner waren wahrscheinlich eher Jäger als Bauern, die Bedürfnisse waren aber die gleichen – besonders, wenn eine zu intensive Jagd den Bestand an Beutetieren dezimierte hatte.

Ab 40 000 v.Chr., während relativ milder Witterung, zog eine Einwanderungswelle nach der anderen nach Alaska. Die Experten diskutieren immer noch über die genauen Zeitpunkte dieser Wanderungen; an verschiedenen Lagerplätzen in Alaska sind Knochen gefunden worden, deren Alter mit 27 000 Jahren bestimmt wurde. Zu welcher Zeit die ersten Abenteurer das Risiko eingingen, durch den Korridor zwischen den Gletschern nach Süden zu wandern, wird sich wohl nie feststellen lassen. Da sich der Spalt zwischen den Gletschern während des letzten glazialen Maximums vor 18 000 Jahren schloß, scheint es wohl sicher, daß nur einige Sippen und Kleingruppen die Reise vor dieser Zeit bewältigten. Vielleicht führten die Nachfahren dieser Pioniere am Rande der Eisberge ein ähnlich ruhiges Dasein wie die Eskimos, bis irgendwann das große Schmelzen einsetzte. Möglicherweise war es auch nur eine unbedeutende Zahl, die südwärts nach Alaska zog, ehe das Eis zu schmelzen begann. Als die Gletscher tatsächlich tauten, gab es jedenfalls schon Menschen im Norden Amerikas, die nach einer Klimaveränderung südwärts wandern konnten. Die Ausbreitung fand unmittelbar nach dem Umschlag der Witterung statt, so daß dies kein Zufall sein kann. Innerhalb eines kurzen Zeitraums, vor etwa 11 000 Jahren, schwärmten die Menschen plötzlich in ganz Nordamerika aus und hinterließen ganz charakteristische Pfeilspitzen und Speerköpfe, die vom Pazifik bis zum Atlantik und von Alaska bis Mexiko gefunden wurden.

Solche jüngeren archäologischen Funde lassen sich wesentlich präziser datieren. Um 10 900 v.Chr. hatten sich überall in Zentralamerika Menschen niedergelassen, die dann weiter nach Südamerika wanderten. Ihre Nachkommen brauchten weitere 300 Jahre, um den Amazonas zu erreichen und zu überqueren, und um 10 000 v.Chr. war auch die südliche Kontinentalspitze bevölkert. Innerhalb von tausend Jahren, genau gegen Ende der Eiszeit, waren die Menschen von Alaska bis Kap Horn gezogen – und hatten unterwegs zahlreiche Riesensäuger ausgerottet. Auf der anderen Seite der Weltkugel förderten dieselben Klimaveränderungen, die den Menschen die Besiedlung Amerikas ermöglichten, die Entwicklung einer neuen Lebensweise, die auch als Zivilisation bekannt ist.

Warme Zeiten sind auch Regenzeiten

Es überrascht wohl kaum, daß die wärmste Periode des gegenwärtigen Interglazials unmittelbar nach dem Ende der letzten Eiszeit stattfand. Bei einer Geographie, wie sie unsere Welt heute zeigt, müssen schon alle Faktoren der Milanković-Rhythmen verstärkt zusammenwirken, um den Globus aus einem Glazial herauszuholen und eine Zwischeneiszeit auszulösen. Wenn das Eis erst einmal schmilzt, können die Rhythmen auch «außer Phase geraten» und den wärmenden Einfluß schwächen. Aber selbst wenn sich der Planet etwas abkühlt, wird nicht automatisch eine neue Eiszeit zurückkehren. Ödland und offenes Meer, die durch den Rückzug der Gletscher entstanden sind, können nämlich die eingestrahlte Sonnenenergie viel wirksamer absorbieren als die Eisdecken, die vorher das Sonnenlicht voll reflektierten. Typischerweise beginnt daher ein Interglazial mit einer sehr warmen Anfangsphase; dieser schließt sich eine Witterung an, die – unter gelegentlichen Temperaturschwankungen – langsam, aber unvermeidlich zu klimatischen Bedingungen zurückkehrt, die ein erneutes Ausbreiten der Gletscher ermöglichen. Jeder laue Lenz während einer Zwischeneiszeit ist weniger mild als der vorherige, und auf jeden grimmigen Kälteeinbruch folgt ein anderer, der noch kälter als sein Vorgänger ist. Dies geht dann solange, bis eines Tages eine Frostwelle kommt, die einige hunderttausend Jahre anhält.

Die ersten Tage des Holozän waren warm und feucht. Es regnete viel, da aufgrund des Temperaturanstiegs sehr viel mehr Wasser aus den Meeren (aber auch aus Seen und Teichen im Binnenland) verdunstete. Hierdurch entstand mehr Wasserdampf in der Luft, und folglich gab es auch mehr Wolken. Vermehrte Regenfälle bedeuteten aber auch, daß sich die nördlichen Wälder auf Gebiete ausdehnten, die vormals aus dürrem Grasland und Savannen bestanden. Auch in den Regionen, in denen die Gletscher tauten, war es recht naß, denn dieser Auftauvorgang ereignete sich nicht von heute auf morgen, sondern dauerte Jahrhunderte, ja sogar Jahrtausende, bis er abgeschlossen war. Während das Eis also schmolz und der Meeresspiegel anstieg, wurden auch die Küstengebiete auf der ganzen Welt «recht naß»; Landstriche, die fast 70 000 Jahre trocken gelegen hatten, wurden nun, als das Meer zurückkehrte, überflutet. Im Norden waren die Überschwemmungen sogar noch katastrophaler. Riesige Gebiete Sibiriens z.B. waren buchstäblich durch das Gewicht der Gletscher in den morastigen Boden gepreßt worden und in den puddingartigen Schichten aus geschmolzenem Gestein versunken, die sich unter der Erdoberfläche befinden. Nachdem die Eismassen geschmolzen waren, war der Boden zwar von seiner drückenden Last befreit, konnte sich aber nur sehr mühsam aus der zähen Magma lösen und auf sein altes Niveau zurückwölben; tatsächlich dauert dieser Prozeß auch heute, 10 000 Jahre danach, immer noch an. Daher konnte der Atlantik die abgesenkte Erdoberfläche überschwemmen.

Zur gleichen Zeit trockneten andere Wasserflächen, große Binnenseen und Binnenmeere aus Salz- oder Süßwasser aus. Während der Eiszeit hatte es südlich der Gletscherzonen in Gebieten wie Nordamerika und Europa zahlreiche Seen gegeben. Die Gewässer waren teilweise deshalb entstanden, weil sich Windrichtungen geändert und Niederschlagsgebiete verschoben hatten, zum Teil aber auch, weil am Rande der Gletscher während der Sommermonate viel Wasser verdunstete und sich Wolken bildeten. Die so enstandene Bewölkung konnte nun den Regen in Gebiete bringen, die heute von niederschlagsreichen Luftströmungen abgeschnitten sind. Der Große Salzsee in Utah z.B. ist das Relikt eines großen eiszeitlichen Sees, des Lake Bonneville, der eine Fläche von 50 000 Quadratkilometern bei einer Tiefe von bis zu 300 Metern bedeckte. Im nordwestlichen Nevada und im Südosten Kaliforniens gab es auch noch andere Seen, die etwa halb so groß waren. Das Kaspische Meer war doppelt so groß wie heute und erstreckte sich weit bis nach Zentral- und Ostrußland hinein. Selbst als sich die Eismassen zurückzogen und Nordsibirien überschwemmt wurde, war das Meer noch vergleichsweise groß. Als die Gletscher schmolzen und die Luftfeuchtigkeit höher war, haben sich die Gewässer vermutlich sogar zunächst einmal ausgedehnt.

Die menschliche Bevölkerung wurde durch diese Witterung stark in Mitleidenschaft gezogen. Nach den Relikten jener Zeit zu schließen, wohnten die ersten Menschen bevorzugt in der Nähe von Teichen und Seen. Fische bildeten vermutlich einen großen Teil ihrer Nahrung, und offenbar hatten sie auch den Trick herausbekommen, wie man Lebensmittel durch Einsalzen konserviert. Das hierzu erforderliche Salz gewannen sie aus Meerwasser.

Die eiszeitlichen Menschen waren aber auch Küstenbewohner, die mit Sicherheit an den Rändern von Mittelmeer und Nordsee, aber auch entlang der Großen Australischen Bucht und an anderen Meeresufern lebten. Manche Forscher vermuten, daß die Hauptzentren dieser frühmenschlichen Besiedlungen in Gebieten lagen, die heute vollständig vom Meer überschwemmt sind. Vermutlich war der primäre Effekt von Klimawechseln und Überschwemmungen im Küstenbereich, daß die damalige Bevölkerungszahl drastisch reduziert wurde. Die katastrophalen Begleiterscheinungen dieser Geschehnisse bilden daher den Ursprung jener Legenden von der großen Flut (Sintflut), die seit Urzeiten überliefert werden. Zwischen 15 000 v.Chr. und 10 000 v.Chr. stieg der Meeresspiegel weltweit um mindestens fünfzig Meter, und bis 5000 v.Chr. hatte er um weitere vierzig Meter zugenommen. Seit dieser Zeit schwankt seine Höhe nie mehr als einige Meter nach oben oder nach unten.

Der Gipfel dieser warmen und feuchten Periode des frühen Holozän, die manchmal als postglaziales Optimum bezeichnet wird, war vor 7000 bis 5000 Jahren erreicht. Die Welt war generell um 2° Celsius wärmer als in der Mitte des 20. Jahrhunderts (die Temperaturen lagen etwa 10° Celsius höher als während des letzten eiszeitlichen Maximums), und praktisch nichts deutet darauf hin, daß es zur damaligen Zeit größere Wüsten gab. Flüsse verliefen mitten durch die heutige Sahara, und in anderen Wüstengebieten der Gegenwart, wie im indischen Thar oder Rajasthan, fiel jährlich zwei- bis dreimal soviel Niederschlag wie derzeit in mehreren Jahren. Eine solche Veränderung fördert natürlich die Entwicklung des menschlichen Tatendrangs, nachdem sie sich wieder von dem Schock erholt hatten, den ihnen die postglazialen Überflutungen zunächst versetzt hatten.

Klimaverschiebungen im «fruchtbaren Halbmond»

Archäologische Funde aus den Höhlen im Sagrosgebirge, das im Grenzgebiet zwischen Iran, Irak, Syrien und der Türkei liegt, belegen, daß die Menschen vor etwa 11 000 Jahren begannen, Ziegen und Schafe zu halten und Getreide anzubauen. Nicht weit davon entfernt wurde fast zur gleichen Zeit die älteste Stadt der Welt gebaut – nach heutiger Ansicht würden wir die «Stadt» allerdings eher als Dorf bezeichnen. Diese Siedlung entstand im Jordantal an der Stelle des heutigen Jericho, in der Nähe des Toten Meeres. Das Tote Meer selbst war einmal ein großer eiszeitlicher Binnensee, der heute stark geschrumpft und ausgetrocknet ist, wobei große Mengen Salz abgelagert wurden. Dieses Salz war der Grund, aus dem die Stadt genau dort gebaut wurde, und man benutzte das Mineral aus dieser wertvollen Quelle nicht nur, um Lebensmittel zu konservieren, sondern auch zum Backen und zum Gerben von Leder.

Die Landwirtschaft hat sich auf der Erde offenbar in drei Hauptzentren unabhängig voneinander entwickelt. Das erste Zentrum, dem wir auch unsere Hauptaufmerksamkeit widmen wollen, war der sog. «fruchtbare Halbmond». Dieses Gebiet erstreckte sich von der östlichen Mittelmeerregion um Jericho über das Sagrosgebirge hinweg nach Osten in das Zweistromland zwischen Euphrat und Tigris und von dort hinab zum Persischen Golf. Das zweite Zentrum befand sich in China, wo man ab 7000 v.Chr. Schweine züchtete und unter anderem Reis, Hirse und Yamswurzeln anbaute. Das dritte Zentrum schließlich befand sich in Zentralamerika, wo die Menschen seit etwa 5000 Jahren Mais anpflanzen. Die feucht-warme Wetterperiode half den Menschen dabei, sich als Bauern zu versuchen. Etwas paradox klingt es nun, daß eine Verschlechterung dieser sog. optimalen Klimabedingungen sie dazu brachte, sich noch stärker landwirtschaftlich zu engagieren und eine bäuerliche Lebensweise als echte Alternative zu akzeptieren.

Etwa ab 5000 v.Chr. wurde die Welt kälter, und als normale Folge dieses globalen Abkühlungsprozesses wurden die mittleren Breiten trockener. Zum ersten Mal seit dem Ende der Eiszeit wuchsen in den Alpen wieder die Gletscher, und die großen Wüsten der Gegenwart, wie etwa die Sahara, begannen ihren Vormarsch. Der britische Klimatologe Hubert Lamb, ein Wegbereiter und Fürsprecher der Theorie, Klimaschwankungen hätten in historischen Zeiten die Geschicke der Menschheit beeinflußt, sammelte zahlreiche Beweise, wie sich diese Veränderungen auf die Menschen in der Zeit nach dem postglazialen Optimum auswirkten. Um 5000 v.Chr. waren Elefanten und Giraffen in Ägypten schon selten geworden, und um 4500 v.Chr. waren sie, wie auch die Nashörner, völlig aus dieser Region verschwunden. Das alljährliche Nilhochwasser, das von jahreszeitlichen Regenfällen in Äthiopien gespeist wurde, erreichte geringere Höchststände als im vorigen Jahrtausend. Zu der Zeit, als diese zuverlässige Wasserversorgung für die Ägypter immer unentbehrlicher geworden war, trockneten die äthiopischen Regengebiete jedoch aus. Die gleichen Vorgänge spielten sich im fruchtbaren Halbmond ab, der zu Beginn des dritten vorchristlichen Jahrtausends diese Bezeichnung wohl kaum noch verdiente. Die Abnahme der Regenfälle und die Ausbreitung der umliegenden Wüstengebiete steigerte die Bedeutung von Euphrat und Tigris als Wasserquellen und Lebensspender. Die Jagd als Hauptnahrungserwerb erwies sich als immer unergiebiger, und auch das Sammeln von Wildgräsern und Früchten reichte allein nicht mehr aus, um die Ernährung zu sichern. Daher mußten, je schlechter das Klima wurde, umso mehr Menschen ausschließlich Landwirtschaft betreiben, damit sie nicht verhungerten.

Nach Meinung von Hubert Lamb passierte Ähnliches in China und Indien, und er erwähnt auch eine These des japanischen Meteorologen Hideo Suzuki. Demnach wurden die Flüchtlinge aus den zunehmend austrocknenden Gebieten vermutlich zu Sklaven und Fellachen, die eine intensive Landwirtschaft erst ermöglichten und mit deren Arbeitskraft die ägyptischen Pyramiden errichtet wurden. Die biblischen Berichte, wie die Israeliten auf der Suche nach dem Gelobten Land durch die Wüste zogen, stammen aus dieser Periode der kleinasiatischen Unruhen und Völkerwanderungen. Die Menschen wurden durch die Klimaveränderungen in Gebiete wie den «fruchtbaren Halbmond» gedrängt, und dort wurden aus ihnen geschicktere Landarbeiter und Bauern als je zuvor. Der Keim der modernen Zivilisation wurde nicht durch die Eiszeit selbst gepflanzt, sondern von einer kurzen, weniger harten Kälteperiode (quasi einer Miniatureiszeit). Die Kinder der Eiszeit hatten ihre Lektion gelernt und kamen nun besser als nur gut zurecht. Nachdem die «frischgebackenen»

Bauern sich an die neuen Lebensumstände gewöhnt hatten, konnten sie ausreichend Nahrungsmittel produzieren, und es entstanden neue Organisationen innerhalb der Zivilisation. Die überschüssigen Lebensmittel konnten nun dazu verwandt werden, Menschen zu ernähren, die nicht primär von der Landwirtschaft lebten (z.B. Städter und Soldaten), so daß der Druck, in den fruchtbaren Halbmond zu wandern, sich in eine nach außen gerichtete Zivilisationswelle umkehrte.

Als Folge dieser Zivilisationsexpansion wurde Westeuropa zu einer beherrschenden Größe in der Weltgeschichte. China stieg als erstes Land zu einer bedeutenden Zivilisation auf, die sich als längste in der Geschichte behaupten konnte. Aber im großen und ganzen kümmerte sich China – wohl aus kulturellen Gründen – eher um seine eigenen Angelegenheiten bzw. um die seines Einflußbereiches. In Mittel- und Südamerika entstanden Hochkulturen erst zu einer späteren Zeit, jedoch hatten diese keine Gelegenheit, sich auf ihrem heimatlichen Kontinent auszubreiten, da sie von fremden Kulturen erobert und überrannt wurden. Die Eroberer waren Europäer, die ihre Kultur so weit entwickelt hatten, daß sie diese selbst in den entlegensten Erdwinkel brachten. Dieser Expansionsdrang war bereits in den ersten Tagen zu erkennen.

Das kältere Klima brachte einen neuen Wetterverlauf mit sich, der dem östlichen Mittelmeer und den Randgebieten Nordafrikas warme Sommer und zuverlässige Niederschläge im Winter bescherte. Unbeeinflußt von dieser Witterung war die Wüste im Süden und Osten weiterhin auf dem Vormarsch. Obwohl sie sich im Norden nicht so stark ausbreitete, waren die Lebensbedingungen mindestens so erbärmlich wie in den Trockengebieten. Die Gletscher waren weiter auf dem Vormarsch, bis sie vor knapp 3000 Jahren ihre südlichste Position im gegenwärtigen Interglazial erreicht hatten. Während des Kleinen Optimums gab es in Nordamerika keinen Gletscher südlich der kanadischen Grenze, und alle heutigen Gletscher im US-Teil der Rocky Mountains sind erst in den letzten 3500 Jahren entstanden. Während in den alten amerikanischen Legenden keine Geschichten aus diesen kalten Tagen überliefert sind, haben die Barden Skandinaviens die Geschichte dieser 3000 Jahre alten Eiszeit in die *Edda* eingeflochten, der Geschichte von *Ragnarök* oder der *Götterdämmerung*. Dort folgen drei kalte Winter aufeinander, ohne daß es Sommer wird – und so beginnt der *Fimbulwinter*, der das Ende der Welt ankündigt. Lamb vermutet, daß die große Feuersbrunst, mit der die Sage endet, genauso realistisch war wie die Ausdehnung der Eismassen. Sehr wahrscheinlich reflektiert dieser Volksglaube die riesigen, furchterregenden Waldbrände, in denen die verdorrten, durch die Kälte abgestorbenen Bäume vom Feuer verschlungen wurden.[3]

Bei derartigen Katastrophen im Norden und der Zunahme der Wüsten im Süden blieb eigentlich nur noch der östliche Mittelmeerraum übrig, um die Zivilisation aus dem fruchtbaren Halbmond zu übernehmen und weiter zu entwickeln. Ägypten, Griechenland und Rom hatten nacheinander eine zentrale Stellung inne; es war schließlich Rom, das als erste Nation das Licht der Zivilisation zwar nicht der gesamten Welt, so doch wenigstens in alle Ecken Europas brachte.

Die Römer waren richtige Glückspilze. Der Legende nach wurde die Stadt Rom um 753 v.Chr. gegründet. 500 Jahre lang war Rom nur ein unbedeutender Stadtstaat in einer mediterranen Welt, die von Griechen, Phöniziern und Karthagern beherrscht wurde. Zur damaligen Zeit war es immer noch verhältnismäßig kalt; selbst Rom erlebte in einigen Jahren Frost und Schnee, und bis 300 v.Chr. wuchsen Buchenwälder in der Nähe der Stadt. Als sich die Witterung besserte, gewann Rom an Bedeutung. Die Buchen, die kühlere Standorte bevorzugen, zogen sich in höhere Breitengrade zurück, und vereiste oder verschneite Straßen gehörten in Rom von nun an der Vergangenheit an. Die erfolgreiche Ausbreitung der römischen Kultur fiel mehr oder weniger zufällig mit einer Klimaverbesserung zusammen, ausgelöst durch das Ende einer Kälteperiode, die vor 2500 Jahren (etwa um 500 v.Chr.) ihren Höhepunkt hatte.

3 Einige Elemente dieser Sage, von der wir annehmen, daß sie auf Tatsachen beruht, wurden von Richard Wagner in seinen *Ringzyklus* übernommen.

Die verbesserten und wärmeren Bedingungen hielten noch bis etwa 400 n.Chr. an und schenkten dem römischen Kaiserreich eine weniger rauhe Witterung, als gegen Mitte des 20. Jahrhunderts in Europa herrschte. Als sich das Imperium nach Norden ausdehnte, brachten die Römer den Weinbau mit und pflanzten Reben in Britannien und Germanien. Der Erfolg dieser Aktion läßt sich daran ablesen, daß sich die Provinz Britannien im Jahre 300 n. Chr. selbständig mit Wein versorgen konnte. Für jeden, der erst kürzlich die Unbeständigkeit des englischen Wetters genossen hat, zeigt dieses Beispiel sehr einleuchtend, um wieviel angenehmer es doch im England der Römerzeit war. Aber weder das (schöne) Wetter noch die Römerherrschaft waren von Dauer. Das Kaiserreich ging unter, und auch das Klima wurde wieder schlechter.[4] Vor Anbruch des 20. Jahrhundert gab es dann nur noch zwei Klimawechsel von größerem Ausmaß. Während der ersten dieser beiden Phasen mit extremer Witterung, dem Kleinen Optimum[5], begannen die Europäer, größere und weitere Seereisen zu unternehmen. Obwohl diese Seefahrten nicht dazu führten, dauerhafte Brückenköpfe der europäischen Kultur auf anderen Kontinenten zu errichten, setzten sie zumindest einen historischen Meilenstein, dessen Details uns leider für alle Zeiten verloren gingen. Irgendwann um das erste Jahrtausend n. Chr. setzten europäische Abenteurer, die aus Skandinavien kamen, ihren Fuß auf das nordamerikanische Festland. Dort begegneten sie anderen Vertretern von *Homo sapiens sapiens*, den Nachfahren einer früheren Generation von Abenteurern, die während der Eiszeit auf dem Landweg über Alaska nach Amerika gekommen waren. So trafen also Vertreter von *Homo sapiens sapiens*, die westwärts nach Amerika gereist waren, auf ihre Vettern, die aus dem Osten eingewandert waren.

4 Sicherlich ist auch diese Gleichzeitigkeit wieder purer Zufall – im ersten nachchristlichen Jahrtausend gab es nämlich keine Anzeichen einer Klimaverschlechterung, die drastisch genug war, um das Imperium Romanum untergehen zu lassen – selbst wenn es mit der britannischen Weinproduktion bergab ging.

5 Die Bezeichnung «Kleines Optimum» geht auf die Tatsache zurück, daß es damals wärmer war als heute. Die Periode des Kleinen Optimums war allerdings kühler und wesentlich kürzer als die des postglazialen Optimums.

Zwischen diesen beiden Gruppen gab es nun keinen unerforschten Landstrich mehr, der nicht irgendwann von einem intelligenten Zweibeiner betreten wurde. Und zufälligerweise spielen auch wieder Weinreben bei diesem «Familientreffen» eine Rolle.

Warme Zeiten im dunklen Zeitalter

Fast hätte man glauben können, die Natur wollte den Gegenbeweis zu der These liefern, die menschliche Zivilisation bekäme unmittelbar nach dem Beginn einer Schönwetterperiode automatisch einen Schub nach vorne. Denn im Anschluß an den Zusammenbruch des römischen Reiches im Westen – das oströmische Kaiserreich in Byzanz hielt sich noch einige Jahrhunderte länger – gab es mehrere Jahrhunderte, in denen die Welt wärmer wurde. Zu dieser Zeit war die europäische Zivilisation in einem derart desolaten Zustand, daß man diese Epoche auch als *Dunkles Zeitalter* bezeichnet. Die warme Witterung hatte zu verschiedenen Zeiten und an unterschiedlichen Orten fast die gleiche Intensität wie die Hitze des postglazialen Optimums. Das Kleine Optimum des Mittelalters verlief allerdings räumlich und zeitlich viel asymmetrischer. Verschiedene Zonen auf der Erde hatten zu vollkommen unterschiedlichen Zeiten ihre Hitzemaxima, und an manchen Orten wurde es überhaupt nicht warm. An einigen Stellen dauerte die Wärmeperiode fast ununterbrochen von etwa 400 bis 1200 an. Zu den betroffenen Gebieten gehörten Teile der Arktis, aber auch niedrigere (d.h. äquatornahe) Breitengrade auf der ganzen Welt. In Europa und Nordamerika jedoch – den Gebieten also, die uns besonders interessieren – war es zwischen 400 und 650 recht kühl, sogar mit mehreren recht grimmigen Wintern. In China und Japan hingegen war diese Periode (400 bis 1200 n.Chr.) der einzige Zeitraum, in dem es durchgehend richtig warm wurde.

In Europa und im Einzugsbereich des Nordatlantiks lagen die besten Jahre des Kleinen Optimums zwischen 1000 und 1200. Es gibt zahlreiche historische Aufzeichnungen, die auf die Unterschiede zwischen dem Klima jener Tage gegenüber zurückliegenden Zeiten hinweisen. Im Jahre 873 zogen beispielsweise riesige Heuschreckenschwärme, die sich in der trockenen Hitze gewaltig vermehrt hatten, von Spanien hoch nach Deutschland[6], und im Herbst des Jahres 1195 ereignete sich ein ähnlicher Heuschreckeneinfall in Österreich und Ungarn. Zur gleichen Zeit, als Europa mehrere relativ kalte Jahrzehnte erlebte, erfreuten sich China und Japan einer bescheidenen Version des Kleinen Optimums. In späteren Jahren war es dann genau umgekehrt: Während Europa sich auf dem Höhepunkt einer Hitzeperiode befand, froren die Chinesen und Japaner gewaltig. Aus dieser Zeit existieren sehr detaillierte Aufzeichnungen, die von dem chinesischen Klimatologen Chu Ko-Chen Anfang der 70er Jahre untersucht wurden. Laut den Berichten dieser Schriftrollen hatte sich das Klima in China im 11. und 12. Jahrhundert so sehr verschlechtert, daß z. B. Schneefälle im Frühjahr einen vollen Monat später als im 20. Jahrhundert eintraten. Die Pflaumenbäume, die im Norden Chinas während der Wärmeperiode vergangener Jahrhunderte gut gediehen waren, gingen nun zugrunde, und im Süden des Landes erfroren die Lycheebäume. Aus japanischen Aufzeichnungen ist ersichtlich, daß die jährliche Kirschblüte in den Frühjahren des 12. Jahrhunderts durchschnittlich zwei Wochen später einsetzte als in der Mitte des 9. Jahrhunderts.

Lamb erklärt diese gleichzeitigen – wenn auch gegenläufigen – Klimaverlagerungen auf den entgegengesetzten Seiten des Globus mit folgender meteorologischer Erscheinung: Auslöser ist die geschlossene Bewegung kalter Luftmassen, die vom Nordpol weg seitlich über die Arktis hinwegströmen. Dabei wehen in der Polargegend nahezu ständig Winde auf kreisförmigen Zickzackbahnen von Westen nach Osten.[7] Diese Winde, die sog. Jetstreams, sind in großen Höhenlagen besonders stabil und schieben sich isolierend teilweise zwischen die kalten Luftmassen und die Arktis selbst. Die Winde, die kreisförmig um den Globus wehen, sind auch als Zir-

6 Laut Berichten der Fuldaer Klosterchroniken wurden dabei ganz Franken und das Mainzer Becken von den Insekten verwüstet. (Anm. d. Übers.)

7 Aus diesem Grund braucht ein Flugzeug auch länger, um gegen den Wind von London nach New York zu fliegen, als umgekehrt mit Rückenwind von New York nach London.

kumpolarwirbel bekannt. Dieser Wirbel kann sich samt der dazugehörigen Hülle aus kalten Polarlüften über der Arktis verlagern, und sein Zentrum liegt in dem einen Jahr oder Jahrzehnt mal mehr auf der atlantischen, mal mehr auf der pazifischen Seite des Pols. Diese Verlagerung wird durch Gebirgszüge gelenkt, die die Route dieser Winde blockieren, kann aber auch durch andere Schwankungen im globalen Zirkulationssystem hervorgerufen werden. Möglicherweise spielen dabei auch schwankende Temperaturen der Meeresoberfläche eine Rolle. Zwischen 1000 und 1200 mußte sich der Wirbel laut Aussagen von Lamb auf der pazifischen Polseite befunden haben. Als Folge davon verlagerten sich die Klimazonen im Atlantik nach Norden, während diejenigen um den Pazifik herum südwärts wanderten. So kam es, daß China, Japan und die gesamte Nordpazifikregion unter einer kalten Witterung litten, während sich zur gleichen Zeit Europa, Nordamerika und das nordatlantische Gebiet in den Sonnenstrahlen des Kleinen Optimums aalten. Keiner weiß genau, warum sich der Wirbel zu jener Zeit in dieser Weise verlagerte, oder ob es überhaupt einen speziellen Anlaß dafür gab. Schließlich muß der Wirbel ja an irgendeinem Punkt der Arktis sein Zentrum haben, und vielleicht befand sich dieser Punkt damals zufällig im Pazifik. Die genauen Gründe für diese Verlagerung sollen uns nicht weiter kümmern; für uns ist lediglich interessant, wie sie sich auf die Menschen in Europa und speziell auf die seefahrenden Wikinger der altnordischen Länder auswirkte.

Auf dem Höhepunkt des Kleinen Optimums in Europa erstreckten sich die Weinanbaugebiete noch um fünf Breitengrade weiter nach Norden und lagen 200 Meter (ü.N.N.) höher als 1960. Daraus ergibt sich, daß die Durchschnittstemperaturen in jenen Tagen etwa 1° Celsius höher als heute lagen. Klimatologen und Historiker brauchen sich aber nicht mehr auf indirekte Quellen zu verlassen, wenn sie die Klimaschwankungen innerhalb der letzten tausend Jahre wissen wollen. Die grönländischen Eisberge wachsen Jahr für Jahr, indem sich der frischgefallene Schnee über die gefrorene Schicht des Vorjahres legt. Tief im Innern dieser Gletscher finden wir nun eine exakte Aufzeichnung der jährlichen Temperaturen der nordatlantischen Region. Aus diesen jahrhundertealten Eissedimenten werden lange Bohrkerne herausgebohrt, an denen ein Klimatologe die Temperaturen ablesen kann. Zur genauen Datierung zählt man einfach nur die unterschiedlichen Eisschichten rückwärts ab.[8] Diese Eiskern-Methode funktioniert im Prinzip wie ein «Frost-Thermometer», mit dem man zwar nicht die Temperaturänderungen pro Jahr, aber doch zumindest pro Jahrzehnt bestimmen kann.

Hierbei sind nicht geringe technische Probleme zu überwinden: Man muß einen 404 Meter langen Eisbohrkern bohren, diesen aus der Eisdecke herausziehen und anschließend die einzelnen Eisschichten zählen, um so einen Kalender zu erstellen, der 1420 Jahre zurückgeht. Neben diesen Arbeiten mußten die dänischen Forscher, die als erste ein komplettes Verzeichnis der nordatlantischen Klimaschwankungen seit dem 6. Jahrhundert zusammenstellten, eine Sauerstoffbestimmung der Eisproben durchführen. Dabei wird das Verhältnis zwischen unterschiedlichen Sauerstoffatomen (Sauerstoff-Isotopen) gemessen, die in jeweils verschiedenen Eisschichten vorkommen. Auf diese Weise kann man die globale Temperatur jener Zeit ermitteln, als die Eisschicht aus Neuschnee gebildet wurde. Wir wollen uns nicht in Details verlieren, aber Sie können uns vertrauensvoll glauben, daß die Angelegenheit wirklich nicht einfach ist. Im wesentlichen handelt es sich um den gleichen Trick, über den auch die eiszeitlichen Rhythmen des Milanković-Modells geeicht wurden. Bei dieser Technik nutzt man die Tatsache, daß es in der Luft und im Wasser (H_2O) zwei Sauerstoff-Isotope gibt, ^{18}O und ^{16}O. Wie wir bereits gesehen haben, ist ^{18}O schwerer als ^{16}O, daher sind auch einige Wassermoleküle schwerer als andere. Leichtere Wassermoleküle können aber einfacher aus dem Meer verdunsten und zu Wolken kondensieren, und hoch oben im Norden geht der Niederschlag dieser Wolken als Schnee nieder. Der genaue Anteil ^{18}O, der in die Wolken (und somit auch in den Schnee) gelangt, hängt von der Jahresdurchschnittstemperatur auf der Meeresoberfläche ab. Indem man nun das ^{18}O:^{16}O-Verhältnis einer Eisprobe bestimmt,

8 Eigentlich geht man bei dieser Methode genauso vor wie bei der Altersbestimmung von Bäumen über Jahresringe.

kann die Temperatur desjenigen Jahres direkt ermittelt werden, in dem dieses Eis aus Neuschnee entstand.

Temperaturen, die auf diese Weise bestimmt werden, können anschließend mit Geschichtsaufzeichnungen der letzten Jahrzehnte, die den obersten Eislagen entsprechen, verglichen werden; dabei ergibt sich, daß dieses «Frost-Thermometer» tatsächlich eine gute Orientierungshilfe für Temperaturen in der Vergangenheit darstellt. Für die Region Grönland ergab sich beispielsweise, daß sich das Kleine Optimum in der ersten Hälfte des 8. Jahrhunderts mit voller Kraft entfaltete; danach gingen die Temperaturen Mitte des 9. Jahrhunderts für einige Jahrzehnte zurück, und anschließend kehrte die Wärmeperiode wieder und hielt sich, abgesehen von geringfügigen Schwankungen, bis ins 11. Jahrhundert. Einige etwas stärkere Temperaturschwankungen kündigten dann den Einbruch einer jahrhundertelangen Abkühlungsphase an, die noch bis ins letzte Jahrhundert andauerte – doch darüber mehr in Kapitel 7. Nüchterne Statistiken wie diese können allerdings in keiner Weise vermitteln, was ein solcher Klimawechsel für die Menschen bedeutete, die damals in dieser Region lebten. Besonders faszinierend finden wir, wie sich die Ergebnisse der oben beschriebenen Klimamessung (Bestimmung des Verhältnisses von Sauerstoff-Isotopen im Grönlandeis) mit den spärlichen historischen Aufzeichnungen decken, bzw. ihnen neue Bedeutung verleihen, die es über die skandinavische Besiedlung der nordatlantischen Randzonen während des Kleinen Optimums gibt.

Ungewisse Seefahrt nach Westen

Die Historiker versuchen manchmal, zwischen den Begriffen «Wikinger» und «Nordländer» zu unterscheiden. Wikinger waren seefahrende Abenteurer, fast immer wettergehärtete, zähe Seebären, von denen einige als Piraten und Banditen die Küsten Europas mit Raub, Plünderung und Brandschatzung heimsuchten. Diese zählten zu den eher übel beleumundeten Vertretern der altnordischen Kultur, die in ihren skandinavischen Stammlanden aber durchaus solide Gefüge wie Staatswesen, Königtum und

Rechtsprechung besaß (wenn auch in einer wesentlich strengeren und von Gewalt geprägten Form als unsere heutige Jurisdiktion). Bei den Wikingern handelte es sich oft um Gesetzesbrecher, die aus ihrer Heimat ins Exil getrieben wurden. Ab hier werden die Unterscheidungsmerkmale jedoch ziemlich undeutlich. Einige plündernde Wikinger ließen sich in den Ländern nieder, die sie zuvor überfallen hatten, u.a. in England, Irland und in der französischen Normandie.[9] Manche machten sich «aus eigenen Gnaden» zu Königen und Adligen und regierten ihre Territorien mehr oder minder nach persönlichen Rechtsvorstellungen. Einige Wikinger versuchten sich sogar mit demokratischen Staatsformen: Auf der Insel Man finden wir eine (in gewissem Sinne)[10] demokratische Regierungsform, die nach einigen Behauptungen die längste ununterbrochene demokratische Tradition haben soll und sich direkt von einer altnordischen Parlamentsform ableitet. Und auch die Normannen, die 1066 in England einfielen und es eroberten[11], waren im eigentlichen Sinne Wikinger. Die Menschen, welche die altskandinavische Kultur über den nördlichen Atlantik westwärts brachten, waren mit Sicherheit ebenfalls räuberische Wikinger. Nach ein oder zwei Generationen wurden ihre Nachkommen ehrbare Bürger, die ihren Mutterländern und dem Christentum Treue schwuren, anstatt weiter den alten nordischen Gottheiten zu opfern. Die westlichen Wikingerkolonien konnten aber nur solange florieren, wie dies klimatisch möglich war.

Die Wikinger waren allerdings nicht die ersten Menschen, die über die Weiten des Atlantiks gesegelt sind. Die allerersten Atlantikfahrer waren irische Mönche, die auf der Suche nach einem friedlichen, einsamen Ort vor dem mittelalterlichen Zivilisationsverfall und den Barbarenhorden flohen, welche die Länder der Christenheit heimsuchten. In den zahlreichen Erzählungen ihrer

9 Daher stammt der Name dieser Region, *Normandie* gleich *Land der Nordmänner*.

10 Eine Regierungsform, die u.a. Frauen das Wahlrecht vorenthält, möchten wir lieber als Demokratie «in gewissem Sinne» bezeichnen.

11 Der Erfolg des normannischen Eroberungsfeldzuges beruhte nicht unwesentlich auf der Tatsache, daß die englische Armee vollkommen erschöpft war, weil sie zuvor eine Invasion durch andere Nordmänner abwehren mußten.

Erlebnisse wurden diese im Laufe der Jahrhunderte stark verzerrt und zweifellos mit gewaltigen Übertreibungen geschmückt, trotzdem kann man davon ausgehen, daß die aus dem 6. Jahrhundert stammende Geschichte vom Heiligen Brendan und seinen Reisen auf wahren Begebnissen beruht. Vielleicht erreichte er Amerika, vielleicht aber auch nicht – jedenfalls kam er so nahe an Grönland heran, daß er Eisbergen begegnet ist. Als die Wikinger im 9. Jahrhundert auf Island einen Stützpunkt errichteten, waren die irischen Mönche bereits dort. Die frommen Männer machten sich aber recht schnell wieder davon, als sie bemerkten, daß selbst dieser einsame Vorposten Europas von genau den Leuten überrannt wurde, denen sie unter allen Umständen aus dem Wege gehen wollten.

Die Geschichte der Wikingerfahrten wurde im Laufe der Jahrhunderte immer weiter ausgeschmückt, jedoch finden wir große Teile der tatsächlichen historischen Ereignisse in den *Sagas* wieder, jenen mündlich überlieferten Chroniken, die meist erst Jahrhunderte später niedergeschrieben und festgehalten wurden. Die *Landnamsaga* (auch *Landnamabok Islands*) berichtet von der Landnahme und Besiedlung Islands, während die *Grönländersaga* von Seefahrten und Siedlungen weiter westwärts erzählt. Als ein Beweis für den Wahrheitsgehalt dieser Chroniken mag gelten, daß die dort beschriebenen klimatischen Begebenheiten mit den Meßergebnissen übereinstimmen, die das «Frost-Thermometer» aus den Gletschern Grönlands liefert.

Irgendwann in der Mitte des 9. Jahrhunderts wurden zweimal – unabhängig voneinander – nordische Seefahrer[12] von ihrem Kurs abgetrieben, und sie «entdeckten» Island samt seiner irischen Mönchskolonie. Die dort lebenden Mönche schlugen sich mehr schlecht als recht in einer unwirtlichen Umgebung durch. In einer frühen Reisechronik über Island, die der Mönch Dicuil im Jahre 825 in Irland verfaßte, heißt es, nur eine Tagesreise gen Norden vom Kloster der isländischen Mönche entfernt befände

12 Bei diesen Seefahrern handelt es sich um den gebürtigen Schweden Gardar Svavarsson und den Norweger Naddodd, die irgendwann zwischen 870 und 880 auf Island landeten. (Anm. d. Übers.)

sich ein See, der ständig zugefroren sei. Jedoch sah sich der Bauer Floki Vilgerdarson noch schlechterer Witterung ausgesetzt, als er zu einem späteren Zeitpunkt (um 880) versuchte, die erste nordische Kolonie auf Island zu gründen. Wie wir aus den Wetterdaten des «Frost-Thermometers» wissen, hätte sich Floki keinen ungünstigeren Zeitpunkt für sein Unternehmen aussuchen können. In diesem Augenblick befanden sich nämlich die nördlichen Bereiche des Nordatlantiks am Ende mehrerer eisiger Jahrzehnte, die das Kleine Optimum in dieser Region halbiert hatten. In dem folgenden schweren Winter verlor Floki sein gesamtes Vieh, und kehrte, wie die *Landnamsaga* vermerkt, mit der Geschichte nach Skandinavien heim, er habe «einen völlig zugefrorenen Fjord» gesehen. Und so gab er, führt die *Landnamsaga* fort, «dem Land den Namen Eisland» (Island). Ironie des Schicksals: dies sollte für die nächsten 300 Jahre das letzte Mal sein, daß in diesem Zusammenhang von «Meereis» gesprochen wurde. Ab 880 erwärmte sich der Nordatlantik, und andere Siedler, die Flokis Spuren folgten, empfanden Island viel wirtlicher und gründeten dort eine blühende Kolonie.

In den folgenden Jahrhunderten, die von der Wärme des Kleinen Optimums geprägt waren, segelten nordische Seefahrer bis ins Mittelmeer, um mit Italien und den arabischen Ländern Handel zu treiben. Andere zogen weit nach Rußland hinein, indem sie dem Lauf der großen Ströme folgten, während ein anderer Teil die Flüsse südwärts und ostwärts in Richtung Byzanz[13] segelte. Wenn Europa zwischen 900 und 1100 überhaupt jemandem «gehörte», dann auf jeden Fall den Nordmännern, und beinahe wäre es ihnen auch gelungen, dauerhafte Siedlungen in Amerika zu gründen.

Im eigentlichen Sinne waren weder Floki noch die Bauern, die ihm nachfolgten, echte Wikinger, wenn sie auch mit Sicherheit robuster als ein heutiger europäischer Durchschnittsbauer waren. Die nächste Etappe in der Geschichte der Westwikinger spielt sich jedoch wieder voll in der blutrünstigen Tradition ab,

13 Seefahrende Wikinger waren unter ihrem sagenhaftem Anführer Rurik sogar an der Gründung des späteren russischen Reiches beteiligt.

die man mit den Wikingern assoziiert. Um 960 brachte nämlich ein besonders unangenehmer Zeitgenosse namens Thorvald Asvaldsson einen Mann in Norwegen um und mußte daraufhin mit seiner gesamten Familie nach Island fliehen. Inzwischen waren 100 Jahre seit Flokis Fehlschlag vergangen, die Kolonie hatte sich gut etabliert, und die besten Grundstücke im Süden der Insel waren bereits vergeben. Daher mußte sich Thorvald mit schlechteren Böden im Norden begnügen. Sein Sohn Erik (oder Eirik) jedoch heiratete in eine gute Familie und richtete sich auf einem besseren Hof ein. Sein weiterer Lebensweg schien also so gut wie gesichert, als bei ihm plötzlich die gleiche brutale Veranlagung durchbrach, die schon sein Vater Thorvald hatte. Erik überbot ihn sogar noch, indem er gleich zwei Männer erschlug, und so wurde Erik 982 für drei Jahre aus Island verbannt, damit sich sein Heißsporn etwas abkühle. In den Sagas wird er immer als Erik der Rote bezeichnet, und die Versuchung liegt nahe, dies bezöge sich auf sein hitziges Temperament. Vielleicht kam dieser Name aber auch nur zustande, weil er rote Haare hatte.[14]

Mit einem ganzen Schiff voller Gefolgsleute segelte Erik nach Westen, da er beschlossen hatte, in seiner Exilzeit auf Entdekkungsreise zu gehen. Denn ihm waren vage Geschichten über ein Land westlich von Island zu Ohren gekommen, von Inseln, die verirrte Seefahrer gesichtet hatten.[15] Diese hatten jedoch einen stärkeren Drang verspürt, ihren Heimathafen wiederzufinden, als ihre Entdeckungen genauer zu erkunden. Das Land, das Erik schließlich vorfand, war in erster Linie rauh und zerklüftet, jedoch gab es an seiner Südwestküste einen tief ins Land reichenden, gut geschützten Fjord, der vom Golfstrom erwärmt wurde, und wo es ausreichend Ackerland in Meeresnähe gab. Die Verhältnisse

14 Den Beinamen «der Rote» soll Erik wegen seines brandroten Vollbartes erhalten haben. (Anm. d. Übers.)

15 Dieser erste Bericht über Grönland stammt von dem norwegischen Wikinger Gjunnbjörn, der knapp hundert Jahre zuvor auf einer Islandfahrt vom Kurs abgekommen war und Inseln gesichtet hatte, die vermutlich in der Gegend des heutigen Angmagssalik (in Grönland) lagen. Diese wurden nach ihm «Gjunnbjörns Schären» genannt. (Anm. d. Übers.)

ähnelten denen, die Erik auf Island zurückgelassen hatte, und er nannte das neue Land Grünland (= Grönland).

Warum er gerade diesen Namen wählte, werden wir wohl nie erfahren. Nach einer Darstellung kam der Name zustande, weil die Wikinger von hoher See aus sehen konnten, wie das Sonnenlicht grün auf den Gletschern Grönlands schimmerte. Plausibler erscheint uns aber eine andere Version, die in manchen Chroniken festgehalten ist und sich eher mit dem dubiosen Charakter Eriks in Einklang bringen läßt: Der Wikingerführer hatte diesen Namen für ein bewußtes Täuschungsmanöver gewählt. Der verheißungsvoll klingende Name «Grünland» war Teil eines Betrugs, um die Isländer zu verlocken, dem Roten Erik in die neuen Gebiete zu folgen. Hier wäre natürlich Erik zum Herrscher avanciert, und eine Verlängerung des Exils somit hinfällig. Allerdings wurden die Sagas erst Jahrhunderte später niedergeschrieben, als das Klima auf Grönland noch viel rauher war als heute, und für die Chronisten war es daher völlig klar, daß nur ein Betrug jemanden dazu verleiten konnte, dem Roten Erik nach Westen zu folgen. Heute wissen wir, daß Erik gegen Ende eines besonders warmen Abschnitts des Kleinen Optimums in Grönland landete, und die Küstenregion, die er betrat, muß in den Augen der damaligen Isländer grün und fruchtbar gewesen sein. Um ganz sicher zu gehen, hat Erik bei seiner Werbekampagne zuhause in Island sicherlich etwas dicker aufgetragen, als es der Wahrheit entsprach, jedoch handelt es sich bei diesem rhetorischen Element nur um bloße Übertreibung, nicht aber um völlig aus der Luft gegriffene Lügen.

Wenn Grönland und Island im selben Jahr von demselben Forschungsreisenden entdeckt worden wären, so hätte er logischerweise Grönland «Eisland» getauft, während Island von ihm den Namen «Grünland» erhalten hätte. Die eine der beiden Inseln ist nämlich wirklich vollkommen eisbedeckt, während die andere eher grün und fruchtbar ist. Sie haben lediglich den falschen Namen bekommen, und zwar hauptsächlich aufgrund minimaler Klimaschwankungen. Während Island gegen Ende einer Kältephase kolonisiert wurde, entstanden die Siedlungen auf Grönland am Ende einer wärmeren Periode. Aus diesem Grunde gibt es heute auf Grönland kein (zumindest landwirtschaftlich nutzbares) Grünland.

Nachdem sich die Skandinavier erst einmal auf Grönland niedergelassen hatten, blieb es unvermeidlich, daß sie auch das nordamerikanische Festland erreichen würden. Schon um 986 wurde westlich von Grönland Land entdeckt, und zwar durch den Kaufmann Bjarni Herjelfsson, dessen Schiff auf einer der ersten Fahrten zwischen Island und der neuen Tochterkolonie vom Kurs abgekommen war. Bjarni machte jedoch keine großen Anstalten, das neue Land zu erkunden; schließlich war er Kaufmann, kein Wikinger, seine Vorräte waren knapp, und obendrein wollte er seine Ladung sicher an den Bestimmungsort bringen. Und wirklich galt es beim Aufbau der Grönlandkolonie soviel zu erledigen, daß sich erst um 995 Leif Eriksson, der Sohn des Roten Eriks, aufmachte, die neuen Gebiete auszukundschaften. Obwohl die Archäologen erst eine einzige Siedlung bei L'Anse-aux-Meadows im Norden Neufundlands gefunden und untersucht haben, sollte dies ein ausreichender Beweis dafür sein, daß die Wikinger tatsächlich um die Jahrtausendwende Nordamerika erreichten. Eine weitere, mehr im Süden gelegene Siedlung wird in den Sagas erwähnt; in diesen Chroniken wird eingehend von Vinland (= Weinland) berichtet, einem fruchtbaren und warmen Landstrich, wo den Menschen die Weintrauben (!) quasi in den Mund wachsen, wo es Wild in Hülle und Fülle gibt, und wo kein Mensch mehr sein Leben mit harter Arbeit verbringen muß. Solche Schlaraffenlandgeschichten sind mit Sicherheit maßlos übertrieben, aber wie schon bei der Namensverleihung Grönlands steckt ohne Zweifel auch in ihnen ein Quentchen Wahrheit.

In erster Linie nutzten die Wikinger Vinland, wo immer es auch lag, als Rohstoffquelle für Bauholz. Auf Grönland war Holz nämlich äußerst knapp, und seine Reisen gen Westen machten Leif nicht nur berühmt, sondern auch zu einem reichen Mann, was ihm den Beinamen Leif der Glückliche (Leifr inn Heppni) eintrug. Obwohl das Klima mild war, gab es noch eine andere Gefahr, der die Siedler auf dem amerikanischen Festland ausgesetzt waren und die vermutlich erklärt, warum die südlich und westlich gelegenen Wikingerkolonien nicht überleben konnten.

Im Gegensatz zu Island und Grönland war Nordamerika nämlich bereits von Menschen bewohnt. Der Kreis der Menschheit hatte sich geschlossen, als sich seefahrende Wikinger und amerikanische Ureinwohner erstmals gegenüberstanden. Als im Jahre 1066 Wilhelm der Eroberer in England einfiel, hatte die erste Begegnung zwischen Nordmännern und Nordamerikanern bereits stattgefunden.

Die Spekulationen «Was wäre, wenn ...?» sind ebenso aufregend wie müßig. Wie hätte sich dieser Kontakt weiterentwickelt, wenn die Informationskette, die über die einzelnen Kolonien nach Europa ging, nicht abgerissen wäre? Hätten sich die Europäer auf einen blutigen Krieg mit den Einwohnern Amerikas eingelassen? Oder hätten sie, was mit Hinblick auf den langsamen und schwierigen Kommunikationsweg wahrscheinlicher ist, freundschaftliche Handelsbeziehungen aufgebaut? Aus diesen wirtschaftlichen Beziehungen wäre unter Umständen eine amerikanische Kultur entstanden, die sich den zunehmenden Kontakten mit der europäischen Kultur, als die europäische Schiffsbautechnik immer besser und die direkte Überfahrt nach Amerika möglich wurde, vielleicht erfolgreicher widersetzt hätte. Wir werden dies niemals wissen. Allerdings wissen wir sehr wohl, daß diese Begegnung den Endpunkt der Wikingerexpansion nach Westen markiert. Innerhalb weniger Jahrzehnte setzte eine Klimaverschlechterung ein. Die Kolonie in Grönland ging zugrunde und brach schließlich völlig zusammen. Wer von den Skandinaviern noch in Amerika lebte, war auf sich selbst gestellt; ihre Siedlungen gingen ebenfalls unter – oder was wir eher hoffen wollen, sie wurden in die indianischen Stämme integriert. Selbst die isländischen Siedler überlebten nur mit knapper Mühe und Not die verheerenden Auswirkungen der sogenannten Kleinen Eiszeit, und auch auf dem nordamerikanischen Festland brach eine Indianerkultur zusammen. Von dieser Zeit an spielen die nordischen Seefahrer und ihre Kolonien in unserer Geschichte nur noch eine Nebenrolle. Was ihnen widerfuhr, ist von vielen Eventualitäten geprägt, und mit ihrem Niedergang wollen wir unser Augenmerk wieder auf Europa und Nordamerika richten. Jedoch schulden wir es diesen Pionieren, daß wir ihr Schicksal noch etwas genauer betrachten –

nicht zuletzt deshalb, weil wir selbst in der heutigen Zeit noch eine wichtige Lehre aus dem Fehlschlag der Grönlandkolonie ziehen können.

Die Gletscher kehren zurück

Als die Eismassen wieder mit voller Kraft über Grönland herfielen, waren die Kolonien der Nordleute zum Untergang verdammt, und zwar nicht, weil das Leben in diesem Erdteil plötzlich unmöglich geworden wäre, sondern weil sie ihren Lebensstil nicht der neuen Situation anpassen konnten. Die Kolonisten lebten, in runden Zahlen ausgedrückt, 500 Jahre lang auf Grönland (von 1000 bis 1500), so daß man sie nicht als völlige Versager abstempeln kann. Die ursprüngliche Siedlung des Roten Eriks lag an der Südspitze Grönlands und hieß verwirrenderweise Ostsiedlung (Eystri bygd); eine andere befand sich weiter nördlich an der Westküste und war als Westsiedlung (Vestri bygd) bekannt. Während dieser fünfhundertjährigen Zeitspanne hatten besonders die Bewohner der Westsiedlung häufig mit arktischen Jägern Kontakt gehabt, die man heute allgemein als Eskimos kennt, bei denen es sich damals aber um Inuit handelte. Die Lebensweise beider Völker hätte nicht unterschiedlicher sein können. Die Nordleute waren seßhafte Bauern, die Vieh hielten und gelegentlich das nahegelegene Meer zum Fischen nutzten. Die Inuit waren ein Nomadenvolk, die ihre Beutetiere über das Eis verfolgten und überall dort leben konnten, wo sie diese Tiere antrafen. Im Prinzip lebten sie noch genauso wie ihre Vorfahren, die vor Jahrtausenden während der letzten Eiszeit nach Amerika gekommen waren.

Die Kolonien der Nordmänner waren klein[16], aber es ging ihnen gut, solange die Witterung mild war. Wandernde Sattelrobben, die jedes Jahr im Frühling an der Westküste ankamen, waren eine wichtige Nahrungsquelle. Doch die Sommer waren warm und lang genug, so daß das Vieh nicht nur genug Gras zum Weiden hatte, sondern auch noch ausreichend Heu gemacht wer-

16 Die Ostsiedlung zählte damals 5000 Einwohner und die Westsiedlung 1500.

den konnte, um die Tiere durch die langen Winter zu bringen. Mit den östlich gelegenen Ländern Island und Skandinavien wurden Eisbärenfelle und Walroßzähne im Austausch gegen Güter gehandelt, die die Kolonie nicht selbst produzieren konnte. Ein sehr beeindruckendes Beispiel für derartige Importartikel, das auch den zeitweiligen Reichtum Grönlands verdeutlicht, stammt aus dem Jahre 1125, als die Grönländer einen lebendigen Eisbären gegen einen norwegischen Bischof eintauschten. Der Gottesmann konnte dann in einer steinernen Kathedrale samt zugehörigem bischöflichem Gehöft ein bequemes Leben im großen Stil führen. Zum Vergleich können Sie sich vor Augen halten, daß die Kolonie zum damaligen Zeitpunkt schon halb so alt war wie die USA heute. Zweihundert Jahre später gehörten der Kirche zwei Drittel des besten Weidelandes auf der Insel – und die Siedlung bestand damals schon 100 Jahre länger als die heutigen USA. Vermutlich war aber gerade diese europäische Ordnung der Ruin der grönländischen Gesellschaft.

Als sich der Nordatlantik im 13. und 14. Jahrhundert abkühlte, wurden die grönländischen Siedlungen auf vielerlei Weise in Mitleidenschaft gezogen. Da sich das Meereis nach Süden hin ausdehnte, wurde es für einzelne Schiffe zunehmend schwieriger und gefährlicher, von Island aus herüberzusegeln. Zur gleichen Zeit wanderten die Inuit weiter südwärts, da sich ihre Jagdreviere ausdehnten. Dies brachte sie in vermehrten Kontakt (und vermutlich auch in häufigeren Konflikt) mit den Siedlern. Und auf den Höfen gab es infolge der kürzeren und feuchteren Sommer weniger Heu, um das gesamte Vieh im Winter füttern zu können. Selbst die Robben änderten ihre Wanderrouten, als das Klima schlechter wurde, so daß den Grönländern eine weitere wichtige Nahrungsquelle verloren ging.

Trotz all dieser Widrigkeiten hielten die nordischen Siedler an ihren alten Traditionen so gut und so lange wie möglich fest. Der Niedergang dieser Kolonien ähnelt daher in gewissem Sinne einer klassischen Tragödie. Der letzte Bischof Grönlands verstarb 1378 und wurde nie mehr ersetzt. Nach 1408 gab es überhaupt keine offizielle Verbindung zu den Kolonien, obwohl gelegentlich ein Schiff anlegte, um Handel zu treiben oder Zuflucht vor Stürmen zu suchen. Archäologische Untersuchungen haben ergeben, daß die Überlebenden dieser schrumpfenden Gemeinschaft weiterhin Ackerbau und Viehzucht betrieben. Jedoch demonstrieren die Skelettfunde aus den ehemaligen Friedhöfen eindeutig ihren unaufhaltsamen Niedergang, da die durchschnittliche Körpergröße der Grönländer infolge zunehmender Klimaverschlechterung und Unterernährung von 177 Zentimetern (zu Zeiten Erik des Roten) auf 164 Zentimeter (um 1400) abnahm. Im 15. Jahrhundert gab es noch sporadisch Kontakte mit den Kolonien – die letzten Leichen, die in den Friedhöfen bestattet und durch die noch kälteren Fröste der Folgezeit konserviert wurden, waren nach europäischer Mode des 15. Jahrhunderts gekleidet. Zu Beginn des 16. Jahrhunderts starb dann auch der letzte Kolonist. Als im Jahre 1540 einige Schiffe infolge schlechter Witterung nach Grönland verschlagen wurden, fanden die Seeleute keine Menschenseele, nur einen toten Mann, festgefroren an der Stelle, wo er gestürzt war. Der Letzte der nordischen Grönlandkolonie hatte seine Rettung nur um kurze Zeit verpaßt. Hierbei sollte man sich vor Auge führen, daß dieser letzte nordische Grönländer uns zeitlich näher stand als Erik dem Roten.

Diese Tragödie wäre jedoch nicht nötig gewesen. Die gleichen Umstände, die den skandinavischen Kolonisten zum Verhängnis wurden, verhalfen den Inuit zum Erfolg. Thomas McGovern von der Columbia Universität (New York) demonstrierte, wie die Grönländer hätten überleben können, wenn sie die Viehzucht aufgegeben und sich hauptsächlich auf Nahrungsquellen aus dem Meer konzentriert hätten – mit anderen Worten, die Lebensweise der Inuit übernommen hätten. Statt sich bis zum bitteren Ende damit abzuplagen, ihre Rinder durchzubringen, hätten sich die Bauern mit Ziegen und Schafen das Leben leichter machen können. Da diese Tiere sehr gut in der Lage sind, sich ohne menschliches Zutun zu ernähren, hätten die Bauern die freigewordene Zeit zum Fischfang nutzen können. Nach einem noch radikaleren Vorschlag, so McGovern, hätten die Grönländer bereits im 12. und 13. Jahrhundert in Siedlungen leben müssen, die ausschließlich von der Fischerei und der Jagd auf Wale und Robben leben, so wie dies heute noch auf Grönland der Fall ist.

Möglicherweise zogen die nordischen Siedler keine der beiden Lösungen in Betracht, weil ihnen das Holz fehlte, um Boote zu bauen. Die Boote der Grönländer waren traditionelle Holzschiffe wie diejenigen, in denen ihre Vorfahren von Norwegen nach Island und weiter nach Grönland gesegelt waren. Ohne Bauholz konnten sie keine neuen Boote zimmern, und als die alten Schiffe verfielen, wurde die Kolonie von der Außenwelt abgeschnitten. Trotzdem gelang es den Inuit, ihre Jagdgebiete auszudehnen, und zwar aufgrund einer völlig anderen Bauweise ihrer Boote, die aus Leder waren. McGovern meint, mit Hilfe solcher lederbezogenen Kajaks hätten sich die nordischen Siedler in verstreuten kleinen Dörfern und Einzelhöfen entlang der Küste niederlassen können. Von diesen kleinen Operationsbasen aus hätten sie untereinander Handel treiben und die Seeverbindung zur Außenwelt aufrechterhalten können. Die Grönländer waren offenbar auch nicht einsichtig genug, um die warme Kleidung der Inuit zu übernehmen, die sie vor der Eiseskälte geschützt hätte. Die Geschichten von gefrorenen Leichen, die nach der europäischen Mode des 15. Jahrhunderts gekleidet waren, oder die des letzten vereinsamten Grönländers mögen uns Tränen in die Augen treiben, jedoch sind dies Tränen der Verzweiflung. Die damalige europäische Tracht war einfach nicht die geeignete Kleidung, um im 16. Jahrhundert auf Grönland den Winter zu überstehen. «Ein engstirniges Festhalten an veralteten Traditionen war wohl der bedeutendste Einzelfaktor, der zum Untergang der nordischen Siedlungen auf Grönland führte», erklärt McGovern in seinem Beitrag zu *Climate and Hunger*, das von T. Wigley, M. Ingram und G. Farmer herausgegeben wurde. Man kann sich förmlich vorstellen, wie der letzte Grönländer in seinen Bart murmelt: «Wenn die Rinderzucht für Erik gut genug war, dann erst recht für mich!»

Diese Lektion ist insofern von besonderer Bedeutung, als das Klima im 16. Jahrhundert nicht aufhörte, sich zu verändern. Klimaschwankungen gibt es auch heute noch, und dazu gehören auch die Veränderungen im «normalen» Klimaverlauf, die durch den Menschen verursacht werden. Aus den unterschiedlichsten Gründen stehen in diesem Augenblick Menschen überall auf der Erde vor den gleichen Problemen, mit denen vor 700 Jahren die nordischen Siedler auf Grönland konfrontiert waren: Paß dich an oder stirb! Diese Entscheidung ist durchaus realistisch. Daß sich sogar eine primitive Kultur der Härte einer Kleinen Eiszeit anpassen kann, beweist das Beispiel der nordamerikanischen Mill-Creek-Indianer. Diese Menschen waren Zeitgenossen der Grönlandsiedler, begingen aber im Gegensatz zu diesen nicht den Fehler, stur an überkommenen Traditionen festzuhalten. Wie sie überlebten, zeigt das folgende Kapitel. Zum Schluß bleibt die Frage offen, ob die moderne Menschheit weniger flexibel und auch weniger überlebensfähig als jene längst verschwundenen Amerikaner sein wird.

7

Milcheis und Bisonherden

Auch wenn die Skandinavier scheinbar die einzige Volksgruppe waren, die die Möglichkeiten des Kleinen Optimums voll ausschöpfte, soll hier nicht der falsche Eindruck erweckt werden, der Rest Europas habe von den günstigen Umständen überhaupt nicht profitiert. Die warme Witterung hielt sich offenbar in Europa noch etwas länger als in Grönland (bis etwa 1300) und fiel im übrigen mit dem Aufblühen der europäischen Kultur zusammen, die bis zum heutigen Tag andauert. Ab der Mitte des 11. Jahrhunderts wuchs die Bevölkerung stetig an, und parallel dazu verbesserten sich auch die Anbaumethoden in der Landwirtschaft. Daraus entwickelte sich eine Periode, in der die großen gotischen Dome und Kathedralen gebaut wurden, und die mit den Kreuzzügen, in denen Europa versuchte, das heilige Land aus der Hand der Araber zurückzugewinnen, zu Ende ging. Die normannische Besetzung Englands durch Wilhelm den Eroberer und die neue englische Kultur, die sich im Anschluß daran bildete, waren im Rahmen dieser Entwicklung eher unbedeutend. Um 1300, ja vielleicht sogar noch etwas früher, neigte sich diese Phase der europäischen Expansionspolitik ihrem Ende zu.

Nach Lambs Vorstellungen war die beginnende Endphase des Kleinen Optimums der Auslöser dafür, daß gegen Anfang des 13. Jahrhunderts die Mongolenhorden aus dem Inneren Asiens auftauchten. Kurz bevor Dschingis Khan und seine Reiterheere aus Asien aufbrachen, war das bisher normalerweise trockene Kernland des asiatischen Kontinents eine Zeitlang relativ feucht und fruchtbar gewesen – und zwar infolge einer Klimaveränderung, die für das Kleine Optimum typisch war. Als Folge davon hatte die Bevölkerung stark zugenommen. Das Ausschwärmen dieser Völker, die sowohl ins europäische Rußland als auch bis nach Peking vordrangen, fiel zeitlich mit der raschen Abkühlung in den höheren Breitengraden zusammen. In dieser Zeit nahm auch die Vereisung des Meeres südlich von Island zu. Lamb meint, infolge dieses neuen Klimaverlaufs seien möglicherweise kalte arktische Luftmassen in das Innere Asiens eingedrungen, wodurch die Landwirtschaft unproduktiver wurde und die Menschen quasi gezwungen waren, sich unter ihrem charismatischen Anführer auf einen Feldzug ums Überleben zu begeben.

Allerdings räumt Lamb ein, daß dies pure Spekulation ist, da es keinen direkten Beweis dafür gibt, daß Klimaveränderungen der eigentliche Grund für den Aufbruch der Mongolenhorden gewesen sind. Ihre Heimat lag jedoch in der Nähe Chinas, wo es innerhalb der vorangegangenen Jahrhunderte empfindlich kalt gewesen war, während die Nordatlantikregion vom Kleinen Optimum profitiert hatte. Außerdem konnte belegt werden, daß die Kälte gegen Ende des Kleinen Optimums von China westwärts nach Europa wanderte. Das von Lamb entworfene Szenario über Dschingis-Khan und seine Horden paßt recht gut zu dieser Vorstellung. Diese Kältewelle kam offenbar nicht einfach deswegen zustande, weil sich der Zirkumpolarwirbel geringfügig verlagerte, sondern weil er sich wohl insgesamt ausdehnte. So gelangte die Kälte schließlich in alle Ecken der nördlichen Hemisphäre und manifestierte sich als sog. Kleine Eiszeit. Diese Zwischeneiszeit dauerte von der Mitte des 15. Jahrhunderts bis zur Mitte des 19. Jahrhunderts, und in ganz Europa hatte sie ihren Höhepunkt im 17. Jahrhundert. Als die Witterung jedoch von den Höhen des Kleinen Optimums in die Talsohle der Kleinen Eiszeit rutschte, waren es statt grimmiger Kälte zunächst Feuchtigkeit und Seuchen, die der blühenden westeuropäischen Kultur des 14. Jahrhunderts einen gewaltigen Rückschlag versetzten.

Tod und Verödung in Westeuropa

Der vorübergehende Niedergang der europäischen Zivilisation setzte mit einer sehr stürmischen Wetterperiode ein. Im 13. Jahrhundert kam es viermal zu verheerenden Sturmfluten, die in Norddeutschland und den Niederlanden mindestens 100 000 Menschen das Leben kosteten, und während der schlimmsten Überflutung waren mehr als 300 000 Opfer zu beklagen. Zwischen 1240 und 1362 wurden sechzig Pfarrbezirke des (damals dänischen) Bistums Schleswig, die etwa die Hälfte des Kulturlandes dieser Diözese ausmachten, von der See verschlungen. In anderen Küstenzonen wurde nicht das Wasser, sondern der Flugsand zum Hauptproblem; infolge der starken Stürme bildeten sich nämlich Wanderdünen, die viele Küstenorte verschütteten, so auch den Hafen von Harlech an der walisischen Westküste.

Zwar sprechen viele Historiker beiläufig von schlechter Witterung, wenn sie die Ereignisse jener Jahrhunderte beschreiben, jedoch ziehen nur wenige die Möglichkeit in Betracht, daß die drastische Klimaverschlechterung beim Niedergang der Zivilisation eine Schlüsselrolle spielte. So behauptet beispielsweise der Oxforder Historiker J. M. Roberts in seinem epischen Werk *The Hutchinson History of the World*, die mittelalterliche Wirtschaft habe «sich immer am Rande des Kollapses» bewegt und die Landwirtschaft sei «erschreckend ineffizient» gewesen. Wenn also nach zwei aufeinanderfolgenden Mißernten die Bevölkerung im flämischen Ypern um ein Zehntel zurückgeht, macht er nicht die schlechte Witterung, sondern die unrationelle Arbeitsweise der damaligen Gesellschaft dafür verantwortlich. Allerdings übersieht er dabei den Tatbestand, daß in den beiden vorangegangenen Jahrhunderten (also während des Kleinen Optimums) Mißernten nur selten vorkamen. Aus genau diesem Grund nämlich, wegen des besseren Klimas, erlebte die Kultur eine Blüte und wuchs die Bevölkerung stetig an – trotz der «erschreckenden Ineffizienz» der Bauern. Allerdings kann es keinem Historiker entgangen sein, daß sich während des 14. Jahrhunderts dramatische Ereignisse in Europa abspielten. Auch Roberts erkennt dies:

«Dies läßt sich nur unter großen Schwierigkeiten verallgemeinern, jedoch besteht über eine Begebenheit kein Zweifel: Im 14. Jahrhundert trat ein gewaltiger und geballter Rückgang ein. Die Sterblichkeit nahm sprunghaft zu – jedoch nicht überall gleichzeitig, sondern besonders auffällig in den Gebieten, in denen es seit 1320 gehäuft zu Mißernten gekommen war. Infolgedessen begann die Bevölkerungszahl, geringfügig zurückzugehen. Die eigentliche Katastrophe begann jedoch erst, als plötzlich Seuchen und andere Epidemien ausbrachen, die nach der am häufigsten auftretenden Krankheit (Beulenpest) ‹Der Schwarze Tod› (1348–1350) genannt wurden.»

Aber warum fielen die Ernten so schlecht aus? Natürlich wegen des schlechten Wetters. Und warum fielen die Menschen dem ‹Schwarzen Tod› scharenweise zum Opfer? Weil sie unterernährt und daher geschwächt waren.[1]

Gegen Ende des 13. Jahrhunderts betrug die Lebenserwartung eines Engländers 46 Jahre, während es hundert Jahre später weniger als 40 Jahre waren. Zumindest teilweise muß die Pest, aber auch andere Seuchen wie Typhus, Pocken und sogar Grippe[2], für diesen Rückgang verantwortlich gemacht werden. In manchen Landstrichen wurde die Hälfte der Einwohner von diesen Seuchen hinweggerafft, und in ganz Europa nahm die Bevölkerungszahl um ein Viertel ab. Eine Angstvorstellumg schürte die nächste, denn auf der Suche nach Sündenböcken, die für diese Katastrophen zur Verantwortung gezogen werden konnten, kam es zu Hexenjagden und Judenpogromen. Mancherorts erhob sich auch die Bevölkerung, wie etwa 1358 bei der Jacquerie in Frankreich oder 1381 beim Aufstand der englischen Bauern. Viele Regionen

1 Bei vielen Seuchen mag diese Behauptung stimmen, aber die Beulenpest ist ausnahmsweise eine der wenigen Krankheiten, die auch robuste und immunstarke Menschen hinwegraffte – unabhängig davon, ob sie arm oder reich, satt oder hungrig, alt oder jung waren. Als Faustregel gilt, daß ein Drittel einer Population nicht befallen wird und zwei Drittel erkranken, von denen wiederum die Hälfte stirbt. (Anm. d. Übers.)

2 Selbst noch im 20. Jahrhundert war die Grippe durchaus mörderisch. So fielen in Europa kurz nach Ende des 1. Weltkriegs mehr Menschen einer Grippeepidemie zum Opfer, als Soldaten auf den Schlachtfeldern des Krieges gefallen waren.

wurden völlig entvölkert, da die Menschen aus den Dörfern flüchteten und die Äcker brachliegen ließen.

Nun erhebt sich die Frage, was zuerst da war, der ‹Schwarze Tod› oder die Verödung ganzer Landstriche? Nach herkömmlicher Lehrmeinung führten mehrere Pestepidemien dazu, daß weite ländliche Gebiete aufgegeben wurden. In jüngster Zeit jedoch haben manche Forscher, so auch Martin Parry von der Universität Birmingham, alte Berichte gefunden, die etwas anderes aussagen. So findet man im *Nonarium Inquisitiones*, einem Kataster aus dem Jahre 1341, daß es in ganz England viele Dörfer mit unbestellten Feldern gab. Aber nicht nur dort, sondern auch in anderen Teilen Europas wurden Ackerland und ganze Dörfer aufgegeben, bevor die Pest ausbrach. Der ‹Schwarze Tod› traf oft auf Siedlungen, die bereits verödet waren, und vermutlich waren von den Bewohnern der Dörfer, die nach der Seuche aufgegeben wurden, bereits zwei Drittel den vorangegangenen Hungersnöten zum Opfer gefallen. Hungersnot und Entvölkerung erschienen also zuerst, und anschließend raffte die Pest die geschwächte Bevölkerung hin. Dieses ist die mittlerweile offizielle Reihenfolge der Ereignisse, die im 14. Jahrhundert das Profil der ländlichen Regionen Europas gravierend veränderten. Selbstverständlich war es bereits vor den Hungersnöten zu einer Klimaverschlechterung gekommen, die sich später nachteilig auswirkte.

Schottland hatte noch weitaus mehr durchzustehen als England. Dank des milden Klimas im 12. und 13. Jahrhundert konnte bis hoch in die Bergtäler hinauf Landwirtschaft betrieben werden, so daß hier im Norden, wohin viele Exilengländer nach der normannischen Invasion geflüchtet waren, klimatisch bedingt ein «Goldenes Zeitalter» für die Zivilisation anbrach. Im 14. Jahrhundert kam es jedoch nach mehreren Mißernten und Hungersnöten zu vermehrten Kampfhandlungen unter den schottischen Clans. Um 1430 wurde die Hungersnot so groß, daß man Brote aus gemahlener Baumrinde buk, weil es zu wenig Getreide gab, und die Unruhen und Wirren unter den Schotten nahmen immer mehr zu, bis sogar 1436 König Jakob der Erste während einer Jagdpartie in der Nähe von Perth ermordet wurde. Da selbst die Sicherheit des Königs im eigenen Land nun nicht mehr garantiert werden konnte, zog sich der königliche Hof in das befestigte Edinburgh im Süden des Landes zurück, das seit dieser Zeit Schottlands Hauptstadt ist. Infolge des ungünstigen Klimas trieben im selben Jahrzehnt weiter südlich zahlreiche Wolfsrudel ihr Unwesen; dies ist übrigens das letzte Mal, daß derartige Übergriffe durch Wölfe in England urkundlich erwähnt werden.

Die Folgen dieser Klimaänderung waren selbst weit außerhalb der Grenzen Europas spürbar. In Afrika wurden die Wüstengebiete noch trockener und wuchsen im 14. und 15. Jahrhundert weiter an. Laut verschiedener Schätzungen betrug die Gesamtbevölkerung Indiens auf ihrem Höhepunkt um die Jahrtausendwende etwa 250 Millionen Menschen; mit der Verschlechterung des Klimas[3] sank diese Zahl auf 200 Millionen im Jahre 1200 und auf 170 Millionen um 1400, und um 1550 nahm die Bevölkerung nocheinmal rapide auf eine Gesamtzahl von 130 Millionen ab. Die Ursache für diesen drastischen Rückgang war, daß sich ein kräftiger, weitreichender Zirkumpolarwirbel über der Arktis bildete, und als Folge davon veränderte sich auf der Nordhalbkugel der typische Ablauf der Monsunregen und Temperaturen. In Nordamerika, das direkt an diesen ausgedehnten Zirkumpolarwirbel grenzte, waren die Veränderungen noch eindrucksvoller.

Cowboys und Indianer

Die Mill-Creek-Indianer, die im Nordwesten des heutigen Iowas lebten, waren die örtlichen Vertreter einer amerikanisch-indianischen Kultur, die während des Kleinen Optimums auf den Great Plains, den ausgedehnten Ebenen Nordamerikas, lebten. Zwischen 900 und 1200 besiedelten diese Menschen ein Gebiet, das sich vom Fuße der Rocky Mountains über Colorado und Nebraska weiter ostwärts erstreckte. Dort wohnten sie in festen Siedlungen, bestellten ihre Maisfelder und gingen zur Hirschjagd in die Wäl-

3 Man muß sich dabei vor Augen halten, daß die für die Kleine Eiszeit charakteristischen Witterungszonen sich von China ausgehend nach Westen verlagerten; daher war Indien noch vor Europa von der Klimaverschlechterung betroffen.

der, in denen mächtige Eichen und Virginische Pappeln wuchsen. Der Höhepunkt dieser Bauernkultur fiel zeitlich mit der Blüte der seefahrenden Wikinger in der Nordatlantikregion zusammen, und war auf dieselben klimatischen Ursachen zurückzuführen. Als der wesentlich abgeschwächte Zirkumpolarwirbel noch auf die dem Pazifik zugewandte Seite verlagert war, umwehten die vorherrschenden Winde die Rocky Mountains auf ihrer Nordseite und waren relativ schwach. Feuchte Luftmassen, die aus dem Golf von Mexiko stammten, konnten weit nach Norden vordringen und ihre lebensspendende Regenfracht über den Ebenen abladen.

Als sich der Zirkumpolarwirbel jedoch weiter ausdehnte und nach Süden vordrang, wurde die Route, auf der diese Feuchtluftsysteme bisher von Süden gekommen waren, in den niedrigeren Breitengraden durch eine stärkere Westwinddrift versperrt. Die Westwinde enthielten selbst kaum noch Feuchtigkeit, weil sie diese fast völlig beim Überqueren der Rocky Mountains abgeregnet hatten. Daher liegen die Great Plains nun im Regenschatten jener Gebirgskette, und je stärker die Westwinde ostwärts wehen, desto «länger» wird dieser Regenschatten. Insgesamt wird dies deutlich, wenn wir diese Vorgänge mit meteorologischen Studien der Gegenwart vergleichen: Die vereinzelten Monate oder auch Jahre, in denen der Zirkumpolarwirbel größer wird und die Westwinddrift ausgeprägter ist, können dabei analog für ganze Jahrhunderte stehen, in denen sich dieser Windwirbel vor langer Zeit besonders stark ausdehnte.

In den 60er Jahren dieses Jahrhunderts beschlossen der Klimatologe Reid Bryson und der Anthropologe David Baerreis, beide von der Universität Wisconsin, folgendes Thema zu untersuchen: Wie wirkte sich der stärker gewordene Einfluß des Zirkumpolarwirbels auf die Bauern aus, die vor tausend Jahren auf den Great Plains lebten? Beide Forscher wußten, auf welche Weise sich nach 1200 das Klima in Europa und der Nordatlantikregion geändert hatte, und welche gravierenden Konsequenzen daraus für die europäischen, insbesondere für die skandinavischen Kulturen entstanden waren. Jedoch hatte noch niemand untersucht, wann und in welchem Ausmaß die zeitgenössischen Kulturen Nordamerikas durch entsprechende Klimaschwankungen in Mitleidenschaft gezogen wurden. In bester wissenschaftlicher Manier stellten Bryson und Baerreis die Hypothese auf, mit größer werdendem Zirkumpolarwirbel und zunehmender Westwinddrift seien die nordamerikanischen Hochebenen im Windschatten der Rocky Mountains zwangsläufig ausgetrocknet. Außerdem seien infolge dieser längeren Dürreperioden nicht nur die Maisfelder, sondern auch immer mehr Bäume verdorrt, so daß die Waldgebiete merklich zurückgegangen seien. Die beiden Wissenschaftler suchten anschließend nach archäologischem Material, das nicht nur ihre Theorie bestätigen, sondern ihnen auch Aufschluß darüber geben sollte, wie sich die Mill-Creek-Indianer der neuen klimatischen Situation angepaßt hatten.

In den 60er Jahren entschieden sich Bryson und Baerreis dafür, das Gebiet um Mill Creek zu erforschen, weil es hier bekanntermaßen viele Überreste verlassener Siedlungen gab – eine gewisse Parallele übrigens zu den verödeten Dörfern im Europa des 14. Jahrhunderts; allerdings hatte man hier bisher noch keine umfangreicheren Ausgrabungen durchgeführt. Während das Team der Universität Wisconsin in diesem Gebiet grub, beförderten die Forscher eine Fülle von Informationsmaterial ans Tageslicht, das uns über die Lebensweise der Mill-Creek-Indianer zwischen 900 und 1400 aufklärt. Das Alter der Überreste, die aus unterschiedlichen Schichten stammen, konnte mit Hilfe der Radiokarbondatierung (^{14}C-Methode) exakt bestimmt werden. Bei dieser Methode handelt es sich um eine standardisierte Datierungstechnik, die eine verbliebene Radioaktivität in Kohlenstoffatomen aus der Biomasse längst verstorbener Tiere und Pflanzen mißt. Die Radiokarbon-Technik verursachte 1988 einige Schlagzeilen, als man sie dazu benutzte, das Turiner Grabtuch zu datieren. Diese Reliquie, die man für das Leichentuch Jesu hielt, konnte mit dieser Methode als Fälschung entlarvt werden, die nicht älter als tausend Jahre ist. Ob man nun das Turiner Grabtuch oder fossile Knochen aus Mill Creek untersucht, die Technik, die dabei angewandt wird, bleibt dieselbe. Durch Wechselwirkungen kosmischer Strahlen in der Erdatmosphäre entsteht das radioaktive Kohlenstoffisotop (^{14}C). In geringen Spuren befindet sich ^{14}C daher in der Luft, die wir atmen, es wird aber auch von Pflanzen und Tieren als Kohlenstoffquelle genutzt. Wenn eine Pflanze oder ein Tier stirbt, nimmt der Anteil an ^{14}C, der in der Biomasse enthalten war, entsprechend einer bekannten Gesetzmäßigkeit stetig ab, weil die vorhandenen Atome zerfallen. Wenn man daher die Menge an radioaktivem Kohlenstoff mißt, die heute noch in einer Probe vorhanden ist, läßt sich die Todeszeit der entsprechenden Pflanzen oder Tiere relativ genau angeben.

Da die Mill-Creek-Indianer viel Wild verzehrten, haben sie auch viele abgenagte Knochen hinterlassen. Die Abfallhaufen, die an einer Ausgrabungsstätte gefunden wurden, enthielten u.a. Knochen von Bisons, Hirschen, Elchen, Vögeln und Nagetieren, aber auch Fischgräten und andere nicht identifizierbare Bruchstücke. Die Forscher aus Wisconsin untersuchten nun die wechselnden Anteile an Hirsch-, Elch- und Bisonknochen im Verlauf mehrerer Jahrhunderte. Nur auf diese drei Tierarten bezogen, stammten die Knochen im Jahre 900 zu 70 Prozent von Hirschen, zu knapp 20 Prozent von Elchen und die restlichen 10 Prozent von Bisons. Obwohl bis ins Jahr 1100 die Anzahl Elchknochen drastisch ab- und die der Bisonknochen zunahm, wurden dennoch – gemessen an den gefundenen Gebeinen – weitaus mehr Hirsche als Bisons verzehrt. Nach 1100 jedoch war das Verhältnis plötzlich genau umgekehrt, und die Bisonknochen überwogen die der Hirsche. Ab 1200 waren dann 70 Prozent der gefundenen Knochen von Bisons und nur noch 30 Prozent von Hirschen, und gelegentlich tauchen auch mal einige Elchknochen auf. Parallel dazu nimmt ab 1100 auch die Gesamtzahl an Knochenresten ab, die an dieser Stelle gefunden wurden.

Was diese wechselnde Zusammensetzung zu bedeuten hat, ist klar. Bisons ernähren sich von Gras, während Hirsche das Laub von den Bäumen fressen. Eine lang anhaltende Dürreperiode löst nicht nur ein Baumsterben aus, sondern dezimiert als Folge davon auch die Zahl der Hirsche. Andererseits können sich parallel zum Rückgang der Wälder die Prärien ausdehnen, auf denen dann mehr Bisons umherziehen. Zu Beginn der trockenen Jahre erlegten die Mill-Creek-Indianer anstatt der Hirsche einfach Bisons, was sich in der veränderten (Knochen-)Zusammensetzung ihrer Abfallhaufen niederschlug. Als die Dürrezeiten immer ausgeprägter und auch die Ebenen immer trockener wurden, stießen die Menschen immer seltener auf Bisons. Welche Folgen aber hatte die Dürre für den Maisanbau? Bryson und Baerreis entschieden sich, die Anzahl der Topfscherben, die in den unterschiedlichen Erdschichten gefunden wurden, als Maß für die Maisproduktion in den jeweiligen Epochen zu nehmen. Da Keramiktöpfe nicht nur zum Kochen, sondern auch als Vorratsgefäße benutzt wurden, gilt die Zahl der gefundenen Tonscherben generell als ein guter Indikator, wieviel Mais es zu der Zeit gegeben hat, als diese Töpfe hergestellt wurden. Etwa um das Jahr 1200 nimmt die Zahl der Tonscherben aus der Ausgrabungsstätte Mill Creek schlagartig ab. Die Gesamtzahl an Knochen von Hirsch, Bison und Elch war bereits früher, etwa seit 1100, zurückgegangen – d.h. ungefähr zur selben Zeit, als die Mill-Creek-Indianer dazu übergingen, mehr Bisons als Hirsche zu verzehren. Die verschiedenen Indizien ergeben daher ein klares Gesamtbild: Während des 12. Jahrhunderts begannen die Great Plains trockener zu werden, und als Konsequenz änderte sich auch die Lebensweise der Mill-Creek-Indianer. Um 1400 enthielten die Abfallhaufen der Ausgrabungsstätte von Mill Creek weder Knochen noch Tonscherben. Wie viele andere Siedlungen in den Great Plains, war auch dieses Dorf[4] aufgegeben worden. Im Gegensatz zu den Wikingern auf Grönland wurden die Indianer Nordamerikas jedoch nicht so einfach durch das schlechte Wetter hinweggerafft.

Weitere Hinweise aus den Ausgrabungsstätten anderer Dörfer, die über die Great Plains verstreut waren, erlauben eine umfassende Auslegung, wie sich der Lebensstil ihrer Bewohner verändert hat. Weiterhin bestätigen die Ergebnisse der Pollenanalyse von Bodenproben, daß die Wälder tatsächlich verschwanden und an ihre Stelle weiträumige Grasebenen, die Prärien, traten. Nun, dieses Bild erscheint uns schon wesentlich vertrauter als jene

4 Der Begriff «Dorf» erweckt hier vielleicht den Anschein, es habe sich lediglich um kleine Orte gehandelt. Cahokia, die größte und bedeutendste Siedlung dieser Indianerkultur, lag östlich vom heutigen St. Louis in Illinois und zählte in ihrer Blütezeit etwa 40 000 Einwohner. (Anm. d. Übers.)

merkwürdige Geschichte, die wir Ihnen eingangs erzählten – von Indianern, die in festen Siedlungen auf den Great Plains wohnten, Mais anbauten und wie Robin Hood im Wald auf Hirschjagd gingen. Jedes Kind weiß doch schon aus unzähligen Cowboy-Filmen, welches Leben die Indianer auf den Prärien führten: Sie waren Nomaden, aber keine seßhaften Bauern, und sie waren Jäger, die in Tipis lebten und den großen Bisonherden[5] folgten, die damals über die Weiten der Prärie zogen. Als die ersten Europäer im 18. Jahrhundert über die Prärien westwärts zogen, fanden sie diese typische Kultur der «Rothäute» vor. Da die riesige Prärie genau das richtige Land war, das die Haltung großer Rinderherden überhaupt erst ermöglichte, fanden hier wiederum die ersten Kuhhirten genug Arbeit, und diese rauhen Burschen des alten Westens prägten das Bild des klassischen Cowboys. So entstand das Klischee von Cowboys und Indianern, die in unzähligen Westernfilmen johlend über die Prärie galoppieren. Letzten Endes verdanken beide, der harte Cowboy und der stolze Indianer, ihre charakteristische Lebensweise einem klimatischen Phänomen: Infolge der Ausdehnung des Zirkumpolarwirbels rutschte die Welt nämlich in eine kleine Eiszeit.

Was damals geschah, kann auch heute wieder passieren. Wie wir noch sehen werden, wurde es im 20. Jahrhundert global wieder wärmer, und der Zirkumpolarwirbel zog sich zusammen. Auf den Great Plains fiel wieder mehr Niederschlag – nicht gerade im Übermaß, aber immerhin soviel, daß man dort unter Zuhilfenahme moderner Agrartechnologie wieder Mais anbauen konnte, und zwar in einem Umfang, von dem die Mill-Creek-Indianer niemals zu träumen gewagt hätten. Jedoch selbst unter einem so milden Klimas wie es im 20. Jahrhundert herrschte fiel immer nur gerade soviel Regen, wie nötig war, und daher stand der Getreideanbau im sog. *Corn Belt* immer auf Messers Schneide. Die 30er Jahre mit ihren Sandstürmen und Bodenerosionen, aber auch die große Dürre von 1988 haben gezeigt, wie schon geringe Klimaschwankungen große Auswirkungen auf den Getreideanbau in

5 Fälschlicherweise werden die Bisons in den meisten Western als Büffel bezeichnet.

dieser Region haben, deren hohe Produktivität ihr in der Vergangenheit den Beinamen «Brotkorb der Welt» beschert hat. In Brysons Forschungsberichten finden wir eine unterschwellige Besorgnis, der Zirkumpolarwirbel könne sich in Zukunft erneut ausdehnen und die Great Plains mit einer längeren Dürreperiode überziehen, was letztlich gleichbedeutend mit dem Todesstoß für die nordamerikanische Landwirtschaft wäre. Allerdings könnte auch nach Meinung anderer Forscher eine völlig andersartige, aber gleichermaßen katastrophale Entwicklung eintreten; sie äußerten jüngst ihre Befürchtungen, mit zunehmender globaler Erwärmung, wie sie derzeit abläuft, werde es in den Great Plains für den Getreideanbau in seiner jetzigen Form zu heiß, und folglich werde sich der Corn Belt nach Norden Richtung Kanada verlagern.

Aus beiden Situationen können wir lernen, wie die Mill-Creek-Indianer sich aus der Affäre zogen. Sie gaben ihr Dasein als Bauern auf und wurden ein jagendes Nomadenvolk. Abgesehen von der Eiseskälte in Grönland standen die Ackerbau betreibenden Mill-Creek-Indianer damals vor derselben Entscheidung wie die grönländischen Bauern. Eine seßhafte Landwirtschaft war ein Ding der Unmöglichkeit geworden, so daß die Jagd – gleichgültig, ob auf dem Meer, dem Eis oder in den Prärien – als einzige Überlebenschance übrig blieb. Die Wikinger auf Grönland hielten an ihrer Lebensweise als Bauern fest und gingen unter. Die Mill-Creek-Indianer hingegen wandelten ihre Grabstöcke in Speerschäfte um und überlebten. Ihre alte Lebensweise hörte auf, aber ihr Leben ging weiter. Unabhängig davon, welchen Kurs das Klima im 21. Jahrhundert einschlagen wird (d.h. Eiszeit oder Super-Interglazial), alle Kulturen auf der Erde werden sich in irgendeiner Form anpassen müssen, um unbeschadet überleben zu können. Die Unbilden der Witterung, mit denen unsere Vorfahren während des Höhepunktes der Kleinen Eiszeit (16. bis 18. Jahrhundert) konfrontiert wurden, sollten uns als Beispiel dienen, daß der zivilisierte Mensch auf irgendeine Art und Weise mit allem fertig werden kann, was die Natur ihm an Unannehmlichkeiten beschert.

Grimmige Kälte zu Shakespeares Zeiten

Auch der größte Theaterdichter aller Zeiten, William Shakespeare, wurde durch die Mark und Bein durchschneidende Kälte der damaligen Winter beeinflußt, wie der folgende Schlußvers aus *Love's Labour's Lost*[6] beweist, in dem der Winter, allegorisch als Eule verkleidet, sich selbst beschreibt:

> «*Wenn Eiszapfen beschweren die Wand,*
> *Der Hirt sich auf die Nägel haucht,*
> *Wenn Tom die Scheite schleppt zum Brand*
> *Und Milch erst Zeit zum Auftaun braucht, ...*»

Warum hätte Shakespeare also darüber schreiben sollen, daß die Milch im Melkeimer erst auftauen mußte? Sicherlich nicht, weil Milcheis eine ideale Metapher war, und vermutlich auch nicht, um den irrelevanten Tatbestand zu schildern, daß zu seinen Lebzeiten Kuhställe und Milchkammern nicht geheizt wurden. Die Milch mußte deshalb erst auftauen, weil die Winter jener Zeit beachtlich kälter waren als die Winter, die wir in der zweiten Hälfte des 20. Jahrhunderts erlebt haben.

Damals war das Thermometer noch nicht erfunden, und es gab im Süden Englands auch leider keine Gletscher, in denen Sauerstoff-Isotope die damaligen Temperaturen hätten aufzeichnen können. Allerdings gab es unweit von Shakespeares Haustür einen anderen Temperaturanzeiger, an dem man die Strenge der kalten Winter des 16. Jahrhunderts (und folgender Jahrhunderte) relativ gut abschätzen konnte, und zwar die Themse. In den kältesten Wintern gefror der Fluß nämlich zu einer meterdicken Eisschicht, auf der die Menschen spazierengehen konnten; zum Teil wurden ganze Pferdefuhrwerke über das Eis gebracht oder Zeltstädte darauf errichtet, die sog. Eisjahrmärkte. All diese Ereignisse sind in den Geschichtsbüchern aufgezeichnet. Zudem gab es einen anthropogenen Faktor, der das Zufrieren der Themse

6 Deutscher Titel: *Verlorene Liebesmühe*

beschleunigte: Die London Bridge, eine allen Engländern aus einem Kinderreim[7] bekannte Brücke in London, die 1209 errichtet wurde. Die Pfeiler der Brückenbögen waren nämlich so breit, daß die Wasserdurchlässe zwischen ihnen sehr eng waren; daher entstand themseaufwärts ein Rückstau, und die Wasserfluten schossen wie bei einem Wehr zwischen den Brückenpfeilern durch. Vor der Brücke türmten sich Holztrümmer, ganze Baumstämme und zur Winterzeit auch große Eisschollen auf, und im Winter bildete sich von diesem Damm aus wachsend flußaufwärts eine dicke Eisschicht. Die London Bridge war aber nicht der einzige Grund, daß die Themse zufror; denn im Winter 1269/1270 war sie soweit flußabwärts mit Eis bedeckt, daß die Waren aus den Häfen am Ärmelkanal auf dem Landwege nach London gebracht werden mußten, anstatt wie sonst per Schiff transportiert zu werden. Auch in den Wintern 1281/1282 und 1309/1310 bildeten sich Eisdecken auf der Themse. Aber erst im 15. Jahrhundert wurde die Kleine Eiszeit ihrem eigentlichen Namen gerecht: Zwischen 1407 und 1565 fror der Fluß in London sechs Mal völlig zu. Pferde und Karren wurden mehrfach über den gefrorenen Fluß geführt, um die Mautstationen an den Brücken zu umgehen. Heinrich VIII. soll mindestens einmal in einer Kutsche übers Eis gefahren worden sein (entweder im Winter 1536/1537 oder in dem des folgenden Jahres), und seine Tochter, Königin Elisabeth I., pflegte im Winter 1564/1565 täglich auf der zugefrorenen Themse spazierenzugehen. Dies war übrigens der erste Winter, den Shakespeare erlebt hat, obwohl er sich später daran wohl kaum noch erinnert haben wird.

Im 17. Jahrhundert wurde der Fluß fast regelmäßig zum winterlichen Rummelplatz. Im Winter 1607/1608 fand der erste urkundlich erwähnte Eisjahrmarkt auf der Themse statt. Zahlreiche Buden wurden errichtet, in denen die Londoner Speisen, Bier und Wein kaufen konnten, und zur allgemeinen Erbauung gab es Kegelbahnen, Schießbuden und Tanzdarbietungen. 1620/1621

7 Der Abzählreim lautet folgendermaßen: *London Bridge is falling down, falling down, falling down, London Bridge is falling down, my fair Lady.* [aus: *The Mother Goose Book*]. (Anm. d. Übers.)

wurde eine weitere Kirmes auf dem Eis abgehalten, und der Überlieferung nach soll 1662/1663 das Schlittschuhlaufen als Sportart in England eingeführt worden sein, als nämlich König Karl II. den Schlittschuhläufern auf der zugefrorenen Themse zusah. Der größte Eisjahrmarkt fand jedoch im grimmigsten Winter (1683/1684) statt, der je urkundlich erwähnt wurde – genau 470 Jahre, nachdem die alte London Bridge gebaut worden war. Interessanterweise liegen zwischen uns und diesem Jahrmarkt nur etwas mehr als 300 Jahre. Für die Menschen des Jahres 1684 lag der Bau der London Brigde Urzeiten zurück, zeitlich gesehen sogar noch länger, als sie selbst heute von der Gegenwart entfernt sind. Sehr wahrscheinlich hat aber kaum ein Londoner in jenem Winter auch nur einen Gedanken an längst vergangene Zeiten verschwendet.

Auf dem Themseeis standen so viele Buden und Verkaufsstände dicht an dicht, daß sie fast eine eigene Stadt bildeten, in der es sogar richtige Straßen gab. Ein geschäftstüchtiger Graveur verdiente sich ein kleines Vermögen, dadurch daß er die Namen seiner Kunden auf kleine Papierkarten druckte, die den Zusatz enthielten: «Auf der Themse gedruckt». Sogar der damalige König, (immer noch) Karl II., ließ sich seinen Namen auf eine Karte gravieren, als er zusammen mit seiner Familie der Zeltstadt auf dem Themseeis einen Besuch abstattete.

Das Eis war mancherorts elf Zoll (knapp 30 Zentimeter) dick, und der Fluß war zwei Monate lang vollständig zugefroren. Die Eisdecke der Themse war aber nicht das einzige Kennzeichen dieses extrem strengen Winters. Im Südwesten Englands war der Boden an den Stellen, wo kein Schnee lag, mehr als einen Meter tief gefroren, und sogar das Meer war entlang der Kanalküste Englands und Frankreichs in einer Breite von mehr als fünf Kilometern mit Packeis bedeckt. Vor der niederländischen Küste war die Eisdecke mehr als 30 Kilometer breit, und die Schiffahrt war völlig blockiert. Die typischen Launen dieses grimmigen Winters, der damals in ganz Europa herrschte, hat aber nicht nur den Poeten aus Stratford, sondern auch andere Literaten inspiriert, und die tobenden Schneestürme dieses Winters bilden die malerische Kulisse für den Roman *Lorna*

Doone[8], der zur Zeit Karls II. in England spielt, aber erst gut 250 Jahre nach Shakespeare entstand. Im 17. Jahrhundert fror die Themse insgesamt zehn Mal zu, und im Zeitraum zwischen 1708 und 1814 weitere zehn Mal. Seitdem ist der Fluß nie wieder zugefroren. Teilweise mag das daran gelegen haben, daß die alte London Bridge 1831 abgerissen wurde (wie es im Kinderreim ja schon heißt, fiel sie eh fast auseinander), so daß die Wasser der Themse ungehinderter fließen konnten. Außerdem erschwerten die industrielle Umweltverschmutzung und warme Abwässer die Bildung von Eis auf dem Fluß. Der Hauptgrund war aber wohl die leichte globale Erwärmungsperiode, die etwa um 1850 einsetzte.

Die gefrorene Milch in Shakespeares Komödie und die Jahrmärkte auf dem Themseeis gehören ebenso unverkennbar zur Kleinen Eiszeit wie die Bisonjagd als neue Lebensweise für die Mill-Creek-Indianer, die vorher Mais kultiviert hatten. Das Thermometer war gegen Ende des 17. Jahrhunderts erfunden worden, und die ersten meteorologischen Aufzeichnungen lassen erkennen, daß die Temperaturen während der Jahre 1690 bis 1700 in Südengland um 1,5° Celsius niedriger lagen als in der Mitte des 20. Jahrhunderts. Zwischen 1650 und 1800 erlebte Europa die kälteste Periode seit Ende der letzten Eiszeit, und diese Kältewelle überzog gleichzeitig fast den gesamten Globus. Ein derartiger globaler Klimasturz geschah übrigens zum ersten Mal seit der letzten Eiszeit. Gravierende Klimaverschlechterungen wie diese konnten zwangsläufig nicht ohne Folgen für die menschliche Gesellschaft bleiben. Allerdings gibt es so zahlreiche Auswirkungen und Folgeerscheinungen an den unterschiedlichsten Orten, daß man gar nicht entscheiden kann, welche erwähnt werden sollen. Als wir uns beispielsweise über das mehrmalige Zufrieren

8 *Lorna Doone* von Richard Doddridge Blackmore (1825–1900) [deutscher Titel: *Lorna Doone. Eine romantische Erzählung aus Exmoor*] ist ein dreiteiliger Roman, der 1869 veröffentlicht wurde. *Lorna Doone* gilt als der populärste viktorianische Trivialroman und vereinigt sämtliche Motive und Klischees jenes Genres: Rache, heimliche Liebe, Kindesraub, himmelschreiende Tyrannei, unbändige Tapferkeit, Zweikampf und romantische Vereinigung Liebender verschiedenen Standes. (Anm. d. Übers.)

der Themse ausgelassen haben, wurden quasi als historische Fixpunkte Elisabeth I. und Karl II. erwähnt. Zwischen diesen beiden Monarchen erlebte England im 17. Jahrhundert und auf dem Höhepunkt der Kleinen Eiszeit einen Bürgerkrieg (1642–1646), die Abschaffung der Monarchie und ihre Restauration als parlamentarische Monarchie. Für die Wirren jener Epoche gab es sicherlich genug andere Ursachen, und wir sind nicht so töricht, zu behaupten, die Entbehrungen der Bevölkerung, hervorgerufen durch Mißernten und Klimaverschlechterung, hätten einzig und allein zum Erfolg der Revolution Oliver Cromwells geführt. Aber genauso absurd ist es, daß einige Historiker die Tatsache völlig ignorieren, daß der Höhepunkt der Kleinen Eiszeit im 17. Jahrhundert lag und daß dies ein Beweis dafür sein könnte, warum die Menschen damals froren, hungerten und sich nach politischen Veränderungen sehnten. Andere politische Umwälzungen aus jener Zeit, deren gesellschaftliche Folgen teilweise bis in die Gegenwart reichen, sind ebenfalls auf die klimatischen Auswirkungen der Kleinen Eiszeit zurückzuführen. Wir wollen Ihnen im nächsten Abschnitt einige Beispiele geben, obwohl Sie vermutlich weitaus mehr in Ihren Geschichtsbüchern finden werden. Und wenn es Ihnen so wie uns ergehen sollte, werden Sie zukünftig jedes Geschichtsbuch mit anderen Augen lesen, nachdem Sie einmal erfahren haben, welchen Einfluß das Klima auf den Gang der Geschichte hat.

Die Flucht vor der Kleinen Eiszeit

Die Kälte der Kleinen Eiszeit breitete sich weltweit aus. Seit dem 16. Jahrhundert gibt es zuverlässige Wetterdaten aus vielen Teilen Europas. So hat beispielsweise Tycho Brahe, einer der ersten neuzeitlichen Astronomen, meteorologische Berichte über das dänische Wetter im 16. Jahrhundert angefertigt, und auch in England machten Chronisten wie John Evelyn oder Naturbeobachter wie Gilbert White ähnliche Aufzeichnungen. Mittlerweile begann hoch oben im Norden das Meereis der Arktis, sich südwärts auszudehnen. Zwischen 1580 und 1590 blockierte das Packeis während mehrerer Sommer die Passage durch die Dänemarkstraße, die zwischen Grönland und Island liegt. Am ärgsten war es 1695, als Island das ganze Jahr über vollständig vom Eis eingeschlossen war, so daß kein Schiff seine Häfen anlaufen oder verlassen konnte, und auch 1756 war die isländische Küste 30 Wochen lang durch Packeis blockiert. Während dieser Zeit (1690 bis 1728) wird auch mehrfach von einzelnen Eskimos berichtet, die mit ihren Kajaks auf den Orkneyinseln (nördlich von Schottland) landeten, und einmal ist ein einsamer Eskimo auch bis Aberdeen auf dem schottischen Festland gepaddelt. Offenbar hatte der *Homo sapiens* immer noch nichts von seiner Wanderlust eingebüßt, die ihn seit Urzeiten von Afrika aus über den Globus getrieben hat.

Während der Kleinen Eiszeit kühlte Schottland in stärkerem Maße ab als die weiter südlich gelegenen Gebiete. Das Meer an seinem Nordrand war wahrscheinlich 5° Celsius kälter als in der Mitte des 20. Jahrhunderts, und die schottischen Berge hatten im 17. und 18. Jahrhundert durchgehend schneebedeckte Gipfel. Als Folge dieser Abkühlung kam es zu vielen Hungersnöten und einer großen Abwanderung der schottischen Bevölkerung. Viele Emigranten verdingten sich als Landsknechte und Söldner, die dann auf den zahlreichen Kriegsschauplätzen Europas[9] kämpften. Ein Großteil wanderte im zweiten Abschnitt der Kleinen Eiszeit nach Amerika aus. Die wohl folgenschwerste Emigration, deren Auswirkungen noch heute spürbar sind, fand jedoch 1612 statt. Damals vertrieb König Jakob IV. von Schottland, der gleichzeitig als Jakob I. englischer König war, die in der nordirischen Provinz Ulster lebenden Iren gewaltsam aus ihrer Heimat, um dort an ihrer Stelle schottische Bauern anzusiedeln. Seine Motive waren eindeutig: Zum einen wollte er seinen Einflußbereich ausbauen und sich einen Brückenkopf in Irland schaffen, zum anderen wollte er den heimatlos gewordenen Schotten einen Zufluchtsort bieten. In mancher Hinsicht war sein Plan erfolgreich, denn schon 1691 lebten 100 000 Schotten in Ulster, zehn Mal mehr

9 Die unzähligen Kriege und Unruhen jener Epoche, wie beispielsweise der Dreißigjährige Krieg (1618–1648) in Deutschland, entstanden zumindest teilweise infolge der allgemeinen Klimaverschlechterung.

als in Schottland geblieben waren, und nach einer weiteren Kältewelle und Hungersnot sollten weitere Einwanderer folgen. Auf lange Sicht mündete diese Umsiedlung jedoch in eine Katastrophe, denn die Nachkommen jener schottischen Immigranten bilden die gegenwärtige protestantische Bevölkerung in Ulster, und in ihrer Umsiedlung steckt der Keim des heutigen Bürgerkrieges in Nordirland.

Für Schottland selbst war aber noch kein Ende der klimatischen Talfahrt abzusehen. In den acht Jahren zwischen 1693 und 1700 gab es sieben Mißernten. Fast die Hälfte der Bevölkerung starb, und mancherorts starben sogar noch mehr Menschen, als der Pest zum Opfer gefallen waren. Aufgrund dessen sah sich Schottland dazu gezwungen, 1707 eine vollständige Union mit England einzugehen, um sich auf diese Weise die Hilfe des südlicher gelegenen Landes zu sichern. Auf der anderen Seite der Nordsee stand es aber genauso schlimm. In den letzten beiden Jahrzehnten des 17. Jahrhunderts dehnten sich in Norwegen die Gletscher über das Ackerland aus, und zweimal, nämlich in den Jahren 1685–1687 und 1695–1697, folgten drei Mißernten aufeinander.

In anderen Kontinenten, z.B. in einigen Teilen Afrikas, war nicht Kälte, sondern Wasser das Hauptproblem. Während sich der Zirkumpolarwirbel ausdehnte, wurden die Niederschlagsgebiete, die nördlich des Äquators lagen, nach Süden gedrängt. Das führte dazu, daß in den Randzonen der Sahara weniger Regen fiel und die Wüste sich ausbreiten konnte. Den südlichen Regionen brachte diese Klimaveränderung höhere Niederschlagsmengen, und es kam zu gewaltigen Überschwemmungen, wie z.B. in der Gegend von Timbuktu. Im 17. Jahrhundert war der Wasserpegel des Tschadsees vier Meter höher als heute, und in Äthiopen fielen ergiebige Sommerregen, die wiederum zu starkem Nilhochwasser führten. Die Ausdehnung des Luftwirbels im 17. Jahrhundert hatte zur Folge, daß die normalerweise nach Indien wehenden Monsunwinde mehrfach abgelenkt wurden, so daß der Subkontinent häufiger als in der Gegenwart von Dürreperioden heimgesucht wurde.

Die Europäer, die sich jetzt nach und nach in Nordamerika niederließen, hatten nichts zu lachen. In Maine forderte der extrem strenge Winter 1607/1608 viele Opfer unter den Kolonisten und den Indianern, und der Obere See war so dick zugefroren, daß das Eis in Ufernähe sogar noch bis Juni das Gewicht eines Mannes tragen konnte. Die Präsenz der weißen Siedler in Nordamerika soll uns aber auch daran erinnern, daß die Kleine Eiszeit mit einer großen Expansionswelle europäischer Kultur zusammenfällt, die unzählige Menschen und Ideen aus Zentraleuropa herüberbrachte. Diese Expansion wurde insbesondere durch die Konstruktion größerer und schnellerer Schiffe sowie durch eine verbesserte Navigationstechnik möglich, und in gewisser Hinsicht fand sie sogar trotz dieses miserablen Klimas statt – was letztlich die Überlegenheit selbst einer «primitiveren» Technologie im Kampf gegen die Tücken des Wetters demonstriert. Was jedoch die Auswanderungswellen der Menschen betrifft, so war die Expansion der Europäer auch zu einem gewissen Teil Produkt der Klimaveränderungen. Die Schotten blieben nicht nur als Bauern in Ulster oder als Landsknechte in Deutschland, sondern machten sich wie viele andere Europäer in großen Scharen nach Nordamerika auf, wo sie hofften, ein besseres Leben führen zu können.

Gegen Ende der Renaissance mußten die Europäer schon über den Ozean setzen, falls sie ihr Kulturgut in andere Erdteile bringen wollten. Im Süden und Südosten lagen ihnen die vom Islam beherrschten Reiche der Araber und Osmanen (Türken) im Wege. Vermutlich hatten die Moslems keinen Bedarf an großen Schiffen, um damit den Ozean zu überqueren, da sich ihr Machtbereich durchgängig von Spanien[10] bis Indien erstreckte. Alle Entfernungen konnten daher bequem auf dem Landweg zurückgelegt werden. Im Norden und Osten bildete das russische Zarenreich ein gleichermaßen unüberwindbares Bollwerk für den europäischen Expansionsdrang. Neue Ländereien und Handelsrouten, Machtexpansion und Eroberungen ließen sich deshalb nur in Übersee

10 Um nach Spanien zu gelangen, mußten die Araber natürlich auch per Schiff über die Straße von Gibraltar setzen, als aber 1492 mit der Eroberung Granadas durch die Kastilier der letzte islamische Vorposten in Spanien fiel, war das ja auch nicht mehr nötig. (Anm. d. Übers.)

realisieren. Schon innerhalb von hundert Jahren, nachdem Kolumbus 1492 den Atlantik überquert hatte, wurde die Emigration daher für viele mittellose Europäer eine ernstzunehmende Alternative. Nun konnten sie gleichzeitig neue Landstriche erobern und der wachsenden Notsituation entrinnen, die infolge der Kleinen Eiszeit entstanden war. Im 17. Jahrhundert gingen allein eine Viertel Million Briten in die Neue Welt, und im 18. Jahrhundert waren es bereits 1,5 Millionen, die von den britischen Inseln emigrierten. Wenn man diese Zahlen mit der geschätzten Einwohnerzahl Englands vergleicht, die für das Jahr 1700 bei knapp sechs Millionen lag, dann wird sofort die Bedeutung der neuen Kolonien klar: Amerika hatte die Funktion eines Auffanglagers, in dem all diejenigen Zuflucht fanden, die ansonsten während der schlimmsten Jahrzehnte der Kleinen Eiszeit in Europa zugrunde gegangen wären. Von dieser Funktion einmal abgesehen, war auch sonst das Leben im Europa des 17. Jahrhunderts nicht gerade ein Zuckerschlecken. England wurde in dieser Zeit von Bürgerkrieg, Hungersnöten und einer erneuten Pestepidemie (1665) heimgesucht, und in anderen europäischen Staaten sah es auch nicht viel besser aus. Was wäre aus der europäischen Gesellschaft geworden, wenn die Kolonien in Nordamerika nicht als Schlupfwinkel gedient hätten? – Um 1700 haben sich dann sogar 200 000 deutschstämmige Siedler in Nordamerika niedergelassen, obwohl Deutschland gar keine eigenen Kolonien besaß, und zum damaligen Zeitpunkt bereits mehr als zwei Millionen Europäer nördlich des Rio Grande lebten. Zur selben Zeit hatten sich nur etwa 100 000 Spanier und Portugiesen in den Ländern jenseits dieses Flusses angesiedelt. Dies verwundert umso mehr, da beide Nationen – im Gegensatz zu Deutschland – in früheren Jahrzehnten maßgeblich an der Eroberung der Neuen Welt beteiligt waren und darüber hinaus lange Zeit die führenden Seemächte waren. Angesichts dieser Tatsachen ist nur schwer zu erklären, warum das kolonienlose Deutschland 200 000 Emigranten nach Nordamerika sandte, während die beiden großen Kolonialmächte Spanien und Portugal zusammen gerade einmal 100 000 Aussiedler in ganz Mittel- und Südamerika zuwege brachten. Da die iberische Halbinsel aber wesentlich südlicher als England und

Deutschland liegt war sie dementsprechend weniger von den gravierenden Kältewellen der Kleinen Eiszeiten betroffen. Daher war auch der Ansporn zur Emigration geringer, weil die Lebensqualität in Spanien und Portugal nicht weiter beeinträchtigt waren. Die iberischen Siedler waren nur als Kolonialherren gekommen, während die Deutschen, Engländer, Franzosen und Skandinavier emigriert waren, um mit eigenen Händen ihr Land zu bestellen und sich eine neue Heimat zu schaffen.[11]

Ironischerweise löste ausgerechnet das Ende der Kleinen Eiszeit eine der größten Auswanderungswellen nach Westen aus. 1846 erlebte ganz Europa einen extrem feucht-warmen Sommer, der besonders den Iren viel Regen brachte. Ideale Bedingungen für die Ausbreitung der Kartoffelfäule, deren Erreger der Pilz *Phytophthora infestans* ist. Nachdem der Pilz erst einmal Fuß gefaßt hatte, wurde der gesamte Kartoffelbestand innerhalb von sechs aufeinanderfolgenden Jahren mehrfach befallen. Die Situation spitzte sich für die vom Hunger gebeutelte Bevölkerung weiter zu, als dann noch eine Typhusepidemie ausbrach. 1845 hatte die Bevölkerung Irlands 8,5 Million Menschen betragen; während der Hungersnot war eine Million gestorben, und eine weitaus größere Anzahl emigrierte. Bis 1900 war die irische Bevölkerung auf knapp vier Millionen zurückgegangen und hat nie wieder ihren alten Stand vor der Hungersnot erreicht. Wie es der Zufall will (wirklich?), waren die 40er Jahre des 19. Jahrhunderts auch eine Zeit der Unruhen in Europa, deren Höhepunkt das Revolutionsjahr 1848 war. Das ist jedoch eine andere Geschichte, und für unsere Zwecke reicht es, die irische Hungersnot als ein Musterbeispiel dafür zu sehen, wie eine Klimaveränderung eine massenhafte Auswanderung auslösen kann. Allerdings muß man einräu-

11 Außer den mehrfach genannten klimatischen Gründen war die freie Ausübung der Religion sicherlich für viele Deutsche ein starker Beweggrund, nach Amerika zu emigrieren – so z.B. bei deutschstämmigen Mennoniten, deren Nachkommen heute in Pennsylvania wohnen. Das für viele Bauern sehr ungünstige Erbrecht in Süddeutschland mag ebenso ein Motiv gewesen sein wie die Furcht davor, in den Militärdienst gepreßt oder gar als Söldner verkauft zu werden. (Anm. d. Übers.)

men, daß die klimatische Veränderung um 1840 anders ausfiel als noch einige Jahrhunderte zuvor.

Die Härten für die Bevölkerung im 16. und 17. Jahrhundert bleiben jedenfalls unbestritten. Die Historiker haben sich lange Zeit über die latenten Ursachen den Kopf zerbrochen, die Europa nach 1500 in eine besorgniserregende wirtschaftliche Inflation rutschen ließen. Innerhalb eines Jahrhunderts stiegen die Preise um das Vierfache an, was nach heutigen Gesichtspunkten nicht viel ist, zu jener Zeit aber noch nie dagewesen war. Die Teuerungsrate für landwirtschaftliche Produkte war besonders hoch, und weil die Löhne nicht proportional anstiegen, mußten die armen Leute hungern. Rebellionen und Aufstände waren die Folgen, «ein fortlaufendes Chaos», wie es der Historiker Roberts nennt, «das sowohl das Unverständnis als auch das Gewicht des eigentlichen Geschehens offenbart.» Warum konnte dergleichen passieren? Wuchs die Bevölkerung so rasch, daß die Entwicklung der Landwirtschaft nicht Schritt halten konnte? Beruhten die Schwierigkeiten darauf, daß so viel Gold aus der Neuen Welt nach Europa floß? Oder lag es wieder einmal an dem von Historikern oftmals nicht sehr ernst genommen Umstand, daß sich damals das Klima verschlechterte? Unserer Meinung nach übte das Klima einen stärkeren Einfluß auf die Emigrationswellen der letzten 400 Jahre aus, als ihm seitens vieler Menschen bisher zuerkannt wurde. Genauso wie die Menschheit während der Eiszeiten entstand, ist die Europäisierung der Welt ein Produkt der Kleinen Eiszeit. Aus dieser Interpretation der Geschichte kann man den Schluß ziehen, daß das Klima auch in Zukunft eine bedeutende Rolle in der weiteren Entwicklung der Menschheit spielen wird. Bevor wir aber auf diesen Aspekt eingehen, wollen wir unsere historische Kreuzfahrt durch die Kleine Eiszeit mit ein paar eingängigen Beispielen beenden. Denn selbst die letzten, verhältnismäßig schwachen Wehen dieser Kälteperiode hinterließen bei ihren Zeitgenossen bleibende Eindrücke, die wir uns auch heute noch (im wahrsten Sinne) bildlich vor Augen halten können.

Charles Dickens und die weiße Weihnacht

Kehren wir wieder zurück ins 16. Jahrhundert, als der Beginn der kältesten Phase der Kleinen Eiszeit dazu beitrug, eine neue Schule in der Malerei zu entwickeln. Wie schon erwähnt, war der Winter 1564/1565 der härteste seit 1430. Während des Höhepunktes dieser Jahreszeit, im Februar 1565, malte Pieter Brueghel der Ältere ein Bild, das eine neue Stilrichtung vorgab. Sein Titel *Der Winter* (oder *Die Jäger im Schnee*), und es hatte ausschließlich die kalte Jahreszeit zum Thema. Nach Lambs Worten war dies «das erste Mal, daß die Landschaft selbst, auch wenn sie in diesem Fall lediglich der Phantasie entsprang, Thema eines Bildes wurde, anstatt als Kulisse für ein anderes Sujet zu dienen.» Vor diesem rauhen Winter hatte Brueghel 1564 ein anderes charakteristisches Werk geschaffen, *Die Anbetung der Könige*, auf dem die Heiligen Drei Könige dem Kind ihre Reverenz erweisen. Nach diesem Winter malte Brueghel 1567 erneut ein religiöses Thema, *Die Anbetung der Könige im Schnee*, jedoch erblicken wir auf diesem Bild völlig neue Schwerpunkte: In einer Winterlandschaft kämpfen sich die Menschen durch den tiefen Schnee, und das eigentliche Hauptobjekt, das Jesuskind, kann der zufällige Betrachter leicht übersehen. In den folgenden Jahrzehnten sollten Brueghel und andere Maler noch weitere Gemälde in diesem Stil anfertigen.

Jetzt brach die schlimmste Phase der Kleinen Eiszeit an. Gegen Ende dieses Kälteeinbruchs gab es nach einem kurzen Warmwetter-Intermezzo in den ersten Jahrzehnten des 19. Jahrhunderts wieder mehrere kalte Winter. Sie waren zwar nicht so extrem wie um 1690, aber doch kalt genug, um die Menschen, die sich an angenehmere Temperaturen gewöhnt hatten, gewaltig zittern und frieren zu lassen. Auch die Mode veränderte sich, um der kühleren Witterung gerecht zu werden. In den Jahren 1790 bis 1800 diktierte die französische Damenmode, daß ein großer Teil des weiblichen Oberkörpers unbedeckt war. Um 1820 fiel die Damenmode weitaus sittsamer aus; nicht etwa, weil sich moralische Ansprüche in der Damenoberbekleidung durchgesetzt hätten, sondern weil weite Ausschnitte infolge der kalten Witterung nicht mehr geeignet waren.

Diese Wetterveränderung wurde möglicherweise durch vermehrte Vulkanaktivität in verschiedenen Erdteilen ausgelöst. Während dieser Vulkanausbrüche wurden große Mengen Staub und Asche weit in die Stratosphäre geschleudert und bildeten dort eine Art Dunstschleier; diese Staubglocke konnte nun die Erde vor der einfallenden Sonnenenergie abschirmen, zum Teil sogar noch Jahre nach dem Ausbruch. 1815 wurden beispielsweise bei einem der gewaltigsten Ausbrüche des Vulkans Tambora, der im Ostindischen Archipel (Indonesien) liegt, mindestens 15 Kubikkilometer Staub und Magma in die obere Atmosphäre geschleudert, was auf der ganzen Welt zu malerischen Sonnenuntergängen führte. Als weitere globale Folge dieser Eruption fiel aber das folgende Jahr 1816 so kalt aus, daß es als «Jahr ohne Sommer» in die Geschichte einging.

Während dieser kalten Jahrzehnte zu Beginn des 19. Jahrhunderts begann J. M. W. Turner, einer der bedeutendsten britischen Maler, jene ausdrucksvollen Sonnenuntergänge zu malen, die sein Markenzeichen werden sollten. Diese Sonnenuntergänge beruhten jedoch auf Tatsachen und entsprangen nicht etwa seiner Vorstellungskraft. Klimatologen, die das Wetter der Vergangenheit bestimmen wollen, vergleichen häufig Bilder verschiedener Epochen, um auf diese Weise historische Klimaverläufe rekonstruieren zu können. Auf den europäischen Landschaftsbildern, die vorwiegend im Sommer entstanden, ist der Himmel während der Periode 1550–1700 durchschnittlich zu 80 Prozent wolkenverhangen. Später, in den unterschiedlichen Dekaden des 18. Jahrhunderts, erkennt man nur 50 bis 75 Prozent Wolken, und in der Zeit (1790-1840), als Turner und John Constable ihre Bilder in England malten, ist der Himmel zu etwa 75 Prozent mit Wolken bedeckt. Demgegenüber hat der Himmel, den die Künstler des 20. Jahrhunderts abbildeten, gerade einmal eine zu 60 Prozent deckende Wolkendecke.

Und wenn Shakespeares Phantasie seinerzeit vom Wetter beflügelt wurde, so gilt dies auch für Charles Dickens. Dickens wurde am Ende der letzten Kältewelle der Kleinen Eiszeit geboren. In seinen ersten neun Lebensjahren (1812–1820) erlebte London sechs weiße Weihnachten, entweder infolge heftiger Schneefälle oder starker Fröste. Die Eindrücke gruben sich tief in das Gedächtnis des jungen Dickens, der als Erwachsener Romane schrieb, in denen traditionelle Weihnachtsfeste in Südengland ziemlich ausführlich beschrieben werden. Doch schon als seine Werke gedruckt wurden, waren weiße Weihnachten in London zu einer Rarität geworden, und heutzutage gehören sie wohl fast vollkommen der Vergangenheit an. Dickens vermittelte den Menschen des viktorianischen Zeitalters eine Denkart, wie ein richtiges Weihnachtsfest auszusehen hat, und dieses Klischee finden wir auch heute noch auf jeder Weihnachtskarte wieder, auf der eine vierspännige Kutsche mit rotbackigem Postillion durch den Schnee rollt oder ein Rotkehlchen auf einem schneebedeckten Zweig wippt. Unsere Weihnachtskarten verdanken ihre typische Aufmachung eher den Jugendeindrücken Charles Dickens' – und somit auch den letzten Zuckungen der Kleinen Eiszeit – als den heutigen Klimaeinflüssen; auf jeden Fall wären die abgebildeten Szenen einer Milchmagd aus Shakespeares Zeiten bekannt vorgekommen.

Da stellt sich nun die Frage, ob Schnee und Eis wiederkehren werden, oder ob uns die Eiszeit für immer und ewig verlassen hat. Allerdings wollen wir uns im nächsten Kapitel erst einmal den Aktivitäten des cleveren Zweibeiners widmen, der ebenfalls ein Produkt der eiszeitlichen Rhythmen ist; denn dank seiner Umtriebe können nicht nur weiße Weihnachten in London, sondern auch Schneefälle zu anderen Jahreszeiten und auf anderen Erdteilen (mit Ausnahme der Antarktis) definitiv zu Dingen der Vergangenheit werden.

8

Die Dinosaurier kehren zurück

Vergangene Klimaperioden haben die Evolution eines aufrecht gehenden Primaten beeinflußt und die Ausbreitungsweise der Zivilisation auf dem Globus gesteuert. Was wird nun das Klima der Zukunft für uns *in petto* halten? Das Klima hat sich immer, mal schneller, mal langsamer, gewandelt und wird sich auch in Zukunft verändern. Wenn wir den zeitlichen Rahmen für die Zukunft nur groß genug veranschlagen, können wir felsenfest davon ausgehen, sowohl zukünftigen Eiszeiten als auch Wärmeperioden entgegenzusehen, die mit der Blütezeit der Dinosaurier durchaus vergleichbar sind.

Falls der Rhythmus der Eiszeiten wie in den vergangenen Millionen Jahren andauern sollte, so stehen wir kurz vor der nächsten Eiszeit – im nächsten Jahrhundert, im folgenden Jahrtausend, vielleicht aber auch schon morgen. Wenn die Kleine Eiszeit, die auf Grönland die Wikinger einfrieren ließ, die Indianer Nordamerikas zwang, ihre Äcker aufzugeben, und zu Shakespeares Zeiten die Milch im Melkeimer zu Eis erstarren ließ, sich tatsächlich zu einer Großen Eiszeit entwickelt hätte, so würde sich dies genau mit dem Verlauf der astronomischen Eiszeitzyklen decken. Vielleicht hätte die «nächste Eiszeit» schon gestern beginnen sollen. Wird sich die warme Witterung halten, die uns von der Kleinen Eiszeit erlöst hat? Oder müssen wir mit einer drastischen Klimaverschlechterung rechnen? In welche Richtung wird das Wetter umschlagen, und vor allem innerhalb welcher Zeitspanne?

Werden wir die Änderungen bereits demnächst verspüren, oder erst unsere Kindeskinder in ein paar Jahrhunderten?

Um mehr als nur eine bloße Vermutung über die Zukunft des Klimas anstellen zu können, benutzen wir zunächst eine statistische Methode, nach der nicht nur Versicherungsgesellschaften vorgehen, sondern auch Planer und Wärter von Meeresdeichen, Talsperren und anderen technischen Anlagen, die den Launen der Witterung ausgesetzt sind. Beim Rückblick in die jüngste Vergangenheit können wir als erstes erkennen, welche extremen Witterungen innerhalb einer (statistisch) vernünftigen Anzahl von Jahrhunderten eingetreten sind. Daraus kann man den Schluß ziehen, daß es innerhalb der nächsten hundert Jahre keine stärkeren Klimaschwankungen geben wird. Wenn wir uns wirklich für das nächste Jahrhundert interessieren, sollten wir vernünftigerweise nach folgender Faustregel vorgehen: Zuerst betrachten wir das zurückliegende Jahrtausend und können anschließend mutmaßen, im 21. Jahrhundert werde das Klima grundsätzlich in den gleichen Bahnen verlaufen wie in der Zeit zwischen 1000 n.Chr. und heute. Unter der Voraussetzung, daß andere Faktoren gleich bleiben (wobei wir ausschließen wollen, daß eine größere Klimaveränderung eintritt), sollte dies eine ziemlich gute Orientierungshilfe sein. Allerdings besteht immer noch der Vorbehalt, daß Klimaveränderungen von größerem Ausmaß tatsächlich eintreten können. So hat der Einbruch kälterer Witterung beispielsweise bewirkt, daß die Wikinger ihre Seefahrten einstellen mußten. Wie wir noch sehen werden, bestehen gute Gründe zu der Annahme, daß ein sprunghafter Klimawechsel bevorsteht oder gar schon begonnen hat. Allerdings gehört dieser Wechsel nicht zu den natürlichen, nach einem bestimmtem Schema verlaufenden Klimaschwankungen, wie wir sie bereits mehrfach erörtert haben. Um diese Witterungsveränderung in die richtige Perspektive zu rücken, sollten wir uns vor Augen halten, wie das Klima im 21. Jahrhundert geworden wäre, wenn die Menschen dem Wettergott nicht Knüppel zwischen die Beine geworfen hätten.

Zyklen, die der Sonne folgen

Das auffälligste Merkmal des Klimas im vergangenen Jahrtausend ist wohl, daß es, verglichen mit heute, im großen und ganzen kälter war. Wenn man die Temperaturentwicklung seit 1000 n.Chr. graphisch darstellt, zeigt sich das 20. Jahrhundert in dieser Graphik als eine Periode lang andauernder Wärme. Die Unterschiede sind minimal. Wenn wir die Durchschnittswerte jahrzehnteweise betrachten, um natürliche jährliche Wetterschwankungen von vornherein auszuschließen, stellen wir fest, daß sich die Durchschnittstemperaturen während der vergangenen paar Jahrhunderte nur um etwa 1° Celsius verändert haben. Diese geringfügigen Schwankungen waren aber durchaus nicht unbedeutend, wie Ihnen unsere Beschreibung des letzten Jahrtausends klar gemacht haben sollte. Die meisten Menschen, die in gemäßigten Breiten leben, halten eine wärmere Welt für einen angenehmeren Aufenthaltsort. Aus diesem Grund erhielten die Wärmeperioden in der Vergangenheit meist Bezeichnungen wie «Kleines Optimum». Wenn ein optimistisch eingestellter Mensch von dieser Haltung ausgeht, könnte er vielleicht hoffen, die Wärme des 20. Jahrhunderts sei ein Zeichen des Ausbruchs aus der Kälte der Kleinen Eiszeit und werde auch in Zukunft anhalten. Versicherungsstatistische Methoden bei der Klimaprognose würden aber vermutlich das Gegenteil ergeben. Demnach befinden wir uns nämlich gerade in einer Jahrhunderthälfte, die von außergewöhnlich warmem Wetter geprägt ist. Daher müßten wir nun statistisch gesehen mehrere kalte Dekaden erwarten, und das Wetter würde wieder in seinen jahrhundertelangen gewohnten Bahnen verlaufen. Untersuchungen vergangener Klimaveränderungen, aber auch Beobachtungen, wie sich die Sonne selbst im Verlauf der Jahre und Jahrhunderte verändert hat, verleihen eher der düsteren «kalten Prognose» Gewicht.

Der Ausdruck «Kleine Eiszeit» hat für verschiedene Personen unterschiedliche Bedeutung, da die Kälteperioden der letzten 400 bis 500 Jahre in den einzelnen Jahrhunderten bezüglich ihrer Intensität schwankten. Die naivste Behauptung wäre zu sagen, das warme Wetter des 20. Jahrhunderts werde wohl nicht anhalten. Der Höhepunkt der Kleinen Eiszeit lag im 17. Jahrhundert; nach einigen Jahrzehnten, in denen die Witterung weniger rauh war, kehrte die Kälte anschließend mit fast unverminderter Stärke zurück. Das war zu Lebzeiten von Charles Dickens in der ersten Hälfte des 19. Jahrhunderts. Im Rhythmus der Kleinen Eiszeit kann man Hinweise darauf finden, daß verschiedene besonders ausgeprägte Kälteperioden, die durch Abstände von 180 bis 200 Jahren unterbrochen werden, aufeinander folgen. Auch hier könnte man wiederum naiv folgern, der nächste Kälteeinbruch werde von heute an jederzeit eintreten, da mittlerweile 180 Jahre seit Dickens' Jugendzeiten vergangen sind.

Aber warum sollte das Klima denn überhaupt mit solcher Regelmäßigkeit schwanken? Durch welche treibende Kraft kann die Temperatur auf dem Globus zyklisch verändert werden? Die naheliegende Antwortet lautet, durch Ereignisse auf der Sonne selbst verändere sich die Menge an Energie, die zum Warmhalten unserer Erde verfügbar ist – zumindest scheint diese Antwort für einige Klimatologen plausibel. Im Gegensatz dazu haben viele Astronomen den Gedanken spöttisch belächelt, die Sonne könne sich um die ein oder zwei Prozent verändern, die erforderlich sind, um die dekadenweise und jahrhundertweise auftretenden Klimarhythmen zu erklären. Mittlerweile gibt es jedoch ausreichend Beweise, um behaupten zu können, die Klimatologen hätten recht gehabt und die Astronomen daneben gelegen.

200 Jahre nach der Französischen Revolution hielten die britische Royal Society und die französische Académie des Sciences ihre erste gemeinsame Sitzung ab, um das Erdklima und die Schwankungen der Sonnenaktivität zu diskutieren. Sie untersuchten, in welcher Weise sich solare Schwankungen, die man sehr deutlich anhand der ständig wechselnden dunklen Flecken auf der Sonnenoberfläche erkennen kann, auf unser Wetter auswirken. Außerdem fanden die Forscher eindeutige Beweise für einen etwa 200 Jahre dauernden Zyklus, der Sonnenaktivität und Erdklima miteinander verknüpft.

Die Anzahl der Sonnenflecken ist ein Maß für die Sonnenaktivität. Auf der Sonnenoberfläche kann man dunkle Flecken sehr gut mit Hilfe eines Teleskopes[1] erkennen. Sonnenflecken werden schon seit dem frühen 17. Jahrhundert beobachtet, als Galileo Galilei als erster Mensch sein Fernrohr gen Himmel richtete. Seit mehr als drei Jahrhunderten sind diese Flecken in fast regelmäßigen Abständen von etwa elf Jahren erschienen und wieder verschwunden – ein Phänomen, das unter dem Namen «Sonnenfleckenzyklus» bekannt ist. Im 20. Jahrhundert konnte man mit Hilfe der Meßinstrumente von Satelliten folgende Beobachtungen machen: Je mehr Flecken auf der Sonnenoberfläche auftauchen, desto größer ist die gesamte Solaraktivität, die sich in Form von Sonneneruptionen und Sonnenfackeln (Protuberanzen) äußert. Dabei wird Sonnenmasse ins All geschleudert und ein Sturm aus Solarteilchen (Sonnenwind) erzeugt, der weit über den Bereich unseres Sonnensystems hinaus in den Weltraum fegt. Mit diesem Sonnenfleckenzyklus sind auch Veränderungen des Magnetfeldes der Sonne verbunden. Interessanterweise wurden während des Höhepunkts der Kleinen Eiszeit, in der zweiten Hälfte des 17. Jahrhunderts, nur ganz wenige Flecken auf der Sonnenoberfläche beobachtet.

Teilweise wohl deswegen haben die Astronomen diesen Elfjahreszyklus erst ab ca. 1700 genauer aufgezeichnet. Aber es gibt noch andere Zeugnisse über Schwankungen der Sonnenaktivität, die viel weiter in die Vergangenheit zurückreichen. Diese Beweise sind im Holz unserer Bäume in Form radioaktiver Kohlenstoffatome (^{14}C) verborgen. ^{14}C entsteht in der Atmosphäre, wenn Teilchen aus weit entfernten Regionen des Alls, auch «kosmische Strahlen» genannt, mit bestimmten Stickstoffisotopen (^{14}N) in Wechselwirkung treten. Einige dieser radioaktiven C-Atome werden in die Moleküle des Gases Kohlendioxid (CO_2) eingebaut. Dieses Gas wird von den Bäumen während der Photosynthese aufgenommen und in Form von Zellulose in ihre Jahresringe eingebaut. Das Alter dieser Ringe läßt sich sehr präzise bestimmen, indem man vom äußersten Ring ausgehend die Jahre ringweise rückwärts abzählt. Da die Zerfallsrate bekannt ist, mit der

1 Das Teleskop wird dazu verwendet, um das Abbild der Sonne auf eine weiße Fläche zu projizieren.

radioaktives ^{14}C in andere stabile Atome zerfällt, dokumentieren die Jahresringe eines Baumes auch, wieviel ^{14}C in jedem Jahr in der Atmosphäre gebildet wurde. Mit Hilfe langlebiger Bäume und überlappender, erhalten gebliebener Holzfragmente gelang es Forschern der Dendrochronologie (Jahresringforschung), eine vollständige Liste der Jahresringe und ^{14}C-Atome zu erstellen, die 9000 Jahre zurückreicht. Dieses Verzeichnis genügte vollauf, um in der Größenordnung von Jahrzehnten und Jahrhunderten diejenigen Schwankungen in der ^{14}C-Produktion zu entdecken, die mit einer Veränderung der Sonnenaktivität verbunden sind.

Die Sonne beeinflußt die ^{14}C-Produktion, indem sie den Fluß der kosmischen Strahlung in die Erdatmosphäre verändert. Wenn die Sonnenaktivität sehr hoch ist, halten Sonnenstürme, die durch das Sonnensystem fegen, die kosmische Strahlung zurück, so daß weniger ^{14}C gebildet wird. Diese enge Verknüpfung läßt sich überprüfen, indem man die Ergebnisse der Jahresringe der letzten 200 Jahre mit den direkten Beobachtungen der Sonnenflecken vergleicht. Dabei bestätigt sich, daß der Zickzack-Verlauf der ^{14}C-Gehalte mit den Schwankungen der Sonnenaktivität übereinstimmt.

Charles Sonett von der University of Arizona erklärte auf einer Konferenz, die am 15. und 16. Februar 1989 vor der Royal Society gehalten wurde, diese ^{14}C-Zeittafel werde von einem zweihundertjährigen Zyklus bestimmt. Allerdings gibt es auch Schwankungen, die von Rhythmen bis zu etwa 2300 Jahren oder knapp 1000 Jahren geprägt werden. Jedoch sind auch Zyklen von 80 bis 90 Jahren möglich, nicht zu vergessen den bekannten Elfjahreszyklus. Diese beiden Zyklen tauchen immer wieder in astronomischen Datensammlungen auf, in denen die Sonnenaktivität analysiert wird.

Sonetts Befunde sind aus folgendem Grund für Klimatologen von besonderem Interesse: Die Zeiten, in denen sich die Sonne während dieses dominanten zweihundertjährigen Zyklus ziemlich ruhig verhielt, fielen mit Jahrzehnten starker Kälte auf der Erde zusammen. Dies galt zumindest für die vergangenen tausend Jahre, und trotz weniger vollständiger Beweise wohl auch für die Zeit vor 1000 n.Chr.

Die gleiche Periodizität von 200 Jahren taucht auch wieder auf, wenn man die Breite der Jahresringe untersucht. In Abständen von 200 Jahren neigen die Baumringe dazu, für einen Zeitraum von mehreren Dekaden schmaler zu werden. Das wiederum zeigt, daß die Bäume in irgendeiner Form «unter Streß» standen. Dieses Muster wiederholt sich auch in den Dekaden genau vor jedem Maximum des 200 Jahre «langen» ^{14}C-Zyklus'. Insgesamt deuten die vorliegenden Beweise darauf hin, daß Schwankungen der Sonnenaktivität für diese Ereignisse verantwortlich waren, die zunächst eine Kleine Eiszeit hervorriefen und die Welt abkühlten. Als die kosmische Strahlung anschließend wieder leichter in die Atmosphäre eindringen konnte, wurde dort auch wiederum mehr ^{14}C gebildet.

Isoliert betrachtet, müßte man diese Indizien mit Vorsicht genießen. Es sind aber auch ganz andere Forschungszweige zu demselben Ergebnis gekommen. Zhentao Xu von der Purpurberg-Sternwarte in Nanking erwähnt eine Untersuchung, in der historische Aufzeichnungen aus dem alten China analysiert wurden, die von Sonnenphänomenen – wie Sonnenflecken – handeln. Diese Analyse führte zu der Vermutung, während der vergangenen 2000 Jahre habe es einen Langzeitzyklus mit einem Aktivitätsrhythmus von 210 Jahren gegeben. Am französischen Centre de Spectrométrie Nucléaire et de Spectrométrie de Masse in Orsay fanden Forscher heraus, daß Spuren eines langlebigen radioaktiven Beryllium-Isotops (^{10}Be), das in Eisbohrkernen aus der Antarktis gefunden wurde, ebenfalls zyklische Veränderungen mit einer Periodizität von 194 Jahren zeigen. ^{10}Be entsteht ebenfalls aufgrund von Wechselwirkungen mit kosmischer Strahlung in der Atmosphäre. Beim Absetzen auf der Erdoberfläche wird ^{10}Be jedoch nicht von lebenden Organismen aufgenommen; daher kann die Menge dieses Isotops als ein unabhängiges, direktes Maß der variierenden Sonnenaktivität genommen werden.

Wenn wir das alles für bare Münze nehmen, sollte es durchaus möglich sein, zukünftige Phasen der Sonnenaktivität im voraus zu bestimmen. Denkbar wäre auch die Prognose kurzfristiger Trends, indem wir die Daten der vergangenen 200 oder 400 Jahre auswerten. Gegen Ende des 16. Jahrhunderts trat die Welt langsam in die schlimmsten Jahrzehnte der Kleinen Eiszeit ein, und die Aktivität der Sonne nahm ab. Ab 1790 war die Solaraktivität wieder auf einem ausgeprägten Höhepunkt. Dieser Phase schlossen sich drei Zyklen an, in denen die Sonne nur sehr schwach aktiv war, und in den ersten drei Jahrzehnten des 19. Jahrhunderts folgte dann eine vorübergehende Witterung wie in der Kleinen Eiszeit. Das letzte Aktivitätsmaximum liegt bereits einige Zeit zurück. Laut Aussage des Sunspot Index Data Centers in Brüssel, das die Sonnenaktivität überwacht, wurde dieses Maximum Ende 1989 / Anfang 1990 erreicht. Auf diese Weise erhalten Astronomen und Klimatologen die ideale Chance, den zweihundertjährigen Zyklus zu testen. Dabei können sie überprüfen, ob sich der klimatische Ablauf des frühen 19. Jahrhunderts – d.h. Abnahme der Sonnenaktivität und globale Abkühlung – zu Beginn des 21. Jahrhunderts wiederholen wird.

Unglücklicherweise – nicht nur für diese Forscher, sondern auch für viele andere Menschen auf dem ganzen Globus – wird sich die Welt vermutlich weiter aufheizen, ganz gleich, was die Sonne auch innerhalb der nächsten 50 Jahre anstellen wird. Verglichen mit den zurückliegenden Klimaschwankungen von teilweise beträchtlichem Ausmaß verhält sich der störende Einfluß, den dieser Sonnenrhythmus auf das Klima ausübt, nicht anders als ein Stein, der die Wasseroberfläche kräuselt. Große Klimawechsel waren beispielsweise der Übergang von der postglazialen Wärme zur Kälte der Kleinen Eiszeit oder der Wechsel zwischen Eiszeit und Interglazial. Und die Erwärmung, die wir derzeit kennenlernen, wird vermutlich den gesamten Abkühlungseffekt ausschalten, der in den nächsten 50 Jahren mit einer nachlassenden Sonnenaktivität verbunden ist. Der Einfluß menschlicher Aktivitäten auf das Klima bewirkt heute bereits so große Klimaschwankungen, wie sie in der Vergangenheit durch irgendwelche natürlichen Veränderungen hervorgerufen wurden – und dieser Einfluß nimmt von Tag zu Tag zu.

Der Treibhauseffekt

Die globalen Durchschnittstemperaturen von 1988 waren die höchsten, die je aufgezeichnet wurden. Seitdem es zuverlässige Temperaturaufzeichnungen gibt, waren die sechs wärmsten Jahre – in abnehmender Temperaturreihenfolge – die Jahre 1988, 1987, 1983, 1981, 1980 und 1986. Die 80er Jahre dieses Jahrhunderts heben sich als wärmstes Jahrzehnt aus den Aufzeichnungen hervor, und seit Beginn des 20. Jahrhunderts sind die Temperaturen weltweit ebenfalls um etwa 0,5° Celsius angestiegen. Der Aufwärtstrend der Temperaturen verlief jedoch während der vergangenen hundert Jahre nicht immer einheitlich. Der Globus kühlte im Zeitraum von 1850 bis 1880 leicht ab und erwärmte sich wieder bis etwa 1940. Von jenem Zeitpunkt bis etwa 1970 kam es weltweit zu einer leichten Abkühlung; doch während der letzten zehn Jahre erwärmte sich die Erde stärker als je zuvor. 1988 war die Welt durchschnittlich um 0,34° Celsius wärmer als die Durchschnittstemperatur der Jahre 1950 bis 1980, während 1987 die Temperaturen nur um 0,33° Celsius höher lagen als der Durchschnittswert des erwähnten Zeitraums. Es gibt eindeutige Beweise dafür, daß die grundlegende Temperaturentwicklung trotz einiger Faktoren (wie beispielsweise Vulkanasche oder Veränderungen der Sonnenintensität), die vorübergehend gegen diesen Trend arbeiten, zunehmend ist.

Die globale Erwärmung wird auch am weltweiten Steigen des Meeresspiegels deutlich. Auch hier gibt es wieder Schwankungen von einem Jahr zum nächsten; jedoch ist die Tendenz über längere Zeiträume hinweg eindeutig. Seit 1900 ist der Meeresspiegel um 10 bis 20 Zentimeter gestiegen. Das liegt teilweise am Rückzug kleiner Berggletscher, die durch ihren Schmelzprozeß Wasser freisetzen, das zu guter Letzt ins Meer gelangt.[2] Dazu kommt

2 Die großen Polareiskappen schmelzen (noch) nicht, weil bei geringfügiger Zunahme der globalen Erwärmung mehr Feuchtigkeit aus den Weltmeeren verdunstet und anschließend in Form von Schnee auf die Eisdecken fallen kann.

auch, daß das Meereswasser sich ausgedehnt hat, als sich die Welt erwärmte.

Wir brauchen nicht erst großartig nach den Ursachen für diesen Erwärmungstrend zu suchen. Diese finden sich in der verschwenderischen Art und Weise, mit der wir seit Beginn der Industriellen Revolution in Europa fossile Brennstoffe verfeuern. Kohle und Erdöl werden verbrannt, um die Industrie mit Energie zu versorgen, unsere Wohnungen zu heizen oder unsere Autos zu bewegen. Diese Rohstoffe enthalten hauptsächlich Kohlenstoff, der bei seiner Verbrennung als Kohlendioxid (CO_2) in die Luft entweicht. Aufgrund des Einflusses der Menschen hat der Anteil an Kohlendioxid seit Mitte des 19. Jahrhunderts um ein Viertel zugenommen. Kohlendioxid ist ein «Treibhausgas», das Wärme auf dem Erdboden zurückhält, die anderenfalls ins All gestrahlt würde. Je mehr CO_2 sich in der Atmosphäre befindet, desto wärmer wird es auf der Erde – und die Berechnungen, welchen globalen Erwärmungseffekt die tatsächliche CO_2-Zunahme der letzten 100 Jahre haben werde, stimmen nahezu mit dem wirklichen Temperaturanstieg auf der ganzen Welt überein.

Bisher waren die Auswirkungen nur gering. Jedoch steigt die Kohlendioxidzunahme gegenwärtig ziemlich rasch[3] an. Außer dem CO_2 werden durch menschliches Zutun noch andere Gase freigesetzt, die den Treibhauseffekt bewirken.[4] Wenn man all diese Gase summiert, wird um 2030 doppelt soviel Kohlendioxid (und ähnlich wirkende Gase) in der Atmosphäre sein wie im Jahre 1850 – falls nicht drastische Maßnahmen getroffen werden, um dieser Zunahme in naher Zukunft Einhalt zu gebieten.

Innerhalb von Jahrtausenden oder Jahrmillionen kann sich die Erde an diese Störfaktoren anpassen. Je mehr Kohlendioxid sich

3 Die Steigung dieser Kurve verläuft wie bei einer Exponentialkurve, die zunächst langsam ansteigt, dann einen plötzlichen Knick macht und rapide nach oben schießt – und wir befinden uns gerade in dem Knick!

4 Zu diesen sog. «Treibhausgasen» gehören die Fluor-Chlor-Kohlenwasserstoffe (FCKW), die ebenfalls für die Zerstörung der Ozonschicht verantwortlich sind sowie Methan (CH_4), das in großen Mengen bei der Verbrennung der Regenwälder freigesetzt wird, aber auch aus den Reisfeldern aufsteigt, die dem Gros der Menschheit riesige Reismengen als Grundnahrungsmittel liefern.

beispielsweise in der Luft befindet, desto größer wird auch die Umsatzrate, mit der Karbonate gebildet werden und sedimentieren. Mit der Zeit wird sich dann ein neues Gleichgewicht einstellen, wie es nach anderen – natürlichen – Umwälzungen passiert ist. Wenn man diesen Prozeß in zeitlichen Maßstäben sieht, die für die Menschheit relevant sind, also einige Jahrzehnte, kann man nicht so lange warten, bis diese langsamen natürlichen Anpassungsvorgänge stattgefunden haben. Die Zunahme der sog. «Treibhausgase», die für das Jahr 2030 berechnet wurde, bedeutet, daß die Welttemperaturen im Mittel um etwa 4 °Celsius ansteigen werden, wobei der Anstieg in den höheren Breitengraden (in Polnähe) stärker sein wird als in der Äquatorgegend. Dieser Umschwung wird wesentlich drastischer sein als jede andere natürliche Klimaveränderung innerhalb eines vergleichbar langen Zeitraums. Beim Wechsel zu einer Kleinen Eiszeit (bzw. zurück ins Interglazial) traten jeweils nur Temperaturveränderungen von etwa 1 °Celsius auf. Selbst wenn daher eine neue Kleine Eiszeit auf dem Vormarsch wäre, könnte sie gegen diese warme Übermacht nichts ausrichten. Eine Erwärmung um 4 °Celsius entspricht etwa dem Übergang von einer ausgeprägten Eiszeit in ein Interglazial – und normalerweise dauert der vollständige Prozeß einige tausend Jahre.

Eine derartige Erwärmung wird die Welt dramatisch verändern. Die Klimazonen werden sich verlagern, und insgesamt wird die Luft mehr Feuchtigkeit enthalten, weil höhere Temperaturen die Verdunstung aus den Ozeanen vergrößern. Daher werden die Küstengebiete mancher Landstriche wesentlich feuchter werden, und dort wird auch mehr Regen fallen. Gleichzeitig wird der Meeresspiegel ansteigen, und zwar nicht um zehn Zentimeter pro Jahrhundert, sondern um zehn Zentimeter pro Jahrzehnt, und zahlreiche tiefliegende Gebiete wie das Nildelta, Bangladesch und Florida werden überflutet werden. Mit dem Ansteigen der Temperaturen werden auch die kontinentalen Binnenländer austrocknen, und in vielen Teilen der Welt werden sich Wüsten ausdehnen. Die afrikanische Sahelzone und auch Äthiopien haben bereits einen Vorgeschmack auf das neue Weltklima erhalten; Südkalifornien und der europäische Mittelmeerraum werden vielleicht als nächste betroffen sein.

Tempo und Ausmaß dieser Klimaveränderungen sind so groß, daß sie unsere beschauliche Vorstellung, in einer wärmeren Welt ließe es sich besser leben, Lügen straft. Verglichen mit dem, was da innerhalb der nächsten 50 Jahre auf uns zukommt, würde jedermann eine Rückkehr der Kleinen Eiszeit begrüßen. Der Mittelmeerraum von Spanien über Süditalien bis nach Griechenland wird innerhalb der nächsten Jahrzehnte zunehmend zu einer ariden (trockenen), wüstenähnlichen Region werden – und die extremen Hitzeperioden der Sommer 1987 und 1988 in diesen Gebieten waren nur eine Kostprobe des zukünftigen Klimas. Die großflächige Ausbreitung der Wüste wird im Süden der USA und in Mexiko zu ähnlichen Problemen führen, während die großen nordamerikanischen Ebenen zu heiß und zu trocken werden, als daß man weiterhin Getreideanbau – selbst mit Hilfe modernster agrartechnischer Mittel – betreiben könnte.[5] Nach derzeitigen Berechnungen des Treibhauseffektes wird der Wasserstand des Colorado River vermutlich innerhalb der nächsten 50 Jahre um die Hälfte abnehmen.

Mehr Wärme und eine höhere Verdunstung aus dem Meer bedeuten aber auch vermehrte Stürme. Ein Sturm entsteht, wenn Feuchtigkeit in der Luft kondensiert und dabei Energie (ihre gebundene Wärme) abgibt, die dann die Windmaschine ankurbelt. Beim Übergang in das 21. Jahrhundert werden wir häufige und vor allem heftigere Hurrikans erleben. Das gilt auch für Stürme in höheren Breitengraden. Doch werden einige Gebiete unseres Planeten auch von dieser wahrscheinlich eintretenden Entwicklung profitieren. Die Anbauzonen für Mais und Weizen werden sich von den USA nach Norden, also nach Kanada verlagern, während die mildere Witterung es ermöglichen, in Sibirien neues Agrarland zu erschließen.[6] Andere Regionen, besonders die Tropen, werden nur geringfügige Wetterveränderungen bemerken. Wenn sich der Globus erwärmt, wird man dies besonders

5 Da der Treibhauseffekt, der die momentane globale Erwärmung bewirkt hat, sich grundlegend von den unbekannten Auslösern des Kleinen Optimums unterscheidet, besteht wenig Aussicht, daß die Regenfälle zurückkehren werden, die den Mill-Creek-Indianern das Leben erleichterten.

6 vgl. Wiedlich, Kiwis aus Sibirien?, Birkhäuser 1991.

deutlich in der Nähe der Pole spüren, da in diesen Gebieten die Wärme zum großen Teil ins All abgegeben wird und der Treibhauseffekt sich hier sehr stark bemerkbar machen kann. In den Tropen entsteht die Wärme überwiegend durch direkte Sonneneinstrahlung, weswegen sich klimatisch kaum etwas verändert. Die Bilanz für diesen neuen Treibhauseffekt, der durch direkten Eingriff des Menschen verursacht wurde, sieht düster aus: Die durch ihn hervorgerufenen Schwankungen werden die Menschheit im 21. Jahrhundert wahrscheinlich in ein großes Chaos stürzen, da dann sehr viele Regionen von diesem Problem betroffen sind.

Aber auch für Regionen wie beispielsweise Kanada, das von der Verdoppelung der Kohlendioxidkonzentration in der Atmosphäre profitieren könnte, wird das größte Problem sein, daß der Treibhauseffekt anschließend nicht zu einem Stillstand kommt; mit anderen Worten, die Welt wird sich nicht bis zum Jahr 2030 um 4° Celsius aufheizen und danach in diesem Zustand verharren. Im 21. Jahrhundert wird die Menschheit nach wie vor Gase produzieren, die den Treibhauseffekt verstärken, was folglich den Globus immer weiter aufheizt. Erst wenn wir die Produktion dieser Gase[7] stoppen, kann sich ein neues Gleichgewicht einstellen. Die Durchschnittstemperaturen werden zwar höher als die heutigen sein, jedoch werden sich dann neue geordnete Klimazonen ausbilden können. Und um dieses neue Gleichgewichtsstadium zu erreichen, kann man noch etwa einige hundert Jahre von dem Zeitpunkt an rechnen, ab dem sich die Menschheit dazu durchgerungen hat, keine weiteren «Treibhausgase» in die Luft zu pusten.

Wie wird die Erde dann aussehen? Nun, dies ist kein Buch über den anthropogenen (d.h. von Menschen verursachten) Treibhauseffekt. Außerdem sind die Probleme des 21. Jahrhunderts in einem so winzigen zeitlichen Maßstab gehalten, daß sie in den großen geologischen Zeitabläufen, mit denen wir uns bisher befaßt haben, kaum auffallen. Doch können wir die chaotischen Jahre des

7 Möglicherweise wird dieser Prozeß erst gestoppt, wenn die Kohlevorräte in etwa 200 Jahren erschöpft sind.

21. Jahrhunderts überspringen, um uns die Welt zu betrachten, wie sie vielleicht in einigen hundert Jahren aussehen wird. Das Klima hat sich zu diesem Zeitpunkt an die neue Situation angepaßt und die Schäden wieder ausgebügelt, die der Mensch durch die Verfeuerung sämtlicher fossiler Brennstoffe verursacht hat. Das Bild, das sich uns nun bietet, sieht ziemlich vertraut aus.

Comeback der Dinosaurier

Können Sie sich noch an die Dinosaurier erinnern? Sie hatten ihre Blütezeit während des Mesozoikum, einer Ära, in der es im großen und ganzen wärmer als heute war. Hinweise von ganz unterschiedlicher Art belegen, daß tropisches Klima bis hinauf zum 45. Breitengrad[8] herrschte. Die Dinosaurier selbst lebten nicht nur in diesen ausgedehnten Tropengebieten, sondern sogar noch näher an den Polen. Daß damals tatsächlich tropische Sümpfe und Flußdelten mit üppiger Vegetation bis hinauf zum 45. Breitengrad existierten, bedeutet noch lange nicht, daß im Mesozoikum jeder Quadratmeter der Erdoberfläche innerhalb dieses Gebietes (45° Nord bis 45° Süd) von tropischen Sümpfen bedeckt war. Robert Bakker, der Vater der kühnen, mittlerweile aber in weiten Kreisen anerkannten These, Dinosaurier seien warmblütig gewesen, hat eine Vielzahl von Indizien zusammengetragen, die ein ganz anderes Bild des Mesozoikum ergeben. Demnach erblicken wir trockene kontinentale Binnenzonen, in denen Lebewesen wie der *Apatosaurus* (*Brontosaurus*) herumstreiften, und wo man üppige Tropenvegetation und tropische Sumpfwälder nur in tiefgelegenen Küstengebieten (insbesondere in der Nähe eines Flußdeltas) antraf. Das typische Bild, wie die Welt im Jura, einer Epoche in der Mitte des Mesozoikum, seiner Meinung nach aussah, war gekennzeichnet durch «ausgedehnte, flache Überflutungsebenen, kleinere Flüsse, seichte Tümpel und vereinzelte tiefere Seen, die insgesamt zyklisch von mörderi-

8 Im Norden liegen heute die Städte Minneapolis, Ottawa, Turin und Wladiwostok innerhalb dieses Bereichs, und auf der Südhalbkugel befindet sich ganz Australien in dieser Zone.

schen Dürren heimgesucht wurden» (aus Robert Bakker *The Dinosaur Heresies*). Große Dinosaurier, so Bakker, vermieden die Sumpfgebiete, und seine Erklärung für den Aufbau ihrer Füße ist viel einleuchtender als diejenigen Theorien, die auf der althergebrachten Idee beruhen, solche Giganten seien ausschließlich schläfrig im Schlamm umhergewatschelt.

Ein klassischer «Beweis», Dinosaurier hätten ein Leben halb auf dem Lande, halb im Wasser (aquatisch) geführt, rühren von den fossilen Überresten eines Entenschnabelsauriers (*Hadrosaurus*) her. Dieser fossile Dinosaurier, der mehr als dreimal so groß wie ein Mensch war, blieb nahezu unversehrt erhalten, so daß man zwischen den Zehen dieses versteinerten Tieres noch Spuren von Schwimmhäuten erkennen konnte. Welcher Beweis für eine aquatische Lebensweise wäre nicht überzeugender als Füße mit Schwimmhäuten? Doch Bakker hatte eine völlig andere Erklärung für diese sog. «Schwimmhäute» parat. Kamele besitzen unter ihren Zehen kissenartige Ballen, die ihre Füße abstützen und wie eine Art Stoßdämpfer funktionieren, während die Tiere über den trockenen, harten Boden arider Gegenden laufen. In einem südafrikanischen Naturpark stieß Bakker einmal zufällig auf einen völlig vertrockneten Kamelkadaver, der durch die Hitze mumifiziert worden war. Die ehemaligen Fettpölsterchen unter den Zehen des lebenden Kamels waren nur noch vollständig zusammengefallene Hauttaschen – und sahen wie die perfekte Nachahmung von Schwimmhäuten aus. Aus dem gleichen Grund, meint Bakker, hat das Fossil des Entenschnabelsauriers scheinbar Schwimmhäute zwischen den Zehen; was einmal Fettpölsterchen waren, die unter seinen Füßen eine Stoßdämpferfunkton hatten, war dem äußeren Anschein nach zu Zehen mit Schwimmhäuten geworden, nachdem das Tier gestorben war und seine Überreste in einer heißen, trockenen Gegend mumifiziert wurden.

Tatsächlich gibt es noch weitaus mehr aussagekräftige Belege, daß Tiere wie *Hadrosaurus* (und auch *Apatosaurus*) daran angepaßt waren, sich auf Trockensteppen zu bewegen, und nicht etwa in sumpfigen Tümpeln herumplanschten. Für unsere Geschichte ist lediglich das Gesamtbild der damaligen Welt wichtig, das er entwarf: trockene Binnenkontinente mit sumpfigen Randzonen und üppig bewaldeten Flußdelten. Die Sümpfe und Flußmündungen waren natürlich die Gebiete, in denen die Vegetation Kohlendioxid in großen Mengen aus der Luft abfing und in kohlenstoffreiche Verbindungen umwandelte, die ihre Blätter, Stengel und Zweige bilden. Die pflanzlichen Überreste, die in diese Sümpfe einsanken, wurden im Verlauf von Jahrmillionen durch geologische Prozesse zusammengepreßt und erhitzt. Dabei entstanden riesige Kohleablagerungen, von denen viele heute noch abgebaut und verfeuert werden, so daß der Kohlenstoff wieder als Kohlendioxid in die Atmosphäre gelangt. Könnte es möglich gewesen sein, daß die Welt der Dinosaurier wenigstens teilweise deswegen so warm war, weil die Luft mehr Kohlendioxid enthielt, das den (damaligen) Treibhauseffekt verstärkte?

Diese reine Mutmaßung gewann durch die Arbeiten Keith Rigbys von der Universität Notre Dame an Sachlichkeit. Rigby führt seine Beweise in einem Nachtrag zum zweiten Band von *Dinosaurs Past and Present*[9] auf. Unter anderem zeigen Untersuchungen über den Verlauf prähistorischer Flußbette und den Aufbau ihrer Uferzonen, daß zumindest die Dinosaurier, die während der Kreidezeit in der Gegend des heutigen Montana lebten, eine Umwelt bewohnten, die von ausgedehnten Trockenperioden mit vereinzelten Sturzregen geprägt war. Dies beweist, daß die Welt zur Kreidezeit wesentlich wärmer war als die heutige. Aber der Befund macht auch deutlich, daß «der Lebensraum der Dinosaurier nichts mit den Sümpfen gemein hat, in denen sie gewöhnlich immer abgebildet werden.»[10]

Wie warm war die damalige Welt nun tatsächlich? Entsprechend einer Vielzahl von Indizien, die Rigby zusammenfaßte, war Nordamerika damals etwa 25° Celsius wärmer als heute, während die Äquatorgebiete nur ca. 5° Celsius wärmer waren als in der Gegenwart. Dieser Verlauf entspricht exakt dem Erwärmungsschema durch einen Treibhauseffekt, wie es anhand von Computersimulationen der Wetterveränderungen im 21. Jahrhundert

9 Hrsg. von Sylvia Czerkas und Everett Olson; siehe Literaturverzeichnis.
10 *Dinosaurs Past and Present*, Band II.

errechnet wurde. Auch dabei erwärmen sich die höheren Breitengrade stärker als die Äquatorgegend. Und dieses Muster mag zu Zeiten der Dinosaurier aus den gleichen Gründen wie heute bestanden haben. Wir erwähnten bereits, wie sich das Weltklima durch die Verschiebungen der Kontinente in geologischen Zeiten verändert hat. Dabei wurden Landmassen zu den Polen und wieder von diesen weggeschoben, und auch Meeresströmungen wurden umgelenkt. Dadurch konnten entweder warme Strömungen in die Polargegenden gelangen und diese eisfrei halten, oder aber sie wurden von den Polen ferngehalten, so daß diese zufroren. Diese Auswirkung kann jedoch nur teilweise für den Unterschied zwischen dem heutigen Klima und dem der Kreidezeit verantwortlich sein. Die damalige Geographie unterschied sich nicht sonderlich von der heutigen, und die Experten schätzen, daß dieser geographische Unterschied nicht mehr als 5° Celsius bei der Erwärmung Nordamerikas ausgemacht haben kann. Die restliche Erwärmung von 20° Celsius läßt sich am plausibelsten auf den Treibhauseffekt zurückführen.

Dieser wiederum ist eng mit der Kontinentaldrift und der geologischen Aktivität zu jener Zeit verbunden. Zu Lebzeiten der Dinosaurier mußte das zusätzliche Kohlendioxid in der Luft ursprünglich aus Vulkanen und Spalten in der Erdoberfläche stammen, aus denen Gase ausströmten. Rekonstruktionen des damaligen Klimas lassen vermuten, in der Kreidezeit habe es zehnmal mehr Kohlendioxid in der Luft gegeben als heute. Kohlendioxid ist aber nicht nur ein Gas, das den Treibhauseffekt verstärkt, sondern – neben Wasser und Sonnenenergie – auch ein essentieller Faktor der Photosynthese und somit auch für das Wachstum der Pflanzen erforderlich. Forscher, die mögliche Folgen einer menschlich verursachten Anreicherung der Atmosphäre mit Kohlendioxid untersuchen, sprechen bereits von einem «Düngungseffekt durch CO_2». Nach ihren Vermutungen werden viele Pflanzen gewaltig zu wachsen und zu wuchern beginnen, wenn die Kohlendioxidkonzentration ansteigt. Allerdings wird die Landwirtschaft davon nur zum Teil profitieren, weil Unkräuter höchstwahrscheinlich daraus größeren Gewinn ziehen werden als Nutzpflanzen. Ein starker «Düngungseffekt durch Kohlendioxid» könnte die erhöhte Wachstunsrate der Pflanzen, während der Kreidezeit erklären, wodurch damals große Mengen CO_2 aus der Atmosphäre entfernt und in den Kohleablagerungen eingeschlossen wurden.

Rigby entwirft das Gesamtbild einer wesentlich wärmeren Welt als der heutigen, in der mehr Wasser aus den Ozeanen verdunstete und folglich auch insgesamt mehr Niederschläge fielen.[11] Ein großer Teil dieser Regenfälle ging jedoch nicht auf den Ebenen nieder, sondern in den Küstengebieten, wo sich sumpfiger, tropischer Dschungel ausbreitete, während die Binnenzonen der Kontinente verdorrten und nur gelegentlich von Sturzregen überflutet wurden. Alles dies stimmt mit dem von Bakker entworfenen Szenario überein. Nach Rigbys Worten lebten die letzten Dinosaurier in einer ähnlichen Landschaft wie derjenigen, die sich heute am Fitzroy-River in Westaustralien entlangzieht. Dichte tropische Vegetation säumt direkt die Flußufer; etwas landeinwärts ist der Boden bereits völlig ausgetrocknet, und auch der Fluß selbst versiegt mehrmals im Jahr. Sollte diese Interpretation korrekt sein, so dient dieses Gebiet in Westaustralien als Orientierung dafür, welche Witterung Nordamerika und Europa erwarten können, wenn der anthropogene Treibhauseffekt das Weltklima bestimmt. Diese Geschichte liefert uns andererseits aber auch Erkenntnisse darüber, wie und warum die Dinosaurier ausstarben.

Entsprechend diesem paläoklimatischen Beweismaterial lag die globale Durchschnittstemperatur vor 100 Millionen Jahren bei 25° Celsius. Ziemlich gleichmäßig sank sie in den nächsten 20 Millionen Jahren auf 20° Celsius und bis zum Aussterben der Dinosaurier, also vor etwa 65 Millionen Jahren, nochmals auf 17° Celsius. Während der gleichen Zeitspanne schrumpfte die Zahl der Dinosauriergattungen von mehr als 30 (vor 80 Millionen Jahren) auf 15 (etwa gegen Ende der Kreidezeit). Wie wir bereits an anderer Stelle berichtet haben, gibt es überwältigende Beweise, daß Umweltveränderungen, insbesondere eine globale Abküh-

11 Die jährliche Regenmenge lag damals weltweit um 25 Prozent höher als heute.

lung, die Ursache waren, die den langsamen Niedergang der Dinosaurier schon lange vor ihrem endgültigen Verschwinden ausgelöst haben. Zwar gibt es eindrucksvolle Hinweise darauf, daß es tatsächlich eine letzte große Katastrophe war, vielleicht der Einschlag eines Meteoriten, die das Ende der Kreidezeit kennzeichnete, viel wahrscheinlicher ist aber, daß die Auswirkungen dieses Ereignisses so fatal waren und die Tage der Dinosaurier deswegen endeten, weil die Vorherrschaft der Saurier bereits aufgrund der starken Kältezunahme in der späten Kreidezeit ins Wanken geraten war. Diese Abkühlung beruhte teilweise auf der Neuanordnung der Kontinente. Aus dem gleichen Grund, warum die Kontinentaldrift für sich genommen keine Erklärung bietet, warum die Welt vor 100 Millionen Jahren so warm war, kann sie auch nicht die einzige Ursache für die drastische Abkühlung sein. Wenn also tatsächlich der Treibhauseffekt die Welt der Dinosaurier aufheizte, wie die meisten Indizien andeuten, dann kann sie offensichtlich auch nur infolge einer Schwächung des gleichen Treibhauseffekts wieder kühler geworden sein. Während einer bestimmten geologischen Periode nahm vermutlich die Tätigkeit der Vulkane ab, so daß jedes Jahr weniger Kohlendioxid in die Atmosphäre gelangte. Jedoch über Millionen Jahre hinweg fuhren die üppigen Tropenwälder der heißen Küstengebiete unvermindert damit fort, Kohlendioxid aus der Luft zu entnehmen und als Kohle zu deponieren. Als diese biologische Aktivität den atmosphärischen CO_2-Gehalt so stark reduziert hatte, daß die Welt fühlbar kälter wurde, brach der letzte Tag der Dinosaurier an. Schließlich stellte sich ein neues klimatisches Gleichgewicht ein, das eindeutig die Säugetiere gegenüber den Dinosauriern favorisierte.

Unsere Geschichte hat jetzt einen vollen Kreisbogen geschlagen. Wir sind Kinder der Eiszeit, und wir verdanken unsere Existenz einer globalen Klimaveränderung, die den Dinosauriern Tod und Verderben brachte. Diese Klimaveränderung war eng mit einem sehr aktiven biologischen Prozeß verbunden, der Kohlendioxid aus der Atmosphäre nahm und als Kohle deponierte. Das wiederum schwächte den Treibhauseffekt und ließ die Erde kälter werden. Gegenwärtig verursachen wir Menschen eine ge-

genläufige Entwicklung. In Form von Stein- und Braunkohle holen wir eifrig Kohlenstoff aus der Erde und verbrennen ihn zu Kohlendioxid, das sich in der Atmosphäre anreichert und unseren Planeten aufheizt. Wir stellen also genau die Bedingungen wieder her, die den Dinosauriern ein angenehmes Leben bereiteten, und die unsere Vorfahren dazu zwangen, im Schatten der Dinosaurier ihr Dasein im Unterholz zu fristen. Die Tage der Dinosaurier sind also wirklich wieder da. Der ganze Verlauf von Klima und Evolution während der letzten 65 Millionen Jahre, d.h. die ungewöhnlichen Klimaveränderungen, denen wir unsere heutige Existenz verdanken, mag vielleicht nur als eine vorübergehende Verirrung innerhalb der langen Erdgeschichte angesehen werden. Man kann sie als eine kurze Episode ansehen, die sich nur ereignete, weil eine Zeitlang zu viel Kohlendioxid aus der Atmosphäre entfernt wurde. Die Dinosaurier werden wohl nicht mehr davon profitieren können, daß die für sie normalen Witterungsverhältnisse auf der Erde zurückkehren. Trotzdem könnte bei Fortdauer dieses heißen Klimas eine weitere markante Zäsur in der geologischen Zeittafel erfolgen, die genauso bedeutend ist wie der Übergang von der Kreidezeit ins Tertiär. Zeit für uns also, von der Bühne abzutreten – vielleicht mit einem Anflug von Neugier, welchen Reim sich wohl die Paläontologen heute in 65 Millionen Jahren – falls es dann überhaupt noch welche gibt – über diesen neuen Einschnitt in der geologischen Zeittafel machen werden.

Anhang

Zyklen der Eiszeiten

Nach unserer Auffassung spielte der Ablauf der zyklisch wiederkehrenden Eiszeiten während der vergangenen ein bis zwei Millionen Jahre eine bedeutende Rolle dabei, daß sich intelligente, aufrecht schreitende Primaten in dieser Welt entwickeln konnten. Die Bedeutung dieser Glazialzyklen für unsere Geschichte haben wir in Kapitel 5 dargelegt. Um den Lauf der Handlung jedoch nicht zu unterbrechen, haben wir bei dieser Erörterung viele astronomischen Details weggelassen. Für alle, die noch mehr über eiszeitliche Zyklen erfahren wollen oder sich dafür interessieren, wie die lebenden Systeme unseres Planeten den Rhythmus dieser Zyklen beeinflussen können, folgen jetzt einige zusätzliche Informationen. Dabei handelt es sich um Auszüge aus einem Artikel, den John Gribbin im Mai 1989 in der Zeitschrift *L'Astronomia* veröffentlichte.

Die Geschichte beginnt geeigneterweise in dem Jahrhundert, in dem sich die kleine Zwischeneiszeit auf ihrem Höhepunkt befand, und zwar zu Lebzeiten von Johannes Kepler. Dieser bedeutende Astronom des 17. Jahrhunderts hat als erster herausgefunden, daß die Umlaufbahnen (Orbitale) der Planeten um die Sonne Ellipsen und keine Kreise sind. Kepler entdeckte auch, daß jeder Planet seine Bahn schneller durchläuft, wenn er der Sonne am nächsten ist (Perihel), und langsamer, wenn er sich an dem Punkt befindet, der am weitesten von der Sonne entfernt ist (Aphel). Hieraus wurde die erste astronomische Theorie über die Ursache von Klimaschwankungen formuliert – die Eiszeittheorie. Leider stellte sich heraus, daß dieser erste Gedanke falsch war.

Doch sollte er für (vom damaligen Zeitpunkt aus gesehen) zukünftige Forschungen, die heutzutage den Rhythmus der Eiszeiten untersucht und bewiesen haben, wegbereitend sein. Zweifellos haben sich die großen Gletscher auf der Erde ausgedehnt und wieder zurückgezogen, und diese Ereignisse waren eng mit astronomischen Veränderungen verknüpft, die durch Neigungen und Taumelbewegungen der Erde auf ihrem Kurs um die Sonne entstehen.

Keplers Entdeckung, daß die Planeten ihre Bahnen ändern, war durchaus von großer Bedeutung. Sie lieferte das Fundament, auf dem Isaac Newton seine Gravitationstheorie begründen konnte. Aber auch davon soll hier nicht berichtet werden. Vielmehr beginnt die Geschichte der eiszeitlichen Rhythmen 1842 mit dem französischen Mathematiker Joseph Adhémar.

Aufgrund der veränderlichen Umlaufgeschwindigkeit der Erde um die Sonne wird die eine Hälfte der Erdbahn langsamer zurückgelegt als die andere. Bezogen auf die Jahreszeiten der Nordhalbkugel wird daher die Hälfte der Umlaufbahn, deren «Mittelpunkt» durch die Sommersonnenwende gegeben ist, langsamer durchlaufen – wobei sich der Nordpol der Sonne zukehrt – als die andere Hälfte, welche Herbst und Winter entspricht. Als Folge davon sind Frühling und Sommer auf der Nordhalbkugel astronomisch ausgedrückt sieben Tage länger als die anderen beiden Jahreszeiten. Auf der Südhalbkugel ist es genau umgekehrt, und der Winter ist dort länger als der Sommer. Adhémar argumentierte, dies könne ein Grund sein, warum die Antarktis unter einer dicken Eisdecke liegt, während die nördliche Hemisphäre sich der relativ milden Witterung eines Interglazials erfreut, d.h. einer Wärmeperiode zwischen zwei ausgeprägten Eiszeiten.

Aufgrund astronomischer Kräfte und Einflüsse auf die Erde, u.a. auch durch die Anziehungskräfte von Sonne und Mond, trudelt die rotierende Erde wie ein Kreisel. Eine gedachte Linie, die Südpol und Nordpol miteinander verbindet, steht nicht senkrecht auf der Linie zwischen den Mittelpunkten von Erde und Sonne, sondern ist zu dieser in einem Winkel von 23,5° geneigt. Dieser Neigung (Ekliptik) verdanken wir den Rhythmus der Jahreszeiten. Innerhalb langer Zeitabstände verändert sich auch diese Neigung der Erdrotationsachse, die eine Kreisbahn im Himmel beschreibt, während die Erde taumelnd ihre Bahnen zieht. Diesen Effekt bezeichnet man als Präzession der Tag-und-Nachtgleichen (Äquinoktien), und es dauert 20 000 Jahre, bis ein voller Kreis beschrieben ist. Aus diesem Grund sahen beispielsweise die alten Ägypter einen ganz anderen «Polarstern» als wir heute. Zu Adhémars Zeit schien die Vermutung plausibel, es müsse in der Antarktis weniger Eis gegeben haben, als sich der Südpol vor etwa 10 000 Jahren der Sonne zuneigte und sich die Erde im langsamen Teil ihrer Umlaufbahn befand. Europa und Nordamerika müßten demnach zur selben Zeit unter einer schweren Eiszeit gelitten haben. 1853 jedoch fand der deutsche Naturforscher Alexander von Humboldt, dessen bekanntester Erfolg die Entdeckung jener nach ihm benannten Meeresströmung ist, den fatalen Irrtum, der in dieser Argumentation steckte. Zwar ist der Teil der Erdumlaufbahn, den die Nordhalbkugel im Sommer durchläuft, sieben Tage «länger» als die Strecke im Winter, jedoch liegt dies daran, daß die Erde im Sommer weiter von der Sonne entfernt ist. Und deswegen empfängt die Erde weniger Sonnenenergie. Wenn man nun die durchschnittlichen Wärmemengen für Frühling-Sommer und Herbst-Winter ermittelt, heben sich beide Effekte wieder auf. Daher sind die beiden Energiemengen identisch, die pro Hälfte einer Umlaufbahn auf jede Halbkugel entfallen.

Welche Faktoren sind es also genau, die das Erdklima alternierend mal in eine Eiszeit, mal in ein Interglazial verwandeln oder zurückholen? Adhémars Vorschlag erwies sich auf Dauer als sehr wichtig, nicht weil er richtig gewesen war, sondern weil er Denkanstöße gab. Von nun an überlegte manch einer, wie wohl Veränderungen in der Geometrie der Erdumlaufbahn den Rhythmus der Eiszeiten auf der Nordhalbkugel verursacht haben könnten. Mehr als ein halbes Jahrhundert dauerte es, bis sich daraus eine fundierte Theorie der Eiszeitzyklen herausschälte, die mit zahlreichen heute gemachten Beobachtungen genau übereinstimmt. Diese Resultate wurden mit Hilfe einer genau verstandenen geologischen «Uhr» ermittelt, welche die unterschiedlichen Temperaturschwankungen der Erde in den vergangenen zwei Millionen Jahren präzise wiedergibt.

Nachdem man Adhémars Fehler korrigiert hatte, wurden die nächsten Fortschritte in Richtung «Astronomische Theorie» Mitte des letzten Jahrhunderts von dem Schotten James Croll gemacht. Croll wird häufig als verkanntes Genie geschildert, weil er als Hausmeister beim Andersonian Museum in Glasgow beschäftigt war, als er seine Theorie über die Zyklen der Eiszeiten veröffentlichte. Jedoch ist diese weitverbreitete und interessante Geschichte auch etwas irreführend. Croll entstammte zwar einer armen Familie, jedoch hatte er sich schon immer für Naturwissenschaften interessiert und jedes Buch verschlungen, das ihm unter die Finger kam. Aufgrund seiner familiären Verhältnisse konnte er nicht an einer Universität studieren, und er mußte nacheinander mehrere unterschiedliche Tätigkeiten ausüben – als Mühlenbauer, Schreiner, Ladeninhaber und sogar als Versicherungsvertreter. Dennoch widmete er seiner akademischen Arbeit mehr Aufmerksamkeit als seinem jeweilen «Brotberuf». Croll nahm seine Tätigkeit als Hausmeister aus dem gleichen Grunde auf, der zu einer späteren Zeit Albert Einstein dazu veranlassen sollte, Angestellter in einem Patentamt zu werden: In beiden Fällen wurde eine leichte, wenn auch schlecht bezahlte Arbeit angeboten, die ein ruhiges, warmes Plätzchen garantierte, wo man lesen und nachdenken konnte.

Aus seiner behaglichen Museumsecke heraus begann Croll ab 1860, wissenschaftlich zu publizieren, und widmete sich bald voll und ganz den Geheimnissen um die Eiszeiten, die zur damaligen Zeit in der Wissenschaft lebhaft diskutiert wurden. Crolls Theorie basiert darauf, daß die Erde in Richtung Sonne geneigt ist sowie auf der bekannten Tatsache, daß sich diese Neigung (Ekliptik) im Laufe der Jahrtausende verändert. Croll brachte jedoch noch einen weiteren wichtigen Faktor ins Spiel. Aufgrund der komplexen Wechselwirkungen der Anziehungskräfte zwischen den Planeten unseres Sonnensystems ändert sich der Verlauf der Erdumlaufbahn in regelmäßiger und genau voraussagbarer Weise. Die Bahn hat immer die Form einer Ellipse; jedoch ist diese manchmal eher kreisförmig, manchmal mehr in die Länge gezogen. Diese Schwankungen in der Umlaufexzentrizität wurden von Urbain Leverrier, einem französischen Astronom, berechnet.[1] Auf den Arbeiten von Leverrier baute Croll seine eigene Theorie auf.

Während die Erdumlaufbahn schrittweise von einer eher kreisförmigen (geringe Exzentrizität) in eine mehr elliptische Form (hohe Exzentrizität) übergeht, folgt sie einem Zyklus von etwa 100 000 Jahren. Zur Zeit ist die Umlaufbahn nahezu kreisförmig (die Exzentrizität geht gegen Null), vor etlichen zig-tausend Jahren hatte sie hingegen die Form einer relativ langgezogenen Ellipse (die Exzentrizität betrug etwa 6 Prozent). Daher behauptete Croll, eine kreisförmige Umlaufbahn falle mit einer Zwischeneiszeit (Interglazial) zusammen, während bei elliptischen Bahnen ausgeprägte Eiszeiten eintreten können.

Nun stellte sich die Frage, wie sich dieser Effekt auswirkt. Sowohl Leverrier als auch Croll waren sich drüber im Klaren, daß trotz wechselnden Verlaufs der Erdumlaufbahn die Gesamtwärmemenge, die von der Sonne auf der Erde einfällt, immer gleich bleibt. Croll vermutete, daß der ausschlaggebende Punkt das Gleichgewicht zwischen den unterschiedlichen Wärmemengen im Sommer und im Winter ist. Er behauptete nun, während eines sehr kalten Winters könnten sich viel leichter größere Schneemengen anhäufen. Wenn dies erst einmal geschehen ist, kann der Schnee die einfallende Sonnenstrahlung stärker reflektieren und auf diese Weise die Erde selbst im Sommer kühl halten. Möglicherweise war Croll der erste, der den Gedanken der positiven Rückkopplung (*positive feedback*) in eine wissenschaftliche Theorie einbaute. Daraus folgerte Croll: Wenn die Erde, während es auf der Nordhalbkugel Winter ist, weit von der Sonne entfernt ist, dann kommt es zu einer Eiszeit.

Zu jener Zeit gab es keinerlei geologische Funde, die gegen diese Theorie gesprochen hätten, obwohl manche Wissenschaftler ihre Zweifel hegten, ob eine so geringfügige Veränderung der Umlaufexzentrizität (nur wenige Prozent) eine so große Wirkung haben könne. Die Diskussion um Crolls Theorie hielt bis zum

1 Leverrier hatte, wie Croll und andere zeitgenössischen Wissenschaftler, ebenfalls keine elektronischen Rechenhilfen, sondern mußte alle Berechnungen mühsam «zu Fuß» erstellen.

Ende des 19. Jahrhunderts an. Dann wurde sie jedoch zunehmend mit geologischem Beweismaterial konfrontiert, das bewies, daß die letzte Eiszeit nicht erst vor etlichen zig-tausend, sondern schon vor etwa 10 000 Jahren zu Ende gegangen war. Anders ausgedrückt, die Erde befand sich immer noch inmitten einer Eiszeit als die Umlaufbahn nahezu kreisförmig war. Dies schien der Astronomischen Theorie endgültig den Todesstoß zu versetzen. Im 20. Jahrhundert erlebte sie jedoch eine Renaissance, weil immer mehr Einzelheiten der astronomischen Wechselwirkungen noch präziser berechnet wurden. Belegt wurde sie insbesondere während der vergangenen 20 Jahre durch vergleichsweise exakte Bestimmungen, wie sich die riesigen Eisdecken innerhalb der vergangenen Jahrtausende ausdehnten und wieder zurückzogen. Derjenige, der der bereits totgesagten Crollschen Theorie neues Leben einhauchte, war der jugoslawische Astronom Milutin Milanković. Ihm zu Ehren wird heutzutage die Astronomische Theorie auch «Milanković-Theorie der Eiszeiten» genannt.

Zusätzlich zu den beiden astronomischen Faktoren, die Croll berücksichtigte, nämlich Präzession der Tag-und-Nachtgleichen und Umlaufexzentrizität, führte Milanković einen weiteren Parameter ein. Demnach ist der Neigungswinkel der Erde (Ekliptik) selbst eine Variable, die zwischen 21,8° (nahezu aufrecht) und 24,4° (größte Neigung) schwankt und für einen vollen Zyklus etwa 41 000 Jahre benötigt. Die momentane Neigung beträgt etwas mehr als 23,4° und liegt somit fast genau zwischen beiden Extremwerten. Innerhalb der vergangenen 10 000 Jahre hat dieser Winkel stetig abgenommen. Da genau dieser Neigungswinkel für den Wechsel der Jahreszeiten auf der Erde verantwortlich ist, bedeutet dies, daß die Unterschiede zwischen Sommer und Winter weniger ausgeprägt sind als vor 10 000 Jahren. Insgesamt fallen die Sommer heutzutage wohl etwas kühler und die Winter etwas wärmer aus als damals. Trotzdem sollte man sich auch hier wieder vor Augen halten, daß die gesamte Wärmemenge, die im Verlauf eines Jahres von der Sonne auf die Erde gelangt, in beiden genannten Fällen die gleiche ist.

Ganz eindeutig muß dieser Zyklus auch jeden Klimarhythmus stark beeinflussen, der auf Schwankungen der Tag-und-Nachtgleichen-Präzession reagiert. Allerdings soll mit diesem Faktor die Liste der Parameter abgeschlossen werden, die die Geometrie des Erdumlaufs und somit auch das Gleichgewicht zwischen den jahreszeitlichen Wärmemengen verändern können. Durch Kombination aller drei Parameter läßt sich die Sonnenenergie (Sonnenstrahlung), die an einem beliebigen Breitengrad der Erde zu irgendeiner vergangenen (oder zukünftigen) Jahreszeit eintrifft, quantitativ (mengenmäßig) bestimmen. Diese Berechnungen sind heute durchaus möglich – zu Lebzeiten Milanković, lange vor dem Computerzeitalter, stellten sie jedoch eine gewaltige Aufgabe dar. Mit wahrhaft heroischer Hingabe errechnete Milanković die entsprechenden Wärmekurven für die Breitengrade von 5° Nord bis 75° Nord und veröffentlichte seine Ergebnisse im Jahre 1930.

Zu diesem Zeitpunkt waren seine Berechnungen wesentlich detaillierter und genauer als der Wissensstand der Geologen über Schwankungen der Erdtemperaturen in der Vergangenheit. Niemand wußte, ob Milanković Berechnungen mit der Realität übereinstimmten. Er lieferte auch einen sehr wichtigen Beitrag zu der Theorie, wie diese Veränderungen das Klima beeinflussen können. Milanković berief sich auf einen Vorschlag des deutschen Geologen Wladimir Köppen und postulierte, nicht strenge Winter seien für eine Eiszeit ausschlaggebend, sondern kühle Sommer. Seine Folgerung gilt bis heute als einer der Eckpfeiler der modernen Eiszeittheorie und besagt, im Winter sei es immer kalt genug, so daß der gefallene Schnee liegenbleibt. Heutzutage schmilzt der Schnee jedoch im Frühjahr. Damit sich große Eisflächen auf den Landmassen der Nordhalbkugel ausbreiten können, bedarf es kalter Frühjahre und kühler Sommer. Unter solchen Bedingungen schmilzt nur wenig Schnee, und die winterlichen Schneefälle machen den Schmelzverlust im Sommer mehr als wett. Was die Antarktis betrifft, so ist dieser gefrorene Kontinent offenbar ständig eisbedeckt. Daher hängt die Durchschnittstemperatur des gesamten Globus einzig und allein von der Zu- und Abnahme des Eises auf der Nordhalbkugel ab.

Hierdurch wird Crolls Theorie auf den Kopf gestellt, und das bringt die Astronomische Theorie in Überstimmung mit dem heute als gültig anerkannten Verlauf der Eiszeiten. Als es vor ca 10 000 Jahren einen geringeren (Temperatur-)Unterschied zwischen den Jahreszeiten gab und die Sommer kühler waren, lag die nördliche Hemisphäre tatsächlich unter einer dicken Eisdecke. Bis der definitive Beweis erbracht wurde, daß Milanković auf der richtigen Fährte war, sollte es aber noch fast ein halbes Jahrhundert dauern.

Bei der Zusammenstellung der Astronomischen Eiszeittheorie in ihrer modernen Fassung haben viele Personen mitgewirkt. Ein entscheidender Beitrag stammt von dem Belgier André Berger. Dieser hatte die besten und genauesten Berechnungen darüber angestellt, wie die Sonneneinstrahlung in unterschiedlichen Breitengraden variiert – diesmal allerdings mit Unterstützung eines Computers. Der Tscheche George Kukla, der heute in den USA lebt, führte Untersuchungen durch, wie sich mögliche Schwankungen der Sonneneinstrahlung zu verschiedenen Jahreszeiten auf eine geschlossene Schneedecke auswirken. Er schloß, daß die Welt unter den gegenwärtigen geographischen Gegebenheiten – große Landmassen in höheren Breiten der Nordhalbkugel[2] – wie geschaffen für eine (neue) Eiszeit ist. Die Erde tritt nur dann in ein Interglazialstadium, wenn die Umlaufzyklen zusammenwirken und eine maximale Sommerhitze erzeugen, so daß die Gletscher zurückweichen.

Die bedeutendsten neuen Entwicklungen ergaben sich aber aus den Studien über den tatsächlichen Verlauf von Temperaturschwankungen in der Vergangenheit. Die Messungen hingen von zwei Bedingungen ab: Zum einen konnte die Wissenschaft an genügend Rohmaterial gelangen, das während der vergangenen Jahrtausende von den zerstörerischen geologischen Prozessen noch nicht in Mitleidenschaft gezogen wurde. Zweitens konnten die Wissenschaftler dieses Material in der Art eines Thermometers auswerten. Man verwandte bei dieser Methode lange Sedimentbohrkerne, die aus dem Meeresboden herausgebohrt wurden, welcher sich über Jahrmillionen ungestört gebildet hatte. Ein

2 Diese geographische Besonderheit war während des überwiegenden Teils der Erdgeschichte natürlich nicht immer der Fall.

großer Teil dieses Sedimentmaterials besteht aus den Schalen und Skeletten toter Meerestiere, mikroskopisch kleiner Foraminiferen, die im Plankton leben. Diese Lebewesen sind innerhalb geologischer Zeiträume für neue Kalkablagerungen verantwortlich.

Im Verlauf der Sedimentbildung türmt sich eine Kalkschicht über die andere, die jüngeren Ablagerungen mehr an der Oberfläche, während die älteren in tieferen Schichten begraben sind. Das Alter dieser Schichten kann nun mittels unterschiedlicher Techniken bestimmt werden. Hierzu gehören die Bestimmung der radioaktiven Isotope in den Schalenresten sowie die Messung des Paläomagnetismus dieser Proben. Außerdem läßt sich die Temperatur ermitteln, die zu (den schon lange zurückliegenden) Lebzeiten dieser marinen Lebewesen im Ozean herrschte, indem man beispielsweise die Häufigkeit verschiedener Sauerstoff-Isotope in den Resten ihrer Kalkhüllen bestimmt.

Karbonatverbindungen enthalten zwei unterschiedliche Sauerstoff-Isotope, ^{16}O und ^{18}O. Dies gilt auch für jede andere Sauerstoffprobe, die es auf der Erde gibt, einschließlich des Sauerstoffs, den wir atmen. ^{18}O ist schwerer als ^{16}O. Daher kann dieses Sauerstoff-Isotop aus kühlerem Wasser leichter verdunsten als ^{18}O; mit steigender Wassertemperatur verdunstet dann auch mehr ^{18}O. Das Karbonat[3] in den Schalen und Skeletten dieser winzigen Meerestiere wird aus Kohlendioxid-Molekülen (CO_2) gebildet, die von den lebendigen Foraminiferen absorbiert werden. Wie das Isotopen-Verhältnis (^{16}O:^{18}O) in diesen Molekülen (und somit auch in den Foraminiferen-Schalen) aussieht, richtet sich nach der angebotenen Menge jedes einzelnen Sauerstoff-Isotops, und dies wiederum ist von der Meerestemperatur abhängig. Aufgrund zahlreicher Untersuchungen an Sedimentbohrkernen konnte nun eine genaue Relation erstellt werden (als Modell diente ein sog. «geologisches Thermometer»), so daß man die Temperaturen vergangener Zeiten über eine Messung der Sauerstoff-Isotope ermitteln kann. Karbonatverbindungen aus Tieren, die in kälterem Wasser gelebt haben, enthalten einen höheren Anteil des schwereren Isotops.

3 In den Schalen der Foraminiferen wird Sauerstoff [O] hauptsächlich in Form von Kalziumkarbonat [$CaCO_3$] chemisch gebunden. (Anm. d. Übers.)

Im Jahre 1976 begannen zwei amerikanische Forscher, Jim Hays und John Imbrie, an einer Untersuchung des Briten Nick Shackleton mitzuarbeiten, die sich als umfangreichste und detaillierteste Studie dieser Art herausstellen sollte. Sie bargen einen Bohrkern von mehr als 15 Metern Länge, der somit etwa 450 000 Jahre der Erdgeschichte enthielt. Sie entnahmen diesem Kern Proben im Abstand von je 10 Zentimetern und konnten auf diese Weise die Erdtemperatur in Abständen von ca. 3000 Jahren messen. Als sie das Muster dieser Temperaturschwankungen analysierten, stellten sie fest, daß die Rhythmen von ausgeprägten Zyklen in Abständen von 100 000, 41 000 und 22 000 Jahren «getaktet» wurden. Dies entsprach genau den Zyklen, die Milanković untersucht und die sein modernes Pendant, André Berger, sehr genau berechnet hatte. Seit 1976 wurden diese Untersuchungen in größerem Umfang an längeren Bohrkernen wiederholt, und jedesmal ergab sich das gleiche Bild. Astronomische Faktoren beeinflussen und kontrollieren also tatsächlich die Eiszeitzyklen. Bis vor kurzem gab es aber noch ein weiteres Rätsel: Wie konnten solche minimalen, jahreszeitlich bedingten Wärmeänderungen derart gewaltige Klimaschwankungen hervorrufen, deren Palette sowohl Eiszeiten als auch Interglaziale umfaßt? Dies konnte erst in den letzten Jahren beantwortet werden, nachdem man Bohrungen von ganz anderer Art durchgeführt hatte – dieses Mal nämlich im Polareis.

Die Polareisdecken können gleichfalls wie fossile Zeittafeln gelesen werden und uns Informationen über klimatische Schwankungen in der Vergangenheit, also auch über die Temperatur, vermitteln. Ähnlich wie die Sedimentschichten der Tiefsee liegen die älteren Eislagen tiefer. Diese Schichten enthalten ebenfalls anteilmäßig verschiedene Sauerstoff-Isotope und andere Indikatoren, die die damaligen Verhältnisse (als sie aus frischgefallenem Schnee gebildet wurden) widerspiegeln. Zwar sind selbst die ältesten Eisschichten nicht so alt wie die ältesten Sedimente, die Hays und seine Mitarbeiter untersuchen; jedoch können Eisbohrkerne, im Gegensatz zu Tiefseesedimenten, tatsächlich alte Luftproben konservieren, die in Form von Luftbläschen im Eis eingeschlossen sind.

Der Eisbohrkern mit dem längsten Profil stammt aus der

Gegend von Wostok inmitten der Antarktis. Er hat eine Länge von mehr als 2 Kilometern und umfaßt eine Zeitspanne von ca. 160 000 Jahren, d.h. gerade etwas mehr als ein kompletter, von Milanković berechneter Zyklus. Durch diesen Kern werden wir nicht nur lückenlos über die Temperaturschwankungen innerhalb dieses Zeitraums aufgeklärt, sondern erfahren auch aufgrund der eingeschlossenen Gasblasen die Zusammensetzung der Luft während der vergangenen Jahrtausende. Die aufsehenerregendste Entdeckung dieser Analyse war, daß die Konzentration an Kohlendioxid in der Luft während der Eiszeit, die vor 10 000 Jahren endete, nur 200 ppm[4] betrug. Als die Eiszeit damals zu Ende ging und das Interglazial einsetzte, stieg die CO_2-Konzentration der Luft auf 270 ppm an und behielt diesen Wert bis ins 20. Jahrhundert bei. Infolge menschlicher Eingriffe, wie beispielsweise durch die Verfeuerung fossiler Brennstoffe (Öl, Kohle) und durch die Abholzung der Wälder, ist die CO_2-Konzentration gegenwärtig auf 350 ppm hochgeschnellt. Der Eisbohrkern von Wostok ist gerade lang genug, um uns zu zeigen, daß das Gleiche gegen Ende der letzten Eiszeit passierte. Damals, vor 155 000 Jahren, erwärmte sich die Welt plötzlich und trat in eine Interglazialperiode ein, und zwar genau zur selben Zeit, als die Kohlendioxid-Konzentration in der Atmosphäre von weniger als 200 ppm auf fast 300 ppm anstieg.

Gegenwärtig hören wir viel über die Probleme, die sich infolge eines Anstiegs der CO_2-Konzentration ergeben können, weil dadurch der Treibhaus-Effekt verstärkt wird. Kohlendioxid läßt die Sonnenstrahlen ungehindert auf den Boden einfallen, fängt aber die Infrarot-Strahlung ab, die sonst wieder von der Erdoberfläche ins All reflektiert würde. CO_2 macht also die Erde wärmer. Nun dürfte es völlig klar sein, daß sowohl die Temperatur als auch die Kohlendioxid-Konzentration Hand in Hand mit der Milanković-Theorie gehen. Der Eisbohrkern von Wostok zeigt eindeutig, daß Fluktuationen von Temperatur und CO_2-Konzentration in einem Rhythmus von 22 000 Jahren auftreten.

4 ppm = *parts per million* oder Teilchen pro Million.

Zu einem gewissen Teil ist damit das Problem gelöst, wie astronomische Zyklen das Klima derart stark beeinflussen können. Die Rhythmen werden eindeutig durch das Kohlendioxid verstärkt. Dabei wird der Treibhaus-Effekt entsprechend der Milanković-Zyklen stärker oder schwächer. Dieser Rückkopplungsprozeß hätte sicherlich auch Croll helle Freude bereitet. Nun stellt sich allerdings die Frage, warum die astronomischen Zyklen den CO_2-Gehalt der Atmosphäre beeinflussen. Die Beantwortung dieser Frage hat gerade erst begonnen. An dieser Stelle verlassen wir das Reich der Astronomie und begeben uns in die Biologie. Eine mögliche Antwort liegt wohl in der biologischen Produktivität der Ozeane, in der Aktivität von Milliarden von Planktonorganismen[5], die vielen Lebensformen im Ozean als Nahrungsquelle dienen. Dieselben Organismen informieren uns witzigerweise auch über die Temperaturen in der Vergangenheit. Je produktiver die Ozeane sind, desto mehr Kohlendioxid wird – von pflanzlichen Planktonorganismen – aus der Luft gezogen und findet sich schließlich – als Überrest des Zooplanktons – im Sediment der Meeresböden wieder. Die Schlußfolgerung lautet demnach, daß eine kühlere Erde wesentlich produktiver ist, zumindest was das Leben im Meer anbelangt. Bis jetzt hat noch niemand genau erklären können, wie dieser Prozeß abläuft; eine besonders faszinierende Hypothese wurde allerdings von den Amerikanern John Martin und Steve Fitzwater aufgestellt.

Beide untersuchten Wachstum und Vermehrungsweise von Plankton im nordöstlichen Pazifik, und sie stellten dabei fest, daß diese winzigen Lebewesen immer dann eine Phase des «Blühens» erleben, d.h. sich drastisch vermehren können, wenn sie mit zusätzlichem Eisen versorgt werden. Offenbar steht ihnen in ihrem Biotop, dem subarktischen Pazifik, ansonsten alles Lebensnot-

5 Plankton setzt sich aus pflanzlichen Organismen, z.B. Algen, und aus mikroskopisch kleinen Tieren wie den bereits genannten Foraminiferen zusammen. Die erste Gruppe, auch Phytoplankton genannt, ist wie alle Pflanzen zur Photosynthese fähig und kann somit CO_2 aufnehmen. Foraminiferen, aber auch winzige Krebs- und Muschellarven werden hingegen zum Zooplankton gezählt. Sie ernähren sich primär vom Phytoplankton, und ihre Kalkschalen und Panzer lagern sich nach dem Tod der Tiere im Sediment ab. (Anm. d. Übers.)

wendige zur Verfügung – zur vollen Wirksamkeit ihres Stoffwechsel mangelt es ihnen jedoch an Eisen. Während einer Eiszeit ist die Welt nun nicht nur kühler, sondern auch viel trockener, da ein Großteil des Wassers tiefgefroren im Eis der Gletscher festgehalten wird. Trockene Winde fegen über die Weltmeere und führen große Staubwolken mit sich, deren Partikel im Meer versinken. Ein Bestandteil dieser Staubwolken ist Eisen. Martin und Fitzwater behaupten nun, während die Erde sich abkühle, würde eisenhaltiger Staub in die Ozeane geweht, wo das Eisen dann vom Plankton aufgenommen wird und dessen biologische Prozesse anregt und beschleunigt. Die Planktonorgansimen fungieren somit als «biologische Pumpe», indem sie Kohlendioxid aus der Atmosphäre aufnehmen und den Abkühlungstrend dadurch noch verstärken. Wenn sich gegen Ende der Eiszeit der Globus wieder erwärmt und die Landmassen größere Mengen Feuchtigkeit erhalten, wird die Zufuhr von Staub gedrosselt und der Prozeß (die «Planktonblüte») ist wieder rückläufig.

Der biologische Aspekt dieser Geschichte muß noch umfassender erforscht werden, jedoch zeigen Vorschläge wie dieser, daß zumindest die Existenz einer solchen biologischen Pumpe möglich ist. Die astronomische Seite unserer Geschichte ist im wesentlichen vollständig. So haben die Studien an Bohrkernen aus Tiefseesedimenten und Polareis bewiesen, daß die Eiszeitzyklen auf der Erde die gleichen sind wie die astronomischen Zyklen, die Milanković untersuchte. Selbst wenn wir die Details der biologischen Wechselwirkungen nicht kennen, die uns bekannten Fakten verheißen für die Zukunft einen recht frostigen Wetterbericht. Zwischeneiszeiten dauern in der Regel etwa 10 000 Jahre an. Das Interglazial, in dem wir uns momentan befinden, begann vor 10 000 Jahren, als die Ekliptik der Erde am stärksten ausgeprägt und der Unterschied zwischen den Jahreszeiten besonders groß war. Gegenwärtig nimmt die Ekliptik der Erde eine Mittelstellung zwischen beiden Extremwinkeln ein, und ihr Neigungswinkel nimmt immer weiter ab. Sollte sich das Muster vergangener Epochen wiederholen, so kann die nächste Eiszeit schon im nächsten oder übernächsten Jahrtausend eintreten.

Literaturverzeichnis

Die zitierten Stellen im Text beziehen sich immer auf die Titel der Originalangaben; falls diese ins Deutsche übertragen wurden, kann der interessierte Leser den deutschen Literaturverweis in Klammern hinter dem Originalverweis finden. (Die Titel mit einem * sind deutschsprachig erschienen und hängen eng mit der Thematik dieses Buches zusammen. Daher wurden sie vom Übersetzer vorgeschlagen.)

Robert Bakker, *The Dinosaur Heresies*. London 1987

Ein exzellentes Buch über Dinosaurier; zentrales Thema ist, daß die Dinosaurier Warmblüter waren (in Englisch).

Reid Bryson und Thomas Murray, *Climates of Hunger*. Madison 1977

Ein kurzer Überblick über den Einfluß des Klimas auf menschliche Gesellschaften mit dem Schwerpunkt auf den Wikingersiedlungen im Nordatlantikgebiet (in Englisch).

Nigel Calder, *Timescale*. London 1984. (dt.: *Chronik des Kosmos – Unsere Welt im Strom der Zeit*. Frankfurt/M. 1984)

Alle wichtigen Punkte der Evolution des Menschen in einem einzigen Band – ein wahrer Atlas der 4. Dimension.

Preston Cloud, *Oasis in Space*. New York 1988

Die Erdgeschichte – aus der Sichtweise eines Geographen (in Englisch).

Barry Cox, Dougal Dixon, Brian Gardiner und R.J.G. Savage (*), *Dinosaurier und andere Tiere der Vorzeit*. München 1991.

Sehr umfassende Enzyklopädie der prähistorischen Tierwelt, nicht nur der Dinosaurier – mit zahlreichen farbigen Illustrationen.

James Croll, *Climate and Time*. New York 1975.

Originalarbeit über die Astronomische Theorie der Entstehung der Eiszeiten (in Englisch).

Sylvia Czerkas und Everett Olson (Hrsg.), *Dinosaurs Past and Present*. Seattle und London 1988; (2 Bände).

Wissenschaftliche Rekonstruktion der Anatomie von Dinosauriern mit bemerkenswerten Zeichnungen und Abbildungen. Im ersten Band wird Dale Russells Dinosauroid vorgestellt (in Englisch).

Richard Dawkins, *The Blind Watchmaker*. London 1988. (dt.: *Der blinde Uhrmacher – Ein neues Plädoyer für den Darwinismus*. München 1990)
Ein interessantes, populärwissenschaftliches Buch zum Thema Evolution.

David Dineley, *Earth's Voyage through Time*. London 1974.
Primär ein Buch über den steten Wandel der Erdoberfläche. Die wichtigsten Aspekte der Evolution werden im richtigen Kontext genannt (in Englisch).

Niles Eldredge, *Life Pulse*. New York 1987.
Der Autor berichtet über Fossilien, die er selbst untersucht hat (in Englisch).

John Gribbin, *In Search of the Double Helix*. New York 1987.
Ein Buch zum Thema Darwin, DNS und die Grundlagen der Evolution aufgrund des natürlichen Selektionsprozesses (in Englisch).

John Gribbin, *The Hole in the Sky*. New York 1988.
Handelt von FCKW und dem Ozonloch – siehe auch Kapitel 1! (in Englisch).

John Gribbin, *Hothouse Earth*. London 1990.
Wissenswertes über den Treibhauseffekt (in Englisch).

John und Mary Gribbin, *The One Per Cent Advantage*. Oxford 1988.
Die Autoren bedauern, ihre Bücher in der falschen Reihenfolge geschrieben zu haben, weil *The One Per Cent Advantage* dort ansetzt, wo das vorliegende Buch endet (in Englisch).

John Gribbin und Jeremy Cherfas, *The Monkey Puzzle*. London 1983.
Ein genauer zeitlicher Überblick über die Entwicklung vom Menschenaffen bis zum Menschen (in Englisch).

Harry Harrison, *West of Eden*. (dt.: *Diesseits von Eden*. München 1984). Der erste Band einer Science-fiction-Trilogie, der recht spannend das Thema behandelt, Dinosaurier seien nicht ausgestorben, sondern per Evolution intelligent geworden – mit den üblichen Konsequenzen. Band 2 und 3 werden ins Deutsche übersetzt [dt.: *Winter in Eden* (Band 2) und *Rückkehr aus Eden* (Band 3)] und sollen beide 1992 erscheinen.

Kenneth J. Hsü (*), *Die letzten Jahre der Dinosaurier*. Basel 1990.
Der Untergang der Dinosaurier – hervorgerufen durch den Einschlag eines gewaltigen Meteoriten.

John Imbrie und Katherine Palmer Imbrie, *Ice Ages: Solving the Mystery*. London 1973. (dt.: *Die Eiszeiten – Naturgewalten verändern unsere Welt*. München 1983.)

Interessante Hintergrundinformationen, wie die Milanković-Theorie zur Entstehung der Eiszeiten eine auf astronomische Faktoren beruhende Erklärung liefert.

Donald Johanson und Edey Maitland, *Lucy: The Beginnings of Humankind*. London 1981. (dt.: *Lucy – Die Anfänge der Menschheit*. München 1984)
Ein Bericht über den Fund eines aufrecht gehenden Vorfahren der Menschheit.

Gwyn Jones, *A History of the Vikings*. Oxford 1968.
Ein schillerndes Portät der Wikinger und ihrer Seeefahrten, mit vielen detaillierten Informationen (in Englisch).

Philip D. Jones und **Tom M. L. Wigley** (*), *Die Erwärmung der Erde seit 1850*. Spektrum der Wissenschaften, **10**, 108 – 116: Heidelberg, 1990.
Ein interessanter Artikel über die Problematik, historische Klimadaten zu evaluieren und genaue Prognosen über globale Klimaveränderungen und den Treibhauseffekt zu stellen.

Rainer Köthe (*), *Massensterben*. Kosmos, **6**, 40 – 48: Stuttgart, 1991.
Illustrierte Zusammenfassung über den Untergang von Trilobiten, Dinosauriern und anderen Tiergruppen.

Hans Kuhn (*), *Das alte Island*. Düsseldorf – Köln 1971.
Die Geschichte Islands, nicht nur zur Wikingerzeit.

Hubert H. Lamb, *Climate, History and the Modern World*. London 1982. (dt.: *Klima und Kulturgeschichte – Der Einfluß des Wetters auf den Gang der Geschichte*. Reinbek 1989.)
Sehr detaillierter Abriß der klimatischen Einflüsse auf die menschliche Geschichte seit Ende der letzten Eiszeit.

James Lovelock, *Gaia*. Oxford 1979. (in Englisch).

James Lovelock, *The Ages of Gaia*. Oxford 1988.
Beide Bücher von Lovelock handeln von der Evolution des Lebens (in Englisch).

Richard Leakey und Roger Lewin (*), *Wie der Mensch zum Menschen wurde*. München 1985.
Anschaulich wird hier die Evolution des Menschen erklärt.

Roger Lewin, *Human Evolution*. Oxford 1984.
Ein guter Einstieg zum Verständnis der menschlichen Entwicklungsgeschichte – aus paläoanthropologischer Sichtweise (in Englisch).

Roger Lewin, *Bones of Contention*. New York 1987.
Im Plauderton berichtet dieses Buch über die unterschiedlichen Funde verschiedener frühmenschlicher Fossilien und die daraus erwachsenen Kontroversen (in Englisch).

Roger Lewin (*), *Dinosaurier: Neues Leben nach dem Tode*. Geo, **8**, 10 – 46: Hamburg, 1991.
Ein sehr guter Artikel, in dem alte und neue Ansichten über Dinosaurier gegenübergestellt werden. Sehr schöne Illustrationen.

R. McNeill Alexander (*), *Wie Dinosaurier sich fortbewegen*. Spektrum der Wissenschaften, **6**, 82 – 89: Heidelberg, 1991.
Neue Ansichten über die Fortbewegungsweise der Dinosaurier.

Milutin Milanković, *Durch ferne Welten und Zeiten*. Leipzig 1936.
Originalarbeit vom Verfasser der gleichnamigen Theorie über den Einfluß astronomischer Konstellationen und Faktoren auf den Gang der Eiszeiten.

Hugh G. Owen, *Atlas of Continental Displacement, 200 Million Years to the Present*. Cambridge 1983.
Ein großartiges Werk, besonders eindrucksvoll sind die Karten, auf denen das Auseinanderbrechen Pangäas dargestellt ist (in Englisch).

J.M. Roberts, *The Hutchinson History of the World*. London 1976.
Die Geschichte der Welt in einem Band – sofern das machbar ist. Klimatische Einflüsse werden weitgehend außer Acht gelassen (in Englisch).

Carl Sagan, *The Dragons of Eden*. London 1978. (dt.: *Die Drachen von Eden – Das Wunder der menschlichen Intelligenz*. München 1978.)

Eugen Seibold (*), *Das Gedächtnis des Meeres: Boden, Wasser, Leben, Klima*. München 1991.
In Eugen Seibolds Werk finden Sie viele interessante Details über Meere, die auch in dem vorliegenden Buch angesprochen wurden: marine Fossilien, geologische Prozesse, Meeresströmungen, klimatische Einflüsse, Plankton u.a. m.

Steven M. Stanley, *Extinction*. San Francisco 1987. (dt.: *Krisen der Evolution – Artensterben in der Erdgeschichte*. Heidelberg 1988.)
Die Krisen und Katastrophen auf der Erde, unter dem aktuellen Aspekt von Klimaveränderungen und Plattentektonik.

George Ledyard Stebbins, *Darwin to DNA, Molecules to Humanity*. San Francisco 1982.
Aktuelle Gedanken zur Evolution; weniger Fachausdrücke, aber genauso gründlich (in Englisch).

Wolfgang Wiedlich(*), *Kiwis aus Sibirien?* Basel 1991.
Gut verständlich geschriebenes Sachbuch, das sich kritisch mit Treibhauseffekt, Ozonloch und Umweltpolitik auseinandersetzt.

T.M.L. Wigley, M.J. Ingram und G. Farmer (Hrsg.), *Climate and History*, Cambridge 1981.

Ein eher wissenschaftliches Werk, enthält u. a. Thomas McGovern Studie über die Wikinger auf Grönland (in Englisch).

John Noble Wilford, *The Riddle of the Dinosaur*. New York 1985.
Ein Überblick über das Thema Dinosaurier, der einen bunten Bogen vom ersten Fossil, das gefunden wurde, bis zu den kontroversen Diskussionen über den Untergang dieser Tiergruppe schlägt (in Englisch).

Index

ÄON	ÄRA	PERIODE		MILLIONEN JAHRE VOR DER JETZTZEIT	BEDEUTENDE EREIGNISSE IN DER EVOLUTION
PHANEROZOIKUM	KÄNOZOIKUM	NEOGEN		24	Entwicklung des Menschen
		PALÄOGEN		65	
	MESOZOIKUM	KREIDE		144	Blütenpflanzen (Angiospermen) setzen sich auf dem Festland durch
		JURA		213	Entwicklung der ersten Vögel
		TRIAS		248	Entwicklung der ersten Säuger
	PALÄOZOIKUM	PERM		286	
		KARBON	OBERKARBON (PENNSYLVANIUM)	320	Entwicklung der ersten Reptilien
			UNTERKARBON (MISSISSIPIUM)	360	Wirbeltiere (Vertebraten) erobern das Festland
		DEVON		408	Landpflanzen breiten sich aus
		SILUR		438	
		ORDOVIZIUM		505	Entwicklung der ersten Fische
		KAMBRIUM		590	Große Artenentwicklung der marinen Fauna und Flora
PRÄKAMBRIUM				650	

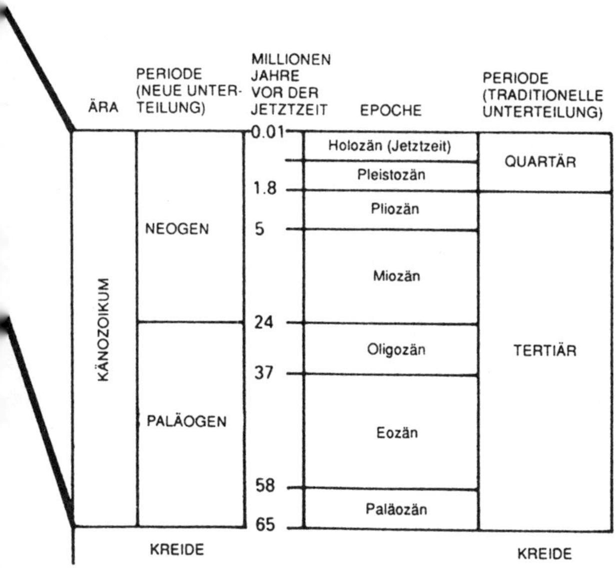

Meilensteine in der Evolution des Lebens
Angaben verändert aus Extinction, Steven M. Stanley, San Francisco, Scientific American Library, 1987.

Zu dieser Ausgabe

insel taschenbuch 1676
John und Mary Gribbin
Kinder der Eiszeit

Der Text folgt der Ausgabe: John und Mary Gribbin, *Kinder der Eiszeit. Beeinflußt das Klima die Evolution des Menschen?*, Birkhäuser Verlag, Basel 1992. Die englische Originalausgabe erschien 1990 unter dem Titel *Children of the Ice – Climate and Human Origin* bei Basil Blackwell Ltd, Oxford. Die deutsche Übersetzung besorgte Gerald Bosch.

Jacob Needleman Vom Sinn des Kosmos
Moderne Wissenschaften und alte Wahrheiten
Gebunden

Auch die moderne Wissenschaft bedarf der Rückbesinnung auf alte Weisheitslehren. Needleman plädiert, bei aller nötigen Differenzierung, für eine umfassende Reintegration und damit auch für eine Humanisierung der Wissenschaften.

Michio Kaku / Jennifer Trainer Jenseits von Einstein
Die Suche nach der Theorie des Universums
Gebunden

Die Suche nach einer einheitlichen Theorie zur Erklärung des Universums ist die zentrale Aufgabe der Astrophysik und der Quantentheorie. Das Buch gibt eine Zusammenfassung der kosmologischen Grundgedanken der letzten Jahre und Einblick in neueste Erklärungsversuche.

Werner Künzel / Peter Bexte Allwissen und Absturz
Der Ursprung des Computers
Gebunden

Auch der Computer und seine Theorie haben ihre Geschichte. Sie reicht zurück bis zu kosmologischen, religiösen und sprachphilosophischen Konzepten in Mittelalter und Barock. Die alten Texte und die neuen Maschinen demonstrieren auf ihre besondere Weise die Logik des Universums.

Friedrich Cramer Chaos und Ordnung
Die komplexe Struktur des Lebendigen. Mit zahlreichen Abb.
insel taschenbuch 1496

Natur ist keineswegs nur Ordnung, die Vorstellung des durch und durch geregelten Kosmos ist erschüttert. Alles Lebendige bewegt sich auf dem schmalen Grat zwischen Chaos und Ordnung. Diese Polarität gehört heute zu den wichtigsten Fragen der Wissenschaft. Cramers Buch beschreibt das neue Paradigma in der Anwendung auf zahlreiche Disziplinen.

Richard M. Bucke Kosmisches Bewußtsein
Zur Evolution des menschlichen Geistes
insel taschenbuch 1498

R. M. Bucke hat mit diesem Buch auf dem Gebiet der Bewußtseinsforschung und Tiefenpsychologie innovativ gewirkt. Auf nüchtern-sachliche Weise beschreibt Bucke Möglichkeit und Wirklichkeit einer Bewußtseinsveränderung und untersucht zahlreiche historische Fälle.

Fred Alan Wolf Körper, Geist und neue Physik
Eine Synthese der neuesten Erkenntnisse von Medizin und moderner Naturwissenschaft
insel taschenbuch 1497

Die klassische Physik eines Galilei und Newton hat auch die Mechanik des menschlichen Körpers verständlich gemacht. Doch erst die Quantenphysik versetzt uns in die Lage, den letzten Geheimnissen des Lebens ein Stück näher zu kommen. Der amerikanische Physiker F. A. Wolf vermittelt neue Einsichten in den Zusammenhang von Geist und Materie, Seele und Körper.

Der Geist im Atom
Eine Diskussion der Geheimnisse der Quantenphysik
Herausgegeben von P. C. Davies und J. R. Brown
insel taschenbuch 1499

Anlaß dieses Buches waren die Experimente von Alain Aspect in Frankreich, die neues Licht auf die Debatte zwischen Niels Bohr und Albert Einstein warfen. Julian R. Brown und Paul C. W. Davies interviewten führende Physiker, die einen besonderen Anteil an der Entwicklung der Quantentheorie haben. Eine klare und knappe Einführung erläutert die Grundlagen der Quantentheorie, ihre Rätsel und Paradoxa sowie ihre unterschiedlichen philosophischen Deutungen.